太阳能热气流发电系统理论与技术应用

Theory and Applications of Solar Chimney Power Plant System

明廷臻 著

科学出版社

北京

内 容 简 介

本书围绕太阳能热气流发电系统开展基础理论和技术应用研究，太阳能热气流发电系统主要由集热棚、蓄热层、风力透平和烟囱四个部件组成。本书着重分析系统的热力学性能及其影响因素、提高效率的方法及特定条件下系统效率的极限，依次对系统的流动与传热特性、环境风对系统性能的影响、储能特性展开数值模拟分析，提出一种将风能发电和太阳能热气流发电相结合的综合集成系统，提出一种在中国干旱、半干旱地区利用太阳能热气流系统的空气取水技术及实现全球温室气体大规模移除的新方法，对太阳能热气流发电系统的经济性展开分析比较，并对其未来发展进行分析。

本书可供从事太阳能热利用、可再生能源利用、空气取水、温室气体和污染气体移除的研究人员与技术人员使用，也可供能源、建筑、环境、大气科学等相关专业的高校和科研院所的科技工作者参考。

图书在版编目(CIP)数据

太阳能热气流发电系统理论与技术应用 = Theory and Applications of Solar Chimney Power Plant System / 明廷臻著. —北京：科学出版社，2019.5
ISBN 978-7-03-061123-9

Ⅰ. ①太… Ⅱ. ①明… Ⅲ. ①太阳能发电-研究 Ⅳ. ①TM615

中国版本图书馆CIP数据核字(2019)第082422号

责任编辑：冯晓利 王楠楠 / 责任校对：王 瑞
责任印制：师艳茹 / 封面设计：无极书装

科 学 出 版 社 出版
北京东黄城根北街16号
邮政编码：100717
http://www.sciencep.com
天津文林印务有限公司 印刷
科学出版社发行 各地新华书店经销

*

2019年5月第 一 版 开本：720×1000 1/16
2019年5月第一次印刷 印张：16 3/4
字数：337 000
定价：128.00 元
(如有印装质量问题，我社负责调换)

序

我国能源现状及前景不容乐观。首先，我国能源资源有限，特别是目前作为我国能源主体的化石能源资源，即使近几年我国不断发现新的油田，其储采比也仍然远低于世界平均水平，已经探明的煤炭和石油人均可采储量也远低于世界平均水平。我国能源资源的另一个不利因素是分布不均，而富集地区条件又非常恶劣。其次，由于我国人口基数大，能源消费量非常大，但能效很低，能源强度远高于世界平均值。随着我国经济的快速发展，能源需求增势将远超出世界平均水平，供求矛盾必将日益突出，尤其是油、气缺口将越来越大，严重影响我国的能源安全。最后，以煤为主的不合理能源结构问题长期难以得到解决，必将导致甚至加速我国环境的恶化。从世界范围看，我国 CO_2 排放量占全球排放量的比例在 2010 年前后已位居世界第一，但是我国的能源结构决定了我国的 CO_2 排放增势大，随着所占比例的进一步增加，我国必将面临越来越大的国际压力。

因此，要从根本上扭转我国能源面临的资源短缺、需求增势明显、结构不合理、环境压力大等困境，必须寻找到可大规模开发的新能源，改善以燃煤为主的不合理能源结构。充分利用我国广大的荒漠化、沙化土地及其太阳能资源，大规模开发太阳能热气流发电，大幅度提高电力在终端能源结构中的比例，处理好太阳能热气流发电与其他类型发电的兼容性和互补性，从根本上改善现行不合理的能源结构，将是在聚变能实现前，即 21 世纪上半叶乃至中叶，解决我国能源困境的有效途径之一。太阳能热气流发电与风能发电的大规模互补联合开发，将有利于提高供电稳定性和电能质量，实现大面积荒漠绿化、沙尘暴治理和局域气候改善。发展基于太阳能热气流发电的电解制氢和海水淡化，将缓解我国油、气、水资源的不足。

《太阳能热气流发电系统理论与技术应用》一书围绕太阳能热气流发电系统开展基础理论和技术的综合应用研究，从内容上看，该书大体可分成四部分。第一部分从热力学理论的角度出发，深入分析系统的效率、影响因素，并提出提高效率的方法，根据流体力学和传热学的相关理论分析系统的流动与传热特性、储能特性，分析环境风对系统性能的影响机制。第二部分提出一种将风能发电和太阳能热气流发电相结合的大规模互补发电综合集成系统。第三部分根据中国西部干旱、半干旱地区的实情，提出利用太阳能热气流系统的空气取水技术，并根据全球变暖的困境，提出一种实现全球温室气体大规模移除的新方法。第四部分对太阳能热气流发电系统的经济性展开分析比较，并对其未来发展趋势进行分析。

　　该书不仅是一本良好的阐述太阳能热气流发电系统综合应用技术的基础读物，而且有助于读者较全面地了解太阳能热气流发电技术的产生、发展及其应用，也可为太阳能热气流发电技术与其他相关技术互补、集成的综合应用提供新的思路，相信该书会为有志于从事新能源利用技术及其综合应用的工程技术人员提供有价值的参考。

　　该书的作者明廷臻教授是我在 2009 年 4 月至 2011 年 5 月指导的博士后，他从 2003 年底开始从事太阳能热气流发电技术的研究工作。应该说，正是由于心无旁骛、潜心钻研和勇于创新，他才能在 *Progress in Energy and Combustion Science*、*Renewable and Sustainable Energy Reviews*、*Energy*、*Energy Conversion and Management*、*Solar Energy* 等国际顶级期刊上发表大量原创性成果，并基于这些成果完成该书。希望他继续努力，百尺竿头，更进一步，不断提高学术水平，为国家能源应用和环境治理等作出贡献。

潘垠

2018 年 12 月 18 日

前　言

能源是国民经济的命脉，是人类社会生存和发展的物质基础，与人类生活及生存环境休戚相关。自 20 世纪 70 年代发生遍及全球的能源危机以来，化石能源资源的枯竭引起了许多发达国家的经济衰退，从而直接影响到国家经济的可持续发展及社会稳定。毋庸讳言，化石能源的过度开采与过量使用也引起了世界性环境污染，导致全球变暖、冰山融化、生态环境失调、人类疾病增多、生存环境恶化等。地球生态的维持、人类文明的进步以及国际社会的稳定主要依赖于全球各国政府、普通民众对环境的保护、对化石能源的节约与洁净利用、对可再生能源的推广应用、对欠发达国家人口增长的有序式控制等。

中国是能源生产和消费大国。储量大、人均少、分布不均和利用率低是中国能源生产与消费的四个重要特点。随着能源缺口逐年增大，我国能源进口依存度将逐步扩大，这是未来我国能源安全面临的最主要问题之一。另外，环境污染严重、温室气体排放量大是目前化石能源发电导致的主要问题。目前我国太阳能、风能资源比较丰富，大力发展以太阳能、风能为主的可再生能源发电及利用技术成为中国 21 世纪国民经济建设刻不容缓的战略目标。补充能源缺口、保障能源安全、优化能源结构、保护生态环境、减少温室气体排放已成为可再生能源技术利用的历史重任。

制约可再生能源发展的因素主要有三个：①能量密度大，大面积收集困难；②能流不稳定，利用具有间断性；③开发成本高，商业化竞争力弱。因此，现有可再生能源发电技术难以实现对化石能源的大规模替代，寻求利用可再生能源发电的新方式或可再生能源综合集成发电技术成为工程技术人员需要考虑的问题。

20 世纪 80 年代，德国斯图加特大学的 Schlaich 教授在西班牙建立了一座额定功率为 50kW 的太阳能热气流发电系统，该太阳能热气流发电系统由集热棚、蓄热层、风力透平和烟囱四个主要部件组成。其基本原理是由透明或半透明材料做成的集热棚实现太阳能的大规模收集，太阳能以热能的形式储存于低成本大容量的蓄热层，实现热能的平稳输出，烟囱效应则可形成定向、平稳的高速气流，推动风力透平驱动发电机组对外稳定地输出电能。

目前，关于太阳能热气流发电技术的研究已引起全世界工程技术人员的广泛关注，相关的研究越来越多，但其最主要的缺点是太阳能向电能转换的总效率低、高耸烟囱建造困难、巨大集热棚的清洗比较困难、占地面积太大等。截至 2019

年，现有的研究仅停留于太阳能热气流的原型系统，而真正的商用太阳能热气流发电系统尚未建成。此外，太阳能热气流发电系统的关键技术难题也并未真正解决，结合太阳能热气流发电系统的综合利用技术也尚未有详细的研究报告。

因此，本书尝试从太阳能热气流发电系统的基本原理出发，分析其由太阳能向电能转换的最大能量转换效率及影响因素，给出不同规模太阳能热气流发电系统的基本结构参数组合，揭示不同组合蓄热层材料下太阳能热气流发电系统的储能机制，揭示环境风对太阳能热气流发电系统的影响机制，提出一种新型的太阳能和风能互补发电的综合集成系统，以及基于太阳能热气流系统的空气取水技术及温室气体的大规模移除技术，最后对太阳能热气流发电系统的经济性展开分析。

全书共分 11 章。

第 1 章是绪论，主要介绍我国的能源形势及太阳能热气流发电技术的产生、发展、研究现状。

第 2 章和第 3 章主要对太阳能热气流发电系统展开热力学性能分析，建立太阳能热气流发电系统的热力学循环，研究系统理想循环效率和实际循环效率，建立系统能量平衡模型，编制程序，并根据文献中的几何模型对本书编制的能量平衡模型进行验证，提出系统极限效率和运行效率模型，提出提高系统效率的方法，分析系统效率的影响因素。

第 4 章建立太阳能热气流发电系统的流动与传热特性数学模型，分析系统内速度、温度和压力的分布特征，对烟囱结构进行优化设计，以 10MW 模型为例，给出两种几何设计方案，对其流动、传热、发电特性进行分析。

第 5 章考虑到环境风对太阳能热气流发电系统的集热棚进口及烟囱出口的显著影响，建立包括环境风和太阳能热气流发电系统的数学模型，分析环境风对太阳能热气流发电系统内部速度场、温度场、系统抽力及出力性能的影响，揭示影响系统出力的主要因素，提出相应的改进措施。

第 6 章对太阳能热气流发电系统的储能性能进行分析，建立系统储能方程，分析蓄热材料对系统发电波动特性的影响，分析蓄热材料，水层厚度、面积和位置对系统发电峰谷差的影响。

第 7 章提出风能-太阳能热气流综合集成发电系统，利用太阳能热气流发电系统来平滑风能发电，建立系统模型；以不同规模风电场为例，配套太阳能热气流发电系统后，分析风能-太阳能热气流综合集成发电系统的整体出力特征。

第 8 章针对沙漠或戈壁等干旱、半干旱地区，开展利用太阳能热气流系统的空气取水技术的理论研究，揭示温湿气流沿烟囱上升过程的成云机制，分析不同城市气候特征下的凝水量，并据此分析在干旱、半干旱地区利用太阳能热气流系统进行空气取水的可行性。

第 9 章针对环境污染的治理和地球温室效应的减缓已成为世界性难题的现状，提出基于太阳能热气流系统的温室气体的大规模事后治理的一种可能方案，分析利用太阳能热气流系统实现温室气体大规模移除的可行性及效果，以期为大气污染治理及温室气体移除提供可能的方法选择。

第 10 章建立太阳能热气流发电系统的经济性模型，分析不同规模的太阳能热气流发电系统的制造成本和运行成本，提出降低系统成本的方法。

第 11 章结合能源、环境、建筑、生态等技术研究现状，对太阳能热气流发电系统的未来发展提出一些可能的思考。

本书的内容一部分来自作者的博士学位论文《太阳能热气流发电系统的热动力学问题研究》和博士后报告《太阳能热气流发电技术研究》，此外，作者指导的硕士研究生和本科特优生参与的部分相关研究工作也一并纳入其中。其中，硕士研究生龚廷睿和吴永佳参与了基于太阳能热气流系统的空气取水技术的研究工作，硕士研究生桂进乐和本科特优生王新江、沈文庆参与了环境风对太阳能热气流发电系统的影响研究，本科特优生于翔飞、刘超、汪利先参与了太阳能热气流发电系统的经济性分析研究，本科特优生郑勇、周洲参与了关于太阳能热气流发电系统的热力学性能分析，本科特优生时笑阳参与了关于太阳能热气流发电系统的耦合数值模拟，本科特优生孟凡龙参与了关于太阳能热气流发电系统的蓄热性能分析。他们的工作丰富和充实了本书的内容。

从 2003 年作者开始研究太阳能热气流发电技术到 2019 年本书完成，该项研究工作相继得到了如下科学研究基金项目的支持：教育部重点研究项目 (104127)、国家重点基础研究发展计划 (973 计划) 项目 (2007CB206903)、中国博士后研究项目 (20100471175)、中国博士后特别基金项目 (201104460)、国家自然科学基金青年项目 (51106060)、湖北省自然科学基金项目 (2012FFB02214)、国家自然科学基金面上项目 (51778511)、湖北省自然科学基金群体项目 (2018CFA029) 和武汉理工大学 ESI 学科水平提升计划重点项目 (2017001)。

作者满怀敬意向自己的博士生导师华中科技大学刘伟教授、博士后合作导师中国工程院院士潘垣和华中科技大学黄树红教授致以最衷心的感谢，很荣幸作者可以近距离地学习三位先生为人、处世、做学问的风范。三位先生远见卓识、治学严谨、思想深邃。他们创新的学术思想、独特的思维方法、忘我的工作精神一直让作者敬佩不已。他们对科学执着追求，对学生无比关爱，对他人襟怀坦荡。他们在科研上帮作者奠定理论基础和开拓思路，在工作上帮作者指点迷津并解决困难，在生活上给予经济资助从而帮作者渡过难关，在做人方面则不断指导作者要柔和通达，是他们引领作者带着无畏无惧的勇气进入这一全新的科学研究领域并继续艰难前行。

　　本书之成，还要感谢黄素逸教授、黄文迪教授、邬田华教授、许国良教授、吴克启教授、魏秉武教授等的热情帮助和关怀，也要感谢易辉、石东源、林新春、刘小虎、刘晖、樊剑、周新平、李学敏、李建兰等几位前同事的科研合作及部分资料共享。此外，本人的博士研究生刘杨和硕士研究生方炜杰、李德飞、甘婷、石天豪参与了参考文献的格式修订等工作。

　　由于作者水平所限，书中难免存在不足之处，敬请读者不吝指正。

武汉理工大学

2018 年 10 月 21 日

目　录

序
前言
第1章　绪论 ··· 1
1.1　能源、环境与气候变化问题 ·· 1
1.1.1　世界能源形势 ··· 1
1.1.2　中国的能源形势和挑战 ·· 3
1.2　我国可再生能源的现状与发展 ··· 4
1.2.1　我国可再生能源资源和特点 ···································· 4
1.2.2　非水能可再生能源发电现状 ···································· 5
1.2.3　我国可再生能源发展预期 ······································· 6
1.3　现有可再生能源发电技术 ··· 7
1.3.1　风力发电 ·· 7
1.3.2　太阳能光伏发电 ··· 8
1.3.3　太阳能高温热发电 ··· 9
1.4　太阳能热气流发电系统简介 ·· 11
1.4.1　系统原理 ··· 11
1.4.2　系统的特点 ·· 13
1.5　太阳能热气流发电系统实验系统及商业电站建设进展 ··········· 14
1.6　太阳能热气流发电系统的理论研究进展 ······························ 24
1.6.1　太阳能热气流发电系统的热力学理论 ························ 24
1.6.2　太阳能热气流发电系统的抽力机制 ··························· 25
1.6.3　太阳能热气流发电系统的流动与传热理论 ·················· 25
1.6.4　热气流透平的设计及其优化技术 ······························ 27
1.6.5　太阳能热气流发电系统储能特性研究 ························ 28
1.6.6　太阳能热气流发电系统的经济性与可行性研究 ············ 29
1.7　中国关于太阳能热气流发电技术的研究 ······························ 29
1.8　尚待进一步解决的问题 ·· 31
参考文献 ··· 32
第2章　太阳能热气流发电系统的热力学性能 ····························· 42
2.1　概述 ··· 42
2.2　太阳能热气流发电系统热力学分析 ·································· 42

　　　2.2.1　热力过程描述 ·· 42
　　　2.2.2　系统透平轴功 ·· 44
　2.3　太阳能热气流发电系统实际效率 ·· 45
　　　2.3.1　传热数学模型 ·· 45
　　　2.3.2　流动阻力数学模型 ·· 47
　2.4　程序可靠性验证 ··· 49
　　　2.4.1　模型验证程序编制思想 ·· 49
　　　2.4.2　西班牙实验电站数据的计算验证 ··· 49
　　　2.4.3　对现有文献的预测模型进行计算验证 ···································· 51
　2.5　系统效率理论分析 ·· 52
　　　2.5.1　西班牙实验电站模型计算结果 ··· 52
　　　2.5.2　商业电站模型计算结果 ·· 54
　2.6　本章小结 ··· 56
　参考文献 ·· 56

第3章　太阳能热气流发电系统的效率优化 ··· 59
　3.1　概述 ··· 59
　3.2　理想循环效率和系统运行效率 ·· 59
　　　3.2.1　理想循环效率 ·· 59
　　　3.2.2　系统运行效率 ·· 63
　3.3　提高系统效率的方法 ··· 65
　　　3.3.1　透平效率的影响 ··· 65
　　　3.3.2　烟囱高度和直径的影响 ·· 66
　　　3.3.3　集热棚直径的影响 ·· 67
　　　3.3.4　太阳辐射的影响 ··· 68
　　　3.3.5　环境温度的影响 ··· 69
　3.4　系统效率的影响因素定量分析 ·· 70
　　　3.4.1　影响因素分析 ·· 70
　　　3.4.2　发电功率影响因素分析 ·· 71
　　　3.4.3　用于计算的参数选择方法 ·· 71
　　　3.4.4　六条因素的大致影响范围 ·· 72
　3.5　本章小结 ··· 73
　参考文献 ·· 74

第4章　太阳能热气流发电系统的流动与传热特性 ···································· 76
　4.1　概述 ··· 76
　4.2　流动与传热特性数学模型 ·· 77
　　　4.2.1　数学模型 ··· 77

　　　　4.2.2　边界条件 ·· 78

　　4.3　计算结果与分析 ·· 81

　　　　4.3.1　模型验证 ·· 81

　　　　4.3.2　系统流场 ·· 82

　　　　4.3.3　系统运行特征 ·· 86

　　4.4　烟囱结构的优化设计 ·· 90

　　　　4.4.1　基于相同底部直径的不同烟囱形状的影响 ··········· 90

　　　　4.4.2　基于相同表面积的不同烟囱形状的影响 ··············· 93

　　　　4.4.3　烟囱高径比的影响 ·· 95

　　4.5　10MW 模型设计方案 ·· 99

　　　　4.5.1　设计方案 1 ··· 99

　　　　4.5.2　设计方案 2 ··· 101

　　4.6　本章小结 ·· 102

　　参考文献 ·· 103

第 5 章　环境风对太阳能热气流发电系统的影响 ··············· 106

　　5.1　概述 ··· 106

　　5.2　数学模型 ·· 107

　　5.3　环境风对西班牙实验电站的影响 ···································· 108

　　　　5.3.1　物理模型 ·· 108

　　　　5.3.2　边界条件 ·· 109

　　　　5.3.3　数值模拟结果分析 ·· 110

　　5.4　环境风对大型太阳能热气流发电系统的整体影响分析 ····· 124

　　　　5.4.1　物理模型 ·· 124

　　　　5.4.2　边界条件 ·· 125

　　　　5.4.3　数值模拟结果分析 ·· 125

　　5.5　环境风对大型太阳能热气流发电系统烟囱出口的影响 ····· 131

　　　　5.5.1　物理模型 ·· 131

　　　　5.5.2　边界条件 ·· 132

　　　　5.5.3　结果分析 ·· 132

　　5.6　本章小结 ·· 140

　　参考文献 ·· 141

第 6 章　太阳能热气流发电系统的储能性能 ······················ 142

　　6.1　概述 ··· 142

　　6.2　不同蓄热层的动态储热性能 ··· 143

　　　　6.2.1　物理数学模型 ·· 143

　　　6.2.2　蓄热层的物性对系统的影响 ··· 144
　　　6.2.3　空气流速对蓄热层性能的影响 ·· 145
　6.3　太阳能热气流发电系统的储热性能及其发电特性 ···················· 147
　　　6.3.1　物理模型 ··· 147
　　　6.3.2　数学模型 ··· 149
　6.4　计算方法 ··· 155
　6.5　验证 ··· 156
　6.6　计算结果与分析 ·· 157
　　　6.6.1　蓄热材料对系统发电性能的影响 ······································ 157
　　　6.6.2　水层厚度对系统发电性能的影响 ······································ 158
　　　6.6.3　水层面积对系统发电性能的影响 ······································ 161
　　　6.6.4　水层位置对系统发电性能的影响 ······································ 162
　6.7　本章小结 ··· 163
　参考文献 ·· 163
第 7 章　风能-太阳能热气流综合集成发电系统 ······························· 165
　7.1　我国风电特点 ··· 165
　7.2　我国大规模风力发电面临的问题 ··· 165
　　　7.2.1　电网稳定性问题 ··· 165
　　　7.2.2　风电场可调度性 ··· 166
　7.3　解决大规模风电并网的技术途径 ··· 167
　　　7.3.1　互补发电技术 ··· 167
　　　7.3.2　大规模储能技术 ··· 167
　7.4　风能-太阳能热气流集成储能发电技术 ···································· 168
　　　7.4.1　方案的提出 ··· 168
　　　7.4.2　基本结构组合 ··· 169
　　　7.4.3　系统特点 ··· 170
　7.5　数学物理模型 ··· 171
　　　7.5.1　物理模型 ··· 171
　　　7.5.2　集热棚和烟囱内流动与传热数学模型 ································· 171
　　　7.5.3　蓄热系统流动与传热数学模型 ······································· 172
　　　7.5.4　定解条件与求解 ··· 172
　7.6　计算结果与分析 ·· 173
　　　7.6.1　系统出力控制方法 ··· 173
　　　7.6.2　10MW 级综合发电系统计算结果 ······································ 174
　　　7.6.3　100MW 级大规模综合发电系统计算结果 ···························· 175
　　　7.6.4　400MW 级大规模综合发电系统计算结果 ···························· 177

　　　7.6.5　不同类型风力发电互补或储能模式比较 ………………………… 179

　7.7　本章小结 ……………………………………………………………… 180

　参考文献 …………………………………………………………………… 180

第8章　基于太阳能热气流系统的空气取水技术 …………………………… 182

　8.1　空气取水技术的基本原理 …………………………………………… 182

　　　8.1.1　空气取水技术原型 ………………………………………………… 182

　　　8.1.2　空气取水机理分析 ………………………………………………… 183

　　　8.1.3　环境和经济效益分析 ……………………………………………… 185

　8.2　模型描述 ………………………………………………………………… 186

　　　8.2.1　物理模型 …………………………………………………………… 186

　　　8.2.2　数学模型 …………………………………………………………… 188

　　　8.2.3　模型验证 …………………………………………………………… 192

　8.3　空气取水特性分析 ……………………………………………………… 193

　　　8.3.1　可行性分析 ………………………………………………………… 193

　　　8.3.2　有效性分析 ………………………………………………………… 198

　8.4　系统参数敏感性分析 …………………………………………………… 200

　　　8.4.1　烟囱进气流速 ……………………………………………………… 201

　　　8.4.2　凝结高度 …………………………………………………………… 203

　　　8.4.3　凝结水的质量流量 ………………………………………………… 204

　　　8.4.4　风力透平的输出功率 ……………………………………………… 205

　　　8.4.5　水力透平的输出功率 ……………………………………………… 207

　　　8.4.6　系统总输出功率 …………………………………………………… 209

　　　8.4.7　系统发电效率 ……………………………………………………… 210

　8.5　本章小结 ………………………………………………………………… 213

　参考文献 …………………………………………………………………… 213

第9章　基于太阳能热气流系统的温室气体大规模移除 …………………… 215

　9.1　概述 ……………………………………………………………………… 215

　9.2　基于太阳能热气流系统的温室气体大规模移除性能 ……………… 215

　9.3　大尺度大气温室气体光催化转化 …………………………………… 219

　9.4　太阳能热气流系统内质量交换 ……………………………………… 220

　9.5　讨论 ……………………………………………………………………… 222

　9.6　本章小结 ………………………………………………………………… 226

　参考文献 …………………………………………………………………… 226

第10章　太阳能热气流发电系统的经济性分析 …………………………… 229

　10.1　概述 …………………………………………………………………… 229

10.2　成本预测模型···229

　　10.2.1　系统结构预测模型···229

　　10.2.2　系统造价模型···229

　　10.2.3　系统发电成本模型···230

10.3　计算结果与分析···231

　　10.3.1　10MW 系统计算结果··231

　　10.3.2　50MW 系统计算结果··235

10.4　系统的技术经济可行性··236

　　10.4.1　不同类型电站技术经济性对比·······································236

　　10.4.2　不同类型太阳能热发电系统技术对比······························237

　　10.4.3　不同容量系统的技术经济性对比····································238

10.5　本章小结··238

参考文献··239

第 11 章　太阳能热气流发电系统的未来发展展望·····························241

11.1　概述··241

11.2　海水淡化··242

11.3　城市污染治理···243

11.4　干旱地区的下沉气流能源塔··246

参考文献··249

附录　2003～2018 年发表的与本著作相关的代表性专著与论文············251

第1章 绪　　论

1.1　能源、环境与气候变化问题

1.1.1　世界能源形势

能源安全和环境保护已成为全球性问题。以煤、石油、天然气等化石能源为主的世界能源消费结构造成全球环境污染、生态破坏及气候变化,主要表现为酸雨范围广、臭氧层破坏严重、温室气体排放增多、全球气候变暖以及海平面水位升高等。不可持续的能源消费模式给世界经济、社会、环境带来了极为严重的后果。以目前人们最关心的 CO_2 排放为例,2015 年世界 CO_2 总排放量已达 360 亿 t。其中,中国、美国、欧洲联盟(以下简称欧盟)、印度、俄罗斯、日本和德国已成为世界七个最主要的 CO_2 排放地区,占世界 CO_2 总排放量的 70%[1]。其中,中国由于工业发展十分迅速,自 2000 年以来 CO_2 排放量开始迅猛增长(图 1-1),2010 年前后就已位居世界第一。

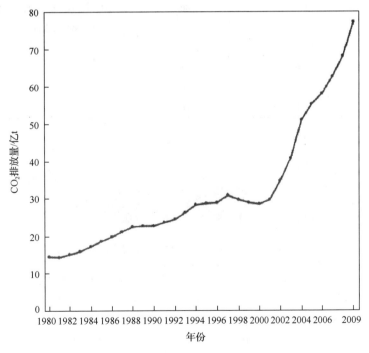

图 1-1　中国 1980~2009 年 CO_2 的排放量变化[1]

　　为应对全球气候变暖,《联合国气候变化框架公约》缔约方第 15 次会议(简称哥本哈根世界气候大会)于 2009 年 12 月 7~18 日在丹麦首都哥本哈根召开。192个国家的环境部长和其他官员在此召开联合国气候会议,商讨《京都议定书》一期承诺到期后的后续方案,就未来应对气候变化的全球行动签署新的协议。会议上,世界各国(地区)纷纷提出了各自的不具法律约束力的减排目标,如表 1-1 所示[2]。目前,许多国家高度重视发展各种可再生能源,将其作为缓解能源供需矛盾、减少温室气体排放以及应对气候变化的重要措施,并纷纷制定了发展战略和一系列激励政策,引导、鼓励可再生能源的发展。2006 年底,全球非水电可再生能源发电装机容量约为 1.41 亿 kW,其中风力发电 7400 万 kW,生物质发电约 5000万 kW,地热发电 1000 万 kW,太阳能发电 700 多万 kW(图 1-2)[3]。可再生能源开始从补充能源向替代能源过渡。

表 1-1　哥本哈根会议世界各国(地区)CO_2 减排目标[2]

国家及地区	减排参考年份	减排目标(2020 年)/%	措施和要点
中国	2005	40~45	节能、增加森林碳汇
美国	2005	17	自主减排
日本	1990	25	力主低碳型
印度	2005	24	—
德国	1990	40	通过气候保护促进清洁能源技术外销
俄罗斯	1990	40	建立多边或全球环境保护基金
加拿大	1990	2	反对绝对量化
澳大利亚	2005	25	积极推动减排立法
巴西	2005	20	缩减毁林面积
欧盟	1990	20	共同减排

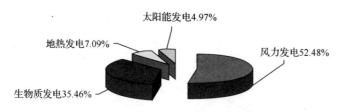

图 1-2　2006 年世界新能源发电构成比例[3]

　　当前,欧盟、美国和日本都将可再生能源作为未来能源替代和温室气体减排的重要战略措施,提出了宏大的发展目标。欧盟提出,到 2020 年和 2050 年,可再生能源占其能源消费量的比例要分别达到 20% 和 50%;美国提出,到 2030 年,风力发电占全部电力装机容量的 20%;日本提出,到 2050 年,可再生能源等替代能源将占能源供应的 50% 以上[3]。

1.1.2　中国的能源形势和挑战

1) 我国能源生产和消费形势

人口、环境和资源是制约我国社会经济发展的三个主要因素,其中,能源资源是一个核心问题。我国能源资源的分布、生产和消费主要表现出如下几个方面的特点[4]。

(1) 富煤、贫油、少气。我国能源结构以煤为主。煤炭资源总量约为 56000 亿 t,已探明储量为 10000 亿 t,占世界总储量的 11%;石油仅占世界总储量的 2.4%;天然气仅为 1.2%。人均剩余可开采储量分别只有世界平均水平的 58.6%、7.69% 和 7.05%,人均占有量均居于世界各国后列。

(2) 能源资源分布极为不均。能源资源主要分布在我国西部,其中煤炭主要分布在三西一疆(蒙西、山西、陕西和新疆)。石油主要分布在渤海湾、松辽、塔里木、鄂尔多斯、准噶尔、珠江口、柴达木和东海陆架等地;天然气主要分布在塔里木、四川、鄂尔多斯、东海陆架、柴达木、松辽、莺歌海、琼东南和渤海湾九大盆地;水能分布在西南地区;太阳能和风能丰富地区主要位于西北、华北、东北地区。

(3) 能源消费分布极为不均。能源消费地区主要分布在沿海和中部地区,其中环渤海、长江三角洲和珠江三角洲等地区经济发展十分迅速,能源消费所占比例也非常大。

(4) 能源输送总量巨大。正因为能源资源与消费的分布不匹配,能源从生产源头到消费终端的输运总量巨大,长距离大容量能源输运使一次能源物流和电力输送都面临艰巨的挑战。

2) 我国能源面临的困难和挑战

(1) 能源安全问题日益突出。随着经济的快速增长,我国对能源的需求迅速增加,能源缺口越来越大。据中国工程院的研究报告,按照目前的发展态势,我国中长期能源需求到 2020 年、2030 年、2050 年将分别达到 35 亿 tce、42 亿 tce、50 亿 tce。2020 年、2030 年和 2050 年我国常规能源供需缺口将分别达到 18%、20% 和 30%(图 1-3)[3]。同时,我国能源供应形势严峻,我国石油产量在 2020 年将达到最大值,约为 2 亿 t,2030 年和 2050 年将分别减少到 1.8 亿 t 和 1.4 亿 t,2030 年以后我国的石油进口依存度将达到 70% 以上;2030 年我国天然气进口依存度将达到 50%。

(2) 在减少 CO_2 排放方面,我国正面临着越来越大的国际压力。虽然我国人均 CO_2 排放量较低,但是 2010 年总排放量已超越美国位居世界第一。随着我国经济的强劲增长,受限于现有节能技术水平及发电行业以及工业对煤炭的严重依赖,我国 CO_2 总排放量可能今后几年之内难以得到有效降低。

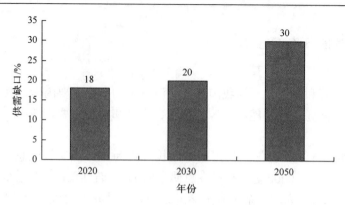

图 1-3　我国常规能源供需缺口[3]

(3)环境污染。化石能源，特别是煤炭的使用产生的 SO_2、氮氧化物和烟尘排放，是大气污染的主要来源。目前我国是世界 SO_2 第一大排放国。根据原国家环境保护总局的测算，我国环境容量限制为：$SO_2$1620 万 t，氮氧化物 1880 万 t。如果不采取有效措施，到 2020 年，两者的排放量将分别达到 4000 万 t 和 3500 万 t，大大超出环境容量。2007 年中国工程院的研究报告指出，我国的大气污染属煤烟型污染，CO_2 排放量的 85%、烟尘的 70%均来自燃煤。我国 63.5%的空气环境处于中度或严重污染，南方城市中出现酸雨的城市数量比例为 61.8%，全国酸雨面积占国土面积的 1/3。大气污染造成的经济损失占国内生产总值(gross domestic product，GDP)的 3%～7%，如果不能得到有效控制，到 2020 年，仅燃煤污染导致的疾病需付出的经济代价将达 3900 亿美元。

1.2　我国可再生能源的现状与发展

1.2.1　我国可再生能源资源和特点

1. 我国可再生能源资源[5]

(1)风能。我国的风能资源十分丰富，主要集中在北部(东北、华北、西北)地区以及东南沿海及其岛屿。北部地区风能丰富带包括东北三省、河北、内蒙古、甘肃、宁夏和新疆等近 200km 宽的地带，风功率密度在 $200W/m^2$ 以上，有的可达 $500W/m^2$ 以上，如阿拉山口、达坂城、辉腾锡勒、锡林浩特的灰腾梁、承德围场等。沿海及其岛屿地区风能丰富带包括山东、江苏、上海、浙江、福建、广东、广西和海南等沿海近 10km 宽的地带，风功率密度在 $200W/m^2$ 以上，风功率密度线平行于海岸线。根据全国 900 多个气象站的观测资料，按 10m 高度计算，中国陆地风能资源可开发的风能储量为 2.53 亿 kW，而海上的风能储量有 7.5 亿 kW，总计为 10.03 亿 kW，约相当于 50 座三峡水电站的装机容量。如果按 50m 高度计算，则还要增加一倍。因此，我国风能资源开发潜力很大，风电有望成为未来能源结构中的重要组成部分。

(2) 太阳能。我国太阳能资源丰富地区的面积占国土面积的 96%以上，每年地表吸收的太阳能大约相当于 17000 亿 tce①的能量。用现有建筑 20%的屋顶面积可安装约 20 亿 m² 的太阳能热水系统，替代 3.2 亿 tce。在我国西北部广袤的戈壁和荒漠地区，太阳能十分丰富，可因地制宜、大规模建设具有储能能力的太阳能热气流发电系统，改善当地的生态环境，提高西部人民的生活水平。

(3) 生物质能。我国当前可利用的生物质资源约 2.9 亿 tce，主要是农业有机废弃物，适宜利用方式是发电燃料和民用沼气等。随着社会经济的发展，废弃生物质资源将不断增加，再通过增加现有农林业产能和开发利用边际土地，2050 年生物质资源总潜力有望达到 8.9 亿 tce。

(4) 水能。我国可开发的水能资源总量非常丰富，约为 6 亿 kW。全国水能技术可开发量也在 5 亿 kW 以上，年可提供电量为 2.5 万亿 kW·h，相当于 8.6 亿 tce。我国尚未开发的水能资源主要集中在西部和西南部地区，需要加快西电东送的步伐。此外，我国还有 1.2 亿 kW 的小水电资源，有一定的开发潜力。

(5) 海洋能。我国各类海洋能的理论资源量分别达到数千万甚至数十亿千瓦，估计可开发量可以达到 9.9 亿 kW。

2. 我国可再生能源的资源特点

(1) 可再生能源(如太阳能资源)丰富地带荒芜干旱。我国太阳能资源丰富的地区都是荒漠、戈壁滩及沙漠地区，这些地区缺水、干旱、荒无人烟。

(2) 可再生能源资源分布不均匀。我国能源，包括可再生能源，主要分布在西部，而能源消费主要集中在东南部，这种能源生产和消费的高度不均匀性特点决定了我国发展可再生能源的战略与世界其他国家(地区)有所不同。能源必须从西部向东南部进行大规模、长距离传输。

因此，要针对我国特有的地理气候条件、能源资源的分布特点以及我国的经济发展的特点，来制定相应的可再生能源战略。

1.2.2　非水能可再生能源发电现状

对于非水能可再生能源，目前适合我国国情且技术成熟的主要有太阳能发电和风电。

现有的太阳能发电技术主要包括光伏发电、高温热发电以及太阳能热气流发电。光伏发电的显著缺点是：①发电成本高，经济性差，每度(1 度=1kW·h)电能

---

① tce 表示吨标准煤当量。

的生产成本约为煤电的 20 倍，风电的 10 倍；②其主流产品多晶硅电池在生产过程会产生大量有毒物质，前期污染严重，全生命周期内的能耗高，碳排放量大，制约了其大规模发展。独立运行的高温热发电则存在如下缺点：①塔式系统和槽式系统地域要求高，需要当地水资源丰富，太阳能直射辐射强；②其工作温度高，转动部件多，运行维护费用高，许多关键技术问题尚未解决；③碟式系统规模小、发电成本居高不下。太阳能热气流发电没有不可逾越的技术障碍，具有成本低、储能能力强、发电稳定等优点，目前正处在研究与商业示范的转折点，有可能在最近几年实现突破性进展。

风电的生产环节清洁，设备制造耗能少，对土地、水资源的要求也较低，运行时无污染。目前我国已批复的风电上网电价为 0.5～0.6 元/(kW·h)，少数高于 0.6 元/(kW·h)，已接近常规发电电价，预计到 2020 年可低于 0.4 元/(kW·h)，从而具有和清洁火电(考虑污染物排放和温室气体排放成本)竞争的优势。从产业角度分析，我国的整机制造能力已有很大提高，关键零部件的配套能力大为增强，风电产业的研发能力和总体水平也在不断提升。从目前的发展形势看，我国风电产业完全能够满足 2030 年、2050 年风电大规模发展的需要。风电在政策、技术、产业、成本上有着明确的发展预期，对环境等不产生负面影响，我国的风能资源也能够保障大规模发展目标的实现，风电在我国是一种优先发展的清洁能源。

1.2.3 我国可再生能源发展预期

目前我国以化石能源为主的能源结构受到资源和环境的制约，具有明显的不可持续性。可再生能源资源丰富、可循环产生、对环境影响小。开发利用可再生能源，既是解决当前能源供需矛盾的重要措施，更是实现未来能源和环境可持续发展的战略选择。可再生能源将历史性地承担起补充能源供应缺口、优化能源结构和保护环境的重任。

针对我国能源发展的严峻形势，《国家中长期科学和技术发展规划纲要(2006—2020 年)》指出，要经过若干年的努力，在能源开发、节能技术和清洁能源技术方面取得突破，促进能源结构的优化。为实现这个目标，要推进能源结构多元化，增加能源供应，对于风能、太阳能和生物质能等可再生能源要取得技术上的突破并实现规模化的应用。

根据我国经济发展规划、能源需求形势、化石能源供应前景、社会经济发展和资源环境的矛盾、国际可再生能源发展经验、可再生能源的资源和技术条件，中国工程院对我国可再生能源在不同时期的战略地位进行了分析，如表 1-2 所示。

表 1-2　我国不同时期可再生能源的战略地位[3]

主要时期	战略定位	可再生能源可提供总量/亿 tce		可再生能源占全国总能源的比例/%	
		不含水能	含水能	不含水能	含水能
近期 2010 年前后	补充能源	0.6	3.0	2	10
中期 2020 年前后	替代能源	1.9～3.7	5.6～8.1	5～10	16～23
长期 2030 年前后	主流能源之一	4～8	8.6～13.1	9～19	20～31
远期 2050 年前后	主导能源之一	8.8～17.1	13.6～22.8	17～34	27～45

1.3　现有可再生能源发电技术

1.3.1　风力发电

风力发电已成为风能利用的主要形式(图 1-4)，受到世界各国的高度重视。相比于其他可再生能源发电方式，风力发电的发展速度最快。风力发电通常有三种运行方式：一是独立运行方式，通常是一台小型风力发电机向一户或几户提供电力，它用蓄电池蓄能，以保证无风时的用电；二是风力发电与其他发电方式(如柴油机发电)相结合，向一个单位、一个村庄或一个海岛供电；三是风力发电并入常规电网运行，向大电网提供电力，常常是一处风场安装几十台甚至几百台风力发电机，这是风力发电的主要发展方向。

图 1-4　风力发电

风力发电技术蓬勃发展，中国风电新增装机量大幅增加，中国风电发展进一步提速(图 1-5)。中国可再生能源学会风能专业委员会(以下简称中国风能协会)发布的《2017 年中国风电装机容量统计简报》报告中显示[6]：2017 年中国新增装机容量为 19660MW，同比下降 15.9%；累计装机容量为 188390MW，同比增长 11.7%。

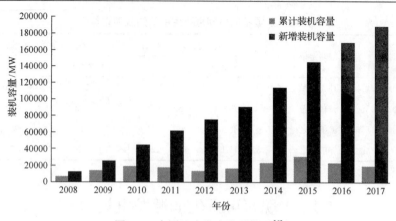

图 1-5　中国风力发电发展情况[6]

此外，在 2010 年国家大规模启动海上风电特许权招标之后，风电产业发展的空间进一步增大。而根据 2016 年公布的《风电发展"十三五"规划》，以及 2012 年确定的七大战略性新兴产业，横跨节能环保、高端装备制造、新能源等多个领域的中国风电产业仍将是政策重点扶持和推动的项目，其发展前景很好。

1.3.2　太阳能光伏发电

太阳能电池利用半导体内部的光电效应，当太阳光照射到一种称为"PN 结"的半导体上时，波长极短的光很容易被半导体内部吸收，并碰撞硅原子中的"价电子"，使"价电子"获得能量变成自由电子而逸出晶格，从而产生电子流动，如图 1-6 所示。

图 1-6　太阳能电池

常用太阳能电池按其材料可以分为晶体硅电池、硫化镉电池、硫化锑电池、砷化镓电池、非晶硅电池、硒铟铜电池、叠层串联电池等。晶体硅电池应用最广，其中单晶硅的实验室光电转换效率已高达 25%，工厂规模化生产的单晶硅电池的效率也在 12% 以上。为了降低成本，多晶硅电池得到了很大的发展，现在多晶硅电池的效率已达 12%，而成本仅为单晶硅电池的 70%，是一种很有前途的太阳能电池。砷化镓电池转换效率很高，可达 25.7%，规模生产效率也可达 18%，但价格高，目前主要用于空间领域。非晶硅电池价格最低，但转换效率低（6%～8%），且长期使用后性能下降，因此多用作袖珍计算器、电子表和玩具的电源。

1.3.3 太阳能高温热发电

目前，国内外最感兴趣、研究最多、最具有发展前途的太阳能高温热发电的方式是通过某种工质将太阳辐射转换成热能，然后利用热机带动发电机将工质的热能转换成电能，其发电部分的基本组成与常规燃煤发电设备类似，主要区别在于前者利用太阳能聚热，后者利用锅炉吸热。典型的太阳能高温热发电模式有塔式发电、槽式发电和碟式发电。下面简单介绍几种主要太阳能高温热发电技术。

槽式太阳能高温热发电（图 1-7）是通过槽式聚光镜面将太阳光聚焦在一条线上[7]，这条焦线上安装有管状集热器，以吸收聚焦后的太阳辐射，管内流体被加热后，流经换热器加热工质，借助于蒸汽动力循环来发电。抛物面可对太阳进行一维跟踪，聚光比为 10～100，温度可达 400℃。槽式太阳能高温热发电最大的优点是多聚光器集热器可以同步跟踪，所以跟踪控制代价明显降低；缺点是能量在集中过程中依赖管道和泵，管道系统比塔式太阳能高温热发电系统复杂得多，热量及阻力损失均较大，降低了系统的净输出功率和效率。1980 年 LUZ 公司开始开发此类高温热发电系统，5 年后实现了商业化，1985 年先后在美国加利福尼亚州的 Mojave 沙漠上建成了 9 个发电装置，总容量为 354MW，年发电总量为 8 亿 kW·h。随着集热技术的不断发展，系统效率由起初的 11.5% 提高到 13.6%，建造费用由 5976 美元/(kW·h) 降低到 3011 美元/(kW·h)，发电成本由 26.3 美分/(kW·h) 降低到 12 美分/(kW·h)[8-19]。

图 1-7 槽式太阳能高温热发电系统[7]

塔式太阳能高温热发电(图1-8)的设计思想是20世纪50年代苏联科学家提出的[20-28]。用于传热的循环介质可以是水、油、熔盐或液态钠,聚光比可达 300～1500,运行温度可达 1500℃。其特点是采用高温熔融盐来蓄热储能,聚光比高,容易达到较高的工作温度,接收器散热面积相对较小,可以得到较高的光热转换效率,这种电站的运行参数与高温高压的常规热电站基本一致,因此不仅有较高的热机效率,而且容易获得配套设备。20 世纪 80 年代初,美国在南加利福尼亚州建成第一座塔式太阳能高温热发电系统装置 Solar One。以色列 Weizmanm 科学研究所最近正在对塔式太阳能高温热发电系统进行改进,旨在将塔式太阳能高温热发电系统的效率提高到 25%～28%。塔式太阳能高温热发电已经处于商业化应用前期和工业化应用初期,被认为是最可能引起能源革命、实现大功率发电、替代常规能源的最经济的手段之一。

图 1-8　塔式太阳能高温热发电系统[29]

碟式太阳能高温热发电(图1-9)一般借助于双轴跟踪[30-37],抛物型碟式镜面将接收的太阳能集中在其焦点的接收器上,接收器吸收这部分辐射能并将其转换成热能。在接收器上安装热电转换装置,如斯特林发动机或兰金循环热机等,从而将热能转换成电能。单个碟式斯特林发电装置的容量范围在 5～50kW。将氦气或氢气作为工质,工作温度达 800℃,斯特林发动机能量转换效率较高。Cummins 公司从 1991 年开始开发商用的 7kW 碟式斯特林发电系统,5 年内投入经费 1800 万美元。1996 年 Cummins 向电力部门和工业用户交付 7 台碟式斯特林发电系统,1997 年生产量达 25 台。这种系统适用于边远地区独立电站。美国热发电计划还同时开发 25kW 的碟式斯特林发电系统。25kW 是经济规模,因此成本更加低廉,而且适用于更大规模的离网和并网应用,其 1996 年在电力部门进行实验,1997 年开始运行。碟式斯特林发电系统光学效率高,启动损失小,系统效率可高达 29%。

但碟式斯特林发电系统具有造价昂贵、热储存困难等缺点，导致其应用范围受到了限制，一般用于离网村落、孤岛等地方，离大规模商业并网运行还有一段距离。

图 1-9 碟式太阳能高温热发电系统[38]

1.4 太阳能热气流发电系统简介

1.4.1 系统原理

1981 年，在西班牙马德里以南 150km 的 Manzanares 附近建成了世界上第一座太阳能热气流发电系统(solar updraft power plant system，SUPPS)实验电站，如图 1-10 所示[39]。太阳能热气流发电系统主要由四个重要部件组成：集热棚、烟囱、轴流式风力透平和蓄热层。根据系统的规模，集热棚高出地面几米或十几米，用金属支架支撑，顶棚材料为玻璃、薄膜等透明或半透明材料，从而形成一个巨大的太阳能收集器。集热棚下是用土壤、水管、砂、石等材料中的一种或若干种做成的蓄热层，可克服太阳辐射周期性和间断性的弱点，实现系统发电的连续性和稳定性。白天，太阳辐射穿越集热棚顶棚进入系统，加热蓄热层表面。蓄热介质吸热，温度升高，以热能的形式储存太阳能；与此同时，蓄热层表面加热棚内的空气，使其温度升高。随着空气温度的升高，其密度减小，小于外界环境相同高度处的空气密度，从而形成了内外的压力差，造成沿集热棚周围向棚中央的热气流。由于棚中央烟囱的存在，热气流可以沿着烟囱自底部向顶部流出。与常规的燃煤电站相似，烟囱能产生烟囱效应(stack effect)，显著地增加了系统内外的压力差，强化系统内部的热气流流动，从而形成强烈的上升气流。对于大规模太阳能热气流发电系统，一般在集热棚内部接近烟囱底部安装若干组轴流式风力透平，强烈的热气流足以驱动轴流式风力透平转动，将热气流的动能和势能转换为机械能。若将透平与发电机组相连，则可最终将太阳能转换成电能。

图 1-10　西班牙实验电站(一)[39]

　　太阳能热气流发电系统的发电能力主要取决于两个因素：集热棚的面积和烟囱的高度。集热棚面积越大，受热流入烟囱的热气流流量越大；烟囱越高，由烟囱效应造成的系统内外压力差越大。因此，对于大规模太阳能热气流发电系统，往往考虑将集热棚的半径和烟囱的高度分别设计为 2500～3500m、1000～1500m。

　　集热棚是一个很大的温室，太阳辐射穿越透明顶棚加热蓄热层表面。由于蓄热层的热惯性效应，太阳能热气流发电系统即使在阴天或晚上也可以源源不断地向外部输送电力，但相对晴朗的白天，发电量会减少。蓄热介质若采用比定压热容较大的材料，如水等，则可以大大增加系统的蓄热能力，有效增加晚上或阴雨天气的发电量和时间。

　　透平是一个非常重要的能量转换部件，西班牙实验电站在烟囱底部安装了一台垂直轴风力透平。对于大规模太阳能热气流发电系统，常规的设计方式是环绕烟囱底部在集热棚内将轴流式风力透平水平布置，这样可以便于控制和维修。

　　太阳能热气流发电系统的建筑材料主要为玻璃、薄膜、水泥、砖块、钢筋等，这些材料的生产过程会有碳排放。但是，系统运行过程中的碳排放几乎可以忽略不计，其运行回收期为 2～3 年[40]。

　　由于太阳能热气流发电系统的效率相对比较低，要想实现商业运行，必须具备非常大的太阳能接收面积，这就需要消耗大量的土地。要建设大规模的太阳能热气流发电系统，必须利用价格低廉或者废弃的土地，如在气候干旱或者贫瘠地区的沙漠、戈壁等。对于发展中国家的偏远地区，建设小规模的太阳能热气流发电系统是具有一定吸引力的，因为太阳能热气流发电系统的建设在技术上并不困难, 可以利用当地资源和劳动力, 运行和维修都比较方便[41]。

1.4.2 系统的特点

与常规的化石能源发电技术及现有的新能源和可再生能源发电技术相比, 太阳能热气流发电的优点主要表现在如下几个方面。

(1) 低成本储能。现有储能技术大多采用电池储能或者高温熔盐储能, 前者由于充放电次数的限制使用寿命不长, 后者的材料易分解、具有腐蚀性。而大规模的太阳能热气流发电系统的蓄能材料主要为土壤、沙石、水等, 也可以采用我国西北部比较普遍的卤水等, 材料十分便宜, 可以无限次地储能释能, 这是现有各种储能技术所不具备的。同时, 由于这一特征, 太阳能热气流发电系统容易建造大尺度的温室, 从而实现对低密度太阳能的低成本、大规模收集。

(2) 发电持续稳定。由于集热棚底部土壤、沙、石等具有天然的蓄能性能, 太阳辐射和天空散射进入集热棚后, 一部分能量直接传递给热气流, 另一部分能量被系统的蓄能材料蓄积起来, 晚上或者阴雨天气也可以源源不断地加热集热棚内的空气流, 从而使系统能够源源不断地对外输出电力, 发电持续稳定这一特点是其他非水再生能源难以具备的。

(3) 生态重建效应。中国西部新疆、青海、甘肃、宁夏、内蒙古等都有广袤无垠的荒漠土地, 随着地球气候环境的恶化, 中国西部的荒漠呈现不断扩大的态势。由于季节气候的变化, 盛行的西风不断地刮起沙尘暴, 蚕食着新疆、青海、宁夏、内蒙古、陕西等绿洲。西部生态环境的建设和治理已迫在眉睫。要想有效地改变这一局面, 可以在西部建设太阳能热气流发电系统群, 利用其温室效应, 因地制宜地在系统内部种植各种农作物, 防风固沙, 改善局部生态环境, 实现绿洲向沙漠的转变, 改善温室内空气的品质, 从而形成系统发电和农作物种植与栽培互补综合利用系统。利用太阳能热气流发电系统实现生态重建是一个宏大的工程, 需要付出巨大的努力。

自 20 世纪 80 年代西班牙实验电站建成至今, 太阳能热气流发电技术的研究已经有 30 多年的历史。但在世界范围内, 真正商业运行的太阳能热气流发电系统迄今尚未建成, 这说明该系统自身存在问题, 具体表现在如下几个方面。

(1) 能量转换效率低下。能量转换效率低是太阳能热气流发电系统难以克服的弱点, 集热棚内气流吸收太阳能, 温度升高; 由于烟囱效应, 热气流速度升高, 并且造成系统内外的压力差; 热气流的压力势能和流动动能均由其热力学能转换而来, 再将其转换成机械能, 最终转换成电能。系统将太阳能转换成电能的整个过程经过了几次转换, 每次转换都有一定的转换效率, 其中热能转换成热气流能的效率最低, 这就决定了系统不可能有较高的效率。

(2) 超高烟囱建造困难。具体来说, 超高烟囱建造尚存在较大困难, 目前世界上最高的建筑为阿联酋哈利法塔, 高度为 828m, 而大规模的太阳能热气流发电系统的烟囱设计高度为 1000~1500m，同时，烟囱的直径为 130~170m，这种中空结构的烟囱的设计及建设对人类建筑科学和技术提出了巨大的挑战，环境气流对烟囱以及出口气流的影响也难以预知，需要进一步开展理论探索。

(3)透平设计技术尚待突破。太阳能热气流发电系统是一种新型的发电系统，适用于该系统的热气流透平与自由风场中的透平存在本质的不同，其类似于水电站的水力透平，但也不完全相同，设计这种低压头、大流量、低转速的轴流式风力透平尚缺乏相关的理论和技术突破。

(4)超大集热棚防风沙难题。大规模太阳能热气流发电系统大多建设在发展中国家土地贫瘠、沙漠、戈壁等缺电缺水的区域，而这些区域的气候与环境条件十分恶劣，灰沙、粉尘比较常见，一旦盖住集热棚顶棚，将显著阻挡进入系统的太阳辐射。超大规模的集热棚的防风沙问题亟待解决，目前尚无低成本技术能有效解决沙尘清扫的问题。

1.5　太阳能热气流发电系统实验系统及商业电站建设进展

历史上最早提出利用热气流驱动透平转动获得能量这一新奇思想的科学家是杰出的画家、发明家和学者 Da Vinci(达·芬奇，1452~1519 年)[42]。他最初的做法是在壁炉上的烟囱喉部布置一个透平，使热的空气进入烟囱时驱动透平转动。达·芬奇的这一概念成为利用热气流驱动透平发电的最早雏形。1903 年，一位名为 Isidoro Cabanyes 的西班牙陆军上校首次提出了太阳能热气流发电系统的概念(图 1-11)[43,44]，该系统包含一个用于收集太阳能的集热棚，一个和外界保持隔热良好的高烟囱，在集热棚和烟囱的连接处安装有旋转的风机，从而源源不断地产生能量。1926 年，Bernard Dubos 提出了在沙漠的大山上建立的斜坡太阳能热气流发电系统的概念模型(图 1-12)[45]。之后，德国科学家 Hanns Günther 于 1931年对太阳能热气流发电系统的特征也进行了深入全面的阐述[46]。

图 1-11　1903 年太阳能热气流发电系统概念模型[43,44]

图 1-12 Bernard Dubos 提出的太阳能热气流发电系统概念模型[45]

1980 年，斯图加特大学 Schlaich 等在一次国际会议上再次阐述了太阳能热气流发电系统的概念[47]。1981 年联邦德国政府研究技术部提供了 1500 万马克，与西班牙电力公司联合投资，由 Schlaich 教授负责，在马德里以南 150km 的 Manzanares 附近，建成了世界上第一座太阳能热气流发电系统实验电站[48-50]，如图 1-13 所示。该实验电站烟囱高 194.6m，直径为 10.8m，集热棚面积为 46000m^2（直径大约为 242m），为减小集热棚内的流动阻力，自周边进口至棚中央沿流动方向高度线性增加，高度变化范围为 2～6m，用金属支架支撑。该电站的最大输出功率为 50kW，采用单层玻璃、双层玻璃、塑料等不同材料作为集热棚顶棚对系统的性能进行测试。集热棚靠近外边缘、远离中央的低温部分作为温室，在其内部种植农作物。运行过程中，利用 180 个传感器测定集热棚内、外空气的温度、湿度和风速等。系统空载运行条件下，其烟囱出口空气流速为 15m/s，满负荷运行时速度为 9m/s，运行成本很低。设计人员用了 9 年时间不断改进设计，在连续 8 年的运行中，电站运行时间超过预期运行时间的 95%[51]。Haaf 等[48,50]、Lautenschlager 等[52]对西班牙实验电站进行了详细的实验报道，建立了能量平衡方程，阐述了系统运行基本原理、储能效应、驱动机制、透平压降因子以及不同规模太阳能热气流发电系统的成本估算等。西班牙实验电站的集热棚顶棚采用玻璃和塑料联合铺设，烟囱采用金属拉杆固定，棚内地面有些地方种植了农作物，如图 1-14 所示。遗憾的是，由于没有好好保护固定烟囱的金属拉杆，经过风吹雨打，金属拉杆很快生锈。8 年后，在一场暴风雨中，烟囱倒塌，西班牙实验电站于 1989 年正式退役。

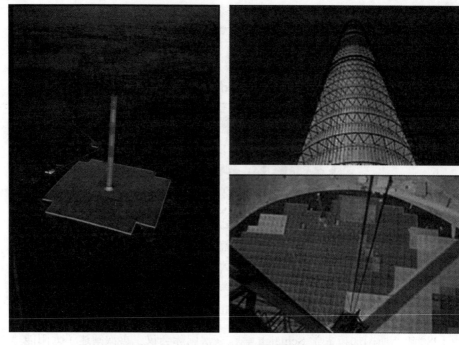

图 1-13　西班牙实验电站(二)

图 1-14　集热棚及其内部的农作物

　　之后，不少研究人员构建了不同规模和形式的太阳能热气流发电系统的小型实验装置。1983 年，Krisst[53]在美国 Connecticut 的 Hartford 西部搭建了一座"庭院式"太阳能热气流发电实验装置。该装置的烟囱高 10m，集热棚直径为 6m，输出功率达到 10W。1985 年，Kulunk[54]在土耳其的 Izmit 建造了一座微型太阳能热气流发电示范装置，如图 1-15 所示。图中，H 为集热棚高度；T_g 为空气温度；T_m 为烟囱底部空气平均湿度；T_s 为蓄热层表面温度；T_a 为入口处环境温度；R 为烟囱半径；L 为集热棚的边长。该装置烟囱高 2m，烟囱直径为 70mm，集热棚面积为 9m^2，发电功率为 0.14W。Kulunk 指出，其透平的轴功率为 0.45W，发电机效率为 31%，烟囱进出口的温度差为 4K，压差为 200Pa。

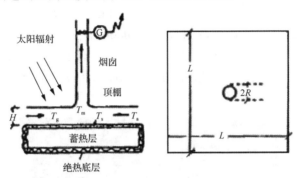

图 1-15　Kulunk 建立的太阳能热气流发电示范装置(土耳其，1985 年)

1998 年，Sherif 教授课题组[55, 56]在美国佛罗里达大学所在的 Gainesville 搭建了三个不同形式的太阳能热气流发电系统实验电站模型，并进行了示范实验，测定了系统内的温度、速度分布随太阳辐射的变化，如图 1-16 所示。该电站的特点有如下几点：①将集热棚的外边缘进行了斜坡式扩展；②引入蓄热介质作为吸热器；③烟囱呈渐缩型，透平放在烟囱出口处。

图 1-16　Sherif 搭建的太阳能热气流发电系统实验电站模型(美国，1998 年)

　　澳大利亚的淡水资源相当匮乏，以维多利亚州为例，由于种植根深叶茂的大树以代替浅根植物，大量引水灌溉致使土壤盐渍化严重。2007 年，Zhao 等[57]提出了将太阳池和太阳能热气流相结合的概念，在澳大利亚维多利亚州北部的皮拉米德希尔建了一座太阳池和太阳能热气流相结合以实现海水淡化与发电两个目标的综合系统，该太阳池占地面积为 3000m^2，深度为 3m，烟囱高为 200m，直径为 10m，同时建立了一座小型的太阳池-太阳能热气流海水淡化发电综合系统(图 1-17)[58]，其想法是将太阳池内盐水的能量传递给空气，驱动烟囱内的透平发电。

图 1-17　Zhao 等[57]提出的太阳池-太阳能热气流海水淡化发电综合系统

　　2005 年，杨家宽等[59-62]在华中科技大学一座实验室的楼顶上建造了一座太阳能热气流发电系统小型试验装置(图 1-18)，该装置集热棚下面的蓄热材料采用沥青加砾石、黄沙的复合层，烟囱高 8m，直径为 0.3m；集热棚直径为 10m，周边离地间隙高度为 0.05m(间隙高度可调)；烟囱底部布置了一个多叶片涡轮。研究结果显示，集热棚内的温升可达 24℃以上，从集热棚入口至出口，空气温度逐渐升高，速度先减小后增加，烟囱内沿流动方向空气温度略有降低；在早上烟囱出口附近出现逆温层，且其持续时间随太阳辐射的增强而变短，逆温层的出现使太阳能热气流发电系统运行变得困难[59, 63, 64]。

(a) 整体系统

(b) 风力透平

(c) 集热棚

图 1-18 杨家宽等搭建的太阳能热气流发电系统小型试验装置(中国,2005 年)

2008 年,明廷臻等[65]在华中科技大学实验室内搭建了一座微型太阳能热气流发电系统模型(图 1-19),烟囱高 2.5m,直径为 106mm;顶棚为轻质隔热材料,隔热材料厚约 30mm,棚四周开口和环境相连,高 55mm;棚底部为钢板以利于更好地传热,钢板下部是一个封闭空间,其内均匀铺设 8 个并联的加热器来模拟太阳辐射,每个加热器的电阻约为 60Ω,加热封闭空间的底部是以珍珠岩为隔热材料的隔热层。实验结果表明,烟囱出口热气流最高速度接近 3m/s,系统温升可达 56℃。

2008 年,Maia 等[66-71]在巴西大学校园内建造了一座利用太阳能热气流发电系统来实现食品干燥的试验装置,如图 1-20 所示,集热棚为玻璃纤维材质,呈水平状铺设,高为 0.5m,为了减少集热棚内热气流与环境空气在入口处的质量、能量交换,避免损失过多的热量,将集热棚入口处高度突然降低到 0.05m。烟囱通过玻璃纤维包覆木质竖直框架制作而成,由 5 个模块组成,每个模块高 2.2m,模块间通过螺丝衔接。

图 1-19　明廷臻等搭建的室内太阳能热气流发电系统模型(中国，2008 年)

图 1-20　Maia 等搭建的太阳能热气流发电系统模型(巴西，2008 年)

2007 年，Koyun 等[72]在土耳其厄斯帕尔塔的 Suleyman Demirel 大学校园建了一座小型太阳能热气流发电系统原型装置(图 1-21)。烟囱高 15m，直径为 1.19m，集热棚的玻璃覆盖直径为 16m，整个温室面积约为 200m²，集热棚进口截面面积为 31.15m²。

图 1-21　Koyun 等建立的太阳能热气流发电系统原型装置[72]

2011 年，Kasaeian 等[73]报道了建在伊朗 Zanjan 大学的一座太阳能热气流发电系统模型，烟囱高度为 12m，集热棚直径为 10m（图 1-22）。涡轮机安装在不超过 0.55m 的高度，涡轮机的平台安装在下面。实验测量了温度和风速，对不同日期内集热器和烟囱的指定位置进行了温度及速度的观测。由于集热器产生的温室效应，集热器出口与周围环境的温差达到 25℃；在寒冷和炎热的天气里，日出后可观察到烟囱底部的空气逆温现象。烟囱内记录的最大风速为 3m/s，而集热棚入口风速则为零。

Kalash 等[74, 75]在叙利亚的大马士革大学南校园建了一座斜坡式太阳能热气流发电系统（图 1-23）。该倾斜集热棚呈三角形，向南倾斜 35°，面积约 12.5m²。烟囱高度为 9m，直径为 0.31m。18 个温度传感器安装在倾斜集热棚内，以测量集热棚不同点的玻璃、空气和蓄热层温度，每 40min 记录一次实际数据，以研究倾斜集热棚的温度变化。实验结果表明，尽管是在冬季进行的测量，空气温度也能上升到最大值（19℃），在烟囱中产生了上升气流，速度最大值为 2.9m/s。

图 1-22　Kasaeian 等的太阳能热气流发电系统模型[73]

图 1-23　叙利亚大马士革大学的斜坡式太阳能热气流发电系统[74]

　　2010 年 12 月，在内蒙古乌海市金沙湾的沙漠边缘由内蒙古科技大学的魏毅力教授负责建成一座 200kW 的太阳能热气流发电系统[76-80]，如图 1-24 所示。该发电系统烟囱高度为 50m，直径为 10m；烟囱位于一个近似劣弧形集热棚的一侧。该发电系统坐东朝西，面朝绿洲，背朝一望无垠的沙漠；正面是集热棚进口，由 10 个可控制的风门组成，可使环境风进入集热棚内。集热棚顶棚由透明玻璃铺设并由金属钢架结构支撑，地面采用当地随处可见的砂石作为蓄热材料。烟囱侧面布置 3 个风力透平，可根据实际的运行工况关掉若干个风力透平从而实现出力调节(图 1-25)。集热棚顶棚上铺设太阳能电池，从而希望实现风能、太阳能热气流和光伏的综合发电。该工程总规划装机容量为 27.5MW，共占沙漠 4162 亩(1 亩≈666.67m²)，计划投资 13.8 亿元。工程分三期，第一期工程于 2009 年 5 月开工，建设 200kW 太阳能热风发电示范项目，占沙漠 60 亩，投资 1000 万元，主要建设内容有烟囱、集热棚、电气系统。这是自 20 世纪 80 年代西班牙实验电站建成以来世界上最大的太阳能热气流发电系统，魏毅力教授说："这个项目只占用沙漠和荒地，运行与维护也十分简单，不会产生任何污染，环保性能极好，可以覆盖大片的沙漠，可以有效抑制沙尘暴，对改良气候有重要意义。"

(a) 正面

(b) 背面

图 1-24 内蒙古金沙湾太阳能热气流发电系统

(a) 集热棚

(b) 透平和蓄热层

图 1-25 内蒙古金沙湾太阳能热气流发电系统局部结构

1.6　太阳能热气流发电系统的理论研究进展

1.6.1　太阳能热气流发电系统的热力学理论

2000 年，Gannon 和 von Backström 将太阳能热气流发电系统的工质在其内部以及在环境中的流动全部考虑在内，将其视为标准闭式、理想的 Brayton 循环[81,82]，他们认为，工质在集热棚内为定压吸热过程，自烟囱底部进口至出口为绝热膨胀过程，自烟囱出口温度冷却至高空温度为定压放热过程，自高空下降进入集热棚进口之前为绝热压缩过程。由上述四个过程他们获得了循环的过程参数和过程方程，得到了系统理想循环效率；建立了带有损失的系统实际循环，分析了各损失对系统性能的影响。

von Backström 和 Gannon 除建立了系统热力学循环，还基于此计算了太阳能热气流发电系统的热力学循环效率[82]。首先，他们分析了太阳能热气流发电系统的理想气体标准循环，提出了系统的极限性能、理想效率以及各主要变量之间的关系；然后，对系统实际循环的各个具体部位的损失，包括烟囱摩擦、集热棚、透平及烟囱等部件的沿程和局部动能损失进行了详细的分析与考虑，得到了实际系统的极限性能、理想效率以及各主要变量之间的函数关系；最后，以西班牙实验电站为依据，对理论模型的正确性进行了分析验证，预测了大规模发电系统的性能参数、效率以及输出功率。

2000 年，Michaud[83]采用不同于 Brayton 循环的闭式理想气体热力学循环来分析上升气流的自然对流过程，分别用平均温度法来表示气体向高温热源吸热以及向低温热源放热的过程，由此得到空气热功转换效率接近卡诺循环的效率。分析结果认为该效率不依赖于上升气流是否连续，也不依赖于热量是以潜热方式还是以显热方式传递。此后，研究人员以太阳能热气流发电系统为例对系统的效率及其可用能进行了分析。Ninic[84]、Nizetic 和 Ninic[85]对系统的热力学循环进行了分析，并基于此建立了空气的可用能与集热棚中所吸收的热量、空气湿度、空气压力、高度的函数关系，分析了干空气和湿空气进入系统时对不同集热棚的影响，建立了空气可用能与烟囱高度的关系模型，分析了旋流式流体流过风力透平以取代烟囱的可行性。

2009 年，周洲等[86]对 Gannon 的 Brayton 循环[81]进行了修正，认为 Gannon 的 Brayton 循环建立在总压和总温的基础上，同时在循环图上考虑了动能损失，这不符合循环图上的点是状态点的原理；对太阳能热气流发电系统的热力学性能进行了分析，建立了系统的热力学循环，进一步分析了系统的实际循环效率和理想循环效率，对不同规模的太阳能热气流发电系统的热力学特性进行了计算比较。结果表明：与西班牙实验电站相同压力降下太阳能热气流发电系统的标准 Brayton

循环效率约为 8%，而西班牙实验电站的理想循环效率的变化范围是 1%~4%，其实际循环效率为 0.2%~0.8%；中型规模的太阳能热气流发电系统相对应的标准 Brayton 循环效率、理想循环效率以及实际循环效率分别为 16%、12%和 0.2%~1%；大规模太阳能热气流发电系统相对应的标准 Brayton 循环效率、理想循环效率以及实际循环效率分别为 35%、10%~25%和 0.9%~2.0%。

1.6.2 太阳能热气流发电系统的抽力机制

驱动太阳能热气流发电系统流动的力称为 HAG 效应[87-89](helio-aero-gravity effect)。HAG 效应的机理如下：太阳辐射透过集热棚的透明顶棚照射在蓄热层表面上，蓄热层表面温度升高，加热集热棚内的空气，受热空气温度升高、密度减小，在烟囱的作用下，形成强烈的上升气流。显然，HAG 效应的影响因素包括太阳辐射、空气和重力三个方面。已有的研究表明，HAG 效应引起的系统驱动力为[40,49-51,87-89]

$$\Delta P = (\rho_0 - \rho)gH_{chim} \tag{1-1}$$

式中，ΔP 为系统驱动力；ρ_0 和 ρ 分别为外界环境与烟囱内的密度；g 为重力加速度；H_{chim} 为烟囱的高度。

式(1-1)广泛用于太阳能热气流发电系统及太阳能热气流系统[90-94]。但一方面，Mullett[95]认为系统的 HAG 效应起源于烟囱底部和烟囱出口的压力差，持相同观点的研究者还包括 Lodhi 等[87, 88]和 Sathyajith 等[89]，这种观点造成了较大的误解；另一方面，基于 HAG 效应所描述的系统驱动力数学模型过于简单，对于不同几何组合、不同环境条件以及不同太阳辐射条件下的太阳能热气流发电系统，式(1-1)无法对系统的 HAG 效应给出确切的预测。2006 年，明廷臻等[96, 97]基于相对压力的概念重新对系统 HAG 效应进行了分析，建立了系统的 HAG 效应数学模型，分析了太阳辐射、系统几何因子等对系统 HAG 效应、系统输出功率和能量转换效率的影响。

1.6.3 太阳能热气流发电系统的流动与传热理论

1985 年，Thomas[98]对太阳能热气流发电系统的能量转换效率建立了分析模型。他认为对于太阳能热气流发电系统的温室，红外辐射和水的蒸发是造成能量损失的主要因素，通过在集热棚布置选择性穿透材料，如玻璃、薄膜等，可有效地减少长波辐射损失。集中在顶棚上面的雨水也是影响能量损失的一个因素，应设法使其离开集热棚顶棚并将其导入地底。1987 年，Mullett[95]基于能量守恒原理以及系统的流动与传热机制建立了太阳能热气流发电系总效率的完整数学模型，研究了影响系统效率的主要因素，针对西班牙实验电站模型以及 10MW、100MW 和 1000MW 太阳能热气流发电系统，预测、计算并分析了不同规模的太阳能热气流发电系统的效率。预测计算结果表明，系统总效率与太阳能热气流发电系统的规模密切相关，规模越大，系统总效率越高，大规模系统的效率为 0.96%～1.92%。Lodhi 等[88, 99]对太阳能热气流发电系统的能量收集和储存特性进行了研究。

1988～1999 年，佛罗里达大学的 Sherif 课题组[100-104]对太阳能热气流发电系统进行了深入的理论分析，建立了一整套流动与传热数学模型。Sherif 课题组针对自己已建成的太阳能热气流发电系统实验装置，建立了集热棚内部的流动与传热特性数学模型，分析了内部热阻对能量损失的影响，以及烟囱内部的流动特性，认为透平的能量转换遵循贝茨理论；分析了不同集热棚形状对系统流动与传热特性的影响，实验结果与其建立的数学模型的计算结果非常吻合。此后，为了便于计算，Padki 和 Sherif[104]还建立了一个十分简单的数学模型对系统的流动与传热以及功率输出特性进行了预测，计算结果表明，其简化模型的误差在 6%以内。

1999 年，Coetzee[105]建立了集热棚、烟囱和透平的瞬态流动与传热特性数学模型，考虑了太阳辐射变化对系统输出功率的影响，设计了一种新型的喷嘴式烟囱结构和金字塔形集热棚结构，并对其进行了设计优化计算。2000～2003 年，von Backström 课题组[82,106-108]建立了太阳能热气流发电系统烟囱内空气的可压缩流动与传热特性数学模型，研究认为，烟囱内空气出口密度与进口密度相比显著减小。之后，该课题组建立了一维可压缩流体动力学模型来描述烟囱高度、壁面摩擦、内部结构突缩和突扩造成的局部阻力损失对系统热力学参数的影响；分析了马赫数、流体密度及其流动速度对烟囱内压力变化的影响；预测了大规模太阳能热气流发电系统的各种能量损失以及烟囱进出口的压力变化，为烟囱内流体流动特性提供了详细的数据分析报告。

2003 年，Bernardes 等[109]建立了太阳能热气流发电系统完整的传热与流动数学模型，描述了太阳能热气流发电系统的特性。该模型对系统的输出功率进行了估计，同时分析了外界环境温度、系统结构参数对系统输出功率的影响。计算结果与西班牙实验电站的实验结果进行了对比，二者可以很好地吻合。此后，该模型用于预测大规模太阳能热气流发电系统的性能，预测结果显示，烟囱高度、透平压降因子、集热棚的直径及其光学特性均是太阳能热气流发电系统的重要影响参数。

2004 年，Pastohr 等[110]对西班牙实验电站进行了数值模拟，建立了包括集热棚、蓄热层、透平和烟囱区域的流动与传热特性数学模型。Pastohr 等做了两点重要处理：①将蓄热层视为固体；②将透平视为逆向风扇，基于贝茨理论计算透平压降，他们对稳态数值计算与采用 SIMPLE 计算的结果进行了对比，对数学模型的细节提出了改进措施。2005 年，Serag-Eldin[111]建立了预测太阳能热气流发电系统内流体流动的计算模型，该模型由质量、动量和能量守恒方程以及两个湍流方程组成，并首次提出采用一个 Actuator Disc 模型来描述透平的效应，该模型可用于估测系统尺寸和几何参数变化对系统输出功率的影响。Pretorius 和 Kroger[112,113]、Bilgen 和 Rheault[114]

分别建立了相应的太阳能热气流发电系统数学模型,考虑了太阳辐射的变化、地球纬度、对流换热系数的选取、上升气流的流动特性等对系统特性参数的影响。

1.6.4　热气流透平的设计及其优化技术

Schlaich 等[47, 49]对太阳能热气流发电系统轴流式透平的运行机制进行了初步阐述。1985 年,Kustrin 和 Tuma[115]认为安装在烟囱底部的风力透平应当是单级且基于压力式的,只能将流动空气中的一部分动能转换为电能;此后,他们描述了透平运行的基本原理,以西班牙实验电站的风力透平为基础进行了计算优化,给出了优化结果。

南非的 von Backström 课题组[107, 116-121]对风力透平的运行原理、流道设计及优化、输出功率以及布置方案等特性参数进行了详尽细致的分析并进行了实验研究,其主要工作如下。第一,设计了单机转子,引入烟囱进口导流叶片,诱导产生了通过转子之前的流体预旋转流动,这有助于减少转子入口处的动能损失,给出了基于相似模型的透平的两组运行工况下的性能和效率实验结果,其测量结果表明,设计的全全(total-to-total)效率达到85%~90%,全静(total-to-static)效率达到77%~80%。第二,建立了基于透平区域流体流动、负荷因素、反动度等的系统输出功率数学模型。数学模型分析结果得到了最优的反动度、最大透平效率下的输出功率,以及最大透平效率下的透平尺寸。对直径为 720mm 透平模型进行测量的结果表明了理论分析的正确性。对给定的小模型太阳能热气流发电系统的实验表明最大的透平 total-to-total 效率可达 90%。第三,对包含入口导流叶片、单机透平的集热棚出口和烟囱进口的太阳能热气流发电系统的透平区域进行了流体流动数值模拟,分析了壁面阻力损失系数、集热棚顶棚高度、烟囱直径、透平直径和叶片形状对透平进出口压降的影响。实验结果与通过计算流体动力学(computational fluid dynamics,CFD)商用代码预测的流动角、速度分量、内部以及壁面静压计算结果具有良好的一致性。

在透平的设计和计算及其能量转换过程中,一个非常重要的参数是透平压降因子,定义为系统运行过程中的透平压降与系统总压降的比值。对于给定的条件,最优的透平压降因子可以获得最大的电力输出。Haaf 等[48,50]首先提出了压降因子的概念,并且指出其最优值为 2/3。然而,之后的研究工作表明[51,119],系统运行过程中可以达到更高的透平压降因子值,仅当集热棚内空气温升为一个定值时,该系数为 2/3。Bernardes 等[109]认为,当透平压降因子大约为 0.97 时可获得最大的系统输出功率,但是该系数值在实际运行过程中很难达到,期望值范围为 0.8~0.9。von Backström 和 Fluri[119]分析了不同空气动力损失和透平工作特性条件下,空气体积流量对系统发电功率的影响,其透平压降因子预测分析模型所得到的结果与其他研究人员的结果相一致。研究表明,最优的透平压降因子值为 0.9,其他的研究成果依次为:Bernardes 等[109]为 0.83;Schlaich 等[40]为 0.8。Bernardes 和 von

Backström[122]的进一步研究表明：透平压降因子变化范围为 2/3～0.97，且一天之内的最佳透平压降因子受到集热棚表面的传热系数的影响，所以不是一个定值。

1.6.5　太阳能热气流发电系统储能特性研究

由于风能与太阳能的波动性和间歇性，现有的风力发电、太阳能光伏发电及太阳能热气流发电的发电功率也呈现波动性和间歇性的特点，这是现有可再生能源发电系统的共同特征。实践表明，发电功率波动大会对电力系统的发电备用容量和输电网络备用容量提出较高的要求，不利于可再生能源发电的并网以实现商业应用。为了减小可再生能源发电系统的发电波动性，需配备相应的储能系统，但这些储能系统往往容量小且非常昂贵。

太阳能热气流发电系统的一个最大的优点就是其廉价的蓄热系统使发电功率连续稳定。Bernardes 等[109]计算了水蓄热层的应用对于系统发电功率的影响。Pretorius 和 Kroger[112]计算了不同类型蓄热材料对发电功率的影响。计算结果表明，对于一座典型的 100MW 太阳能热气流发电系统，将砂岩作为蓄热层的主要材料，其一天内的发电功率峰谷值之比甚至超过 6，这一数值仍然太大。Ming 等[123]和 Zheng 等[124]模拟计算了多孔蓄热材料对系统连续发电能力的影响。

2007 年，Pretorius[125]、Pretorius 和 Kroger[126]提出一种系统发电功率调节新方案，如图 1-26 所示。在集热棚内布置上下两层集热棚，通过控制下层集热棚的风门可以调节系统的输出功率。

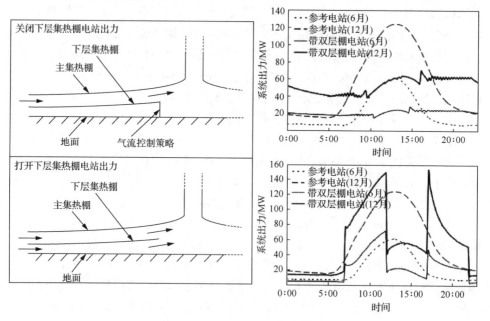

图 1-26　太阳能热气流发电系统发电功率调节方案和结果[125, 126]

1.6.6　太阳能热气流发电系统的经济性与可行性研究

由于太阳能热气流发电系统涉及能源、环境、电力、土木建筑等许多重要领域，关于其经济性、可行性的研究从来就没有间断过。其主要原因之一是系统总效率很低，国际上也有相关的研究人员对此提出过质疑，但目前关于太阳能热气流发电系统的经济性已经取得一致的意见，即从系统的总投资成本、运行成本、环境友好性等方面来讲，太阳能热气流发电系统是经济、可行的。

Schlaich 等[40, 47-52]对太阳能热气流发电系统的经济性和可行性进行了报道，他们分析了目前世界能源形势、环境以及人口对经济的影响，提出建设太阳能热气流发电系统是解决欠发达国家和地区或者干旱与半干旱地区能源问题的重要措施。Mullett[95]、Lodhi 和 Sulaiman[87]、Lodhi[88, 99]、Stinnes[127]、Dai 等[128]、Onyango 和 Ochieng[41]均对系统的经济性及可行性进行了分析与研究，认为在欠发达地区和沙漠地带建设太阳能热气流发电系统是行之有效、技术上可行的。印度学者 Beerbaum 和 Weinrebe[129]对煤电、槽式太阳能高温热发电、塔式太阳能高温热发电、碟式太阳能高温热发电以及太阳能热气流发电的经济性进行了深入的比较和分析，详细分析了印度的能源形势和太阳能分布，提出发展太阳能热气流发电技术是印度最经济、最可行的方案，在印度沙漠地带和欠发达地区可大力推行。

毫无疑问，太阳能热气流发电系统具有良好的生态效应和环境效应，这方面也引起了学者的广泛关注。Lodhi[88]和 Bernardes[130]分别对太阳能热气流发电系统的环境影响和生命周期评价进行了深入的分析，认为太阳能热气流发电系统与煤电相比，可以减少大量 SO_x、NO_x、CO_2 的排放，是改善城市建设环境和控制世界环境污染的一条重要措施。

2012～2016 年学者对太阳能热气流发电技术的经济性和可行性研究得非常多，其模型大多是建立在一维能量方程基础之上的，然后根据不同地区的太阳辐射特点、环境特点、地形特点分析系统的技术和经济可行性。

1.7　中国关于太阳能热气流发电技术的研究

1985 年，孙喆和刘征[131]最早在我国开始了太阳能热气流发电技术的研究工作，对用于太阳能热气流发电系统的温室集热器的性能进行了数值分析。1992 年，严铭卿等[132]将透平视为一个无厚度的圆盘，导出了可在工程中实用的空气流速度、流率、功率输出和系统的热力-流体效率。2003 年，潘垣等[133]分析了建设和发展太阳能热气流发电系统对解决中国能源及环境问题的深远影响。此后，关于太阳能热气流发电技术的研究在中国发展得非常迅速，中国在世界太阳能热气流发电技术的研究中具有举足轻重的地位。

　　2003 年，上海交通大学的王如竹教授和代彦军教授对在中国西北部建设太阳能热气流发电系统进行了一个较为详细的案例分析和可行性分析[128]。华中科技大学的刘伟教授课题组对太阳能热气流发电系统的热力学特性[134]、商业应用[135]、驱动机制[97]、蓄热特性[136-138]、流道结构优化和透平布置位置[139, 140]、耦合透平发电运行机制[141-144]、小型实验系统的传热特性[65]、热力学循环效率[145]、系统结构优化及制造成本[146]等做了深入全面的研究工作。杨家宽课题组在华中科技大学西操场旁边的艺术楼顶搭建了一座小型的太阳能热气流发电系统[147-150]，做了大量的实验研究和数值模拟计算[59, 151-156]。天津大学王一平教授课题组[157-164]对太阳能热气流发电系统用于海水淡化及发电等进行了大量的研究分析。之后，利用太阳能的海水淡化技术研究工作不断发展[165-167]。西安交通大学张楚华教授[168]对集热棚直径为 3600m、烟囱高为 950m、设计功率为 100MW 的商用太阳能热气流发电系统进行数字模拟分析，揭示了风力透平轴功率随质量流量和太阳辐射变化的规律。青岛科技大学的李庆领教授团队依托城市高层建筑提出了立式集热板太阳能热气流发电系统[169-178]，围绕该系统做了大量的理论分析、数值模拟和实验研究工作，验证了与高层建筑相结合以充分利用城市空间并用于城市建筑发电和节能的可行性。上海理工大学的张华教授课题组[179, 180]为提高太阳能热气流发电系统的发电量和发电效率，对系统中集热器热性能的影响因素进行了实验研究。随后，王治云等[181]建立了适用于太阳能热气流发电系统中气流的数值计算模型，分析了集热棚入口参数和热流参数对系统流动与传热特性的影响。

　　超高耸的烟囱结构力学及可靠性方面也值得关注[182-184]，浙江大学的袁行飞教授团队[185,186]运用 CFD 方法，针对发电功率为 100MW 的太阳能热气流发电系统进行几何尺寸设计和平均风荷载数值模拟，得到烟囱和集热棚内、外风场及风压分布规律，进一步根据风工程理论计算烟囱表面的压力系数和风载体型系数。张幸锵[183]对超高耸太阳能热气流发电系统的结构体系及在风荷载作用下两种太阳能热气流发电系统结构的性能进行了分析，并通过概念性模型试验为太阳能热气流发电系统的结构设计提供了试验依据。秦鹏[187]基于数值模拟方法系统地研究了高达 1000m 的烟囱结构在自重和风荷载作用下的静力性能，比较分析了烟囱结构在不同脉动风荷载作用下的动力响应特性，并对烟囱结构进行了抗震性能研究。

　　近十年来，关于太阳能热气流发电技术的研究进一步飞速发展，西安交通大学的郭烈锦院士课题组[188-191]、陶文铨院士课题组[192]、王元教授课题组[193-195]等对太阳能热气流发电技术的流动与传热特性、工程应用、整体性能及斜坡太阳能热气流发电系统均进行了细致深入的理论分析和实验研究，这些科研团队的突出工作使太阳能热气流发电技术研究在中国出现了新的研究热潮。东华大学朱海林[196]结合理论分析和数值模拟方法，对太阳能热气流发电系统的集热棚的传热和流动特性进行了较为深入的研究。河海大学左潞副教授对太阳能热气流发电系统的非稳态传热特性、蓄热特性，以及与海水淡化结合方面做了大量卓有成效的理论分析和数值模拟研究工作[166,167,197,198]。华北电力大学的李文艳和汪涛[199]设计了一种新型立式集热板太阳能热气流发电系统，通过数值方法分析了该发电系统烟囱内的速度场、压力场，分析了烟囱高度和太阳辐射变化对烟囱内空气速度及压力分布特性的影响。由于烟囱的建造成本占了较高的比例，出于降低成本的目的，利用山体的斜坡太阳能热气流发电系统也引起了广泛的关注[200-204]。山东大学马加朋[205]利用全玻璃太阳能真空集热管能吸收太阳辐射并快速加热内部空气的特性，一直让其代替常规太阳能热气流发电系统，计算了全玻璃太阳能真空集热管测试状态下的压力场、流场和温度场的分布规律，分析了全玻璃太阳能真空集热管压力场、流场和温度场的影响因素。

太阳能热气流发电系统的效率比较低，而烟囱的建造成本很高，所用的技术都比较简单，很难有较明显的技术革新和降低成本的措施，因此单纯利用太阳能热气流发电系统来发电以大规模替代常规能源的可能性很小，必须将太阳能热气流发电系统与其他的需求相结合以实现综合应用。这里最典型的一个例子是利用太阳能热气流发电系统实现温室气体的大规模移除[206]，太阳能热气流发电系统可以充当一个巨大的光催化反应器[207, 208]，从而达到调节地球气候的效果，相关原理和方法将在第 9 章详细阐述。

1.8 尚待进一步解决的问题

显然，太阳能热气流发电系统还有许多技术问题没有得到很好的解决，这是世界上商业太阳能热气流发电系统尚未建成的主要原因之一。总结起来，这些待解决的主要技术体现在如下几个方面。

1. 太阳能热气流发电系统热力学性能分析与储能技术

其主要内容包括：太阳能热气流发电系统的热力学性能分析；太阳能热气流发电系统的极限效率分析；太阳能热气流发电系统的储能技术；基于热力学理论的不同规模的太阳能热气流发电系统的最优方案设计；超大面积蓄热层储能技术；超大面积蓄热层地底绝热技术；超大面积蓄热层多孔介质能量传递技术；太阳能热气流发电系统的出力连续性和稳定性分析。

2. 新型风力发电机组成套制造技术

其主要内容包括：内流场大尺度热气流透平设计技术；低阻无涡太阳能热气流导流加速装置设计技术；多叶片风力机透平变桨距安装及控制机构；大直径、低转速热气流透平支撑及轴承润滑设计制造技术；热气流透平叶片空气动载荷与叶片流固耦合问题及其机理；热气流透平运行状态监测以及故障诊断系统。

3. 超高耸烟囱结构设计与建造技术

其主要内容包括：适合超高耸烟囱和超大跨度集热棚的新型结构体系与结构形态的开发；超高耸烟囱和超大跨度集热棚上的抗震与抗风载技术；自然灾害环境对高耸烟囱-基础-地震耦合效应的影响及整个结构体系可靠性的评价；多轴应力状态的高耸烟囱强度设计方法；超高和超大跨度结构成套施工新技术的开发；超高耸烟囱的形式选择，综合选择最能保证热气流速度要求和结构强度的形态。

4. 超大规模集热棚系统设计与建造技术

其主要内容包括：超大规模集热棚抗风压设计；超大规模集热棚抗雪灾技术；超大规模集热棚自清洁技术；超大规模集热棚雨水处理技术；超大规模集热棚抗震技术；超大规模集热棚的形式优化设计，选择合理的材料和截面形式，综合考虑阳光采集效率、抗雪荷载、排水、自净能力；科学的采光设计，可使集热棚的温度上升快、效率高；超大规模集热棚的性价比控制；超大规模集热棚新型材料研究，兼具耐候性、保温、廉价、自清洁性；超大规模集热棚轻型清扫机械设计。

5. 热气流发电机组控制和并网技术

其主要内容包括：在电网不平衡甚至出现故障的情况下网侧变换器的控制技术；永磁同步电机的建模与控制策略；大功率电力电子变换装置的相关关键技术；太阳能热气流发电并网的调度和控制技术；集成稳态储能发电系统的电压控制技术。

参 考 文 献

[1] Li J Y, Guo P H, Wang Y. Effects of collector radius and chimney height on power output of a solar chimney power plant with turbines. Renewable Energy, 2012, 47: 21-28.

[2] 环球网. 哥本哈根气候变化大会.[2018-12-15]. http://www.huanqiu.com/zhuanti/world/climate2009.

[3] 中国可再生能源发展战略研究项目组. 中国可再生能源发展战略研究丛书: 综合卷. 北京: 中国电力出版社, 2008.

[4] 黄素逸. 能源概论. 北京: 高等教育出版社, 2004.

[5] 王革华, 艾德生. 新能源概论. 2 版. 北京: 化学工业出版社, 2012.

[6] 中国可再生能源学会风能专业委员会. 2017 年中国风电装机容量统计简报. [2018-12-15]. http://www.cnrec.org. cn/cbw/fn/2018-04-03-538.html.

[7] Wikipedia. World energy consumption. [2015-12-28]. http://en.wikipedia.org/wiki/World energy consumption.

[8] Trad A, Ali M A A. Determination of the optimum design through different funding scenarios for future parabolic trough solar power plant in Algeria. Energy Conversion and Management, 2015, 91: 267-279.

[9] Tian Y L, Shao Y L, Lu P, et al. Effect of SiO_2/B_2O_3 ratio on the property of borosilicate glass applied in parabolic trough solar power plant. Journal of Wuhan University of Technology-Materials Science Edition, 2015, 30(1): 51-55.

[10] Sait H H, Martinez-Val J M, Abbas R, et al. Fresnel-based modular solar fields for performance/cost optimization in solar thermal power plants: A comparison with parabolic trough collectors. Applied Energy, 2015, 141: 175-189.

[11] Channon S W, Eames P C. The cost of balancing a parabolic trough concentrated solar power plant in the Spanish electricity spot markets. Solar Energy, 2014, 110: 83-95.

[12] Peng S, Hong H, Jin H G, et al. A new rotatable-axis tracking solar parabolic-trough collector for solar-hybrid coal-fired power plants. Solar Energy, 2013, 98: 492-502.

[13] Bakos G C, Tsechelidou C. Solar aided power generation of a 300MW lignite fired power plant combined with line-focus parabolic trough collectors field. Renewable Energy, 2013, 60: 540-547.

[14] Bakos G C, Parsa D. Technoeconomic assessment of an integrated solar combined cycle power plant in Greece using line-focus parabolic trough collectors. Renewable Energy, 2013, 60: 598-603.

[15] Reddy V S, Kaushik S C, Tyagi S K. Exergetic analysis and performance evaluation of parabolic trough concentrating solar thermal power plant(PTCSTPP). Energy, 2012, 39(1): 258-273.

[16] Palenzuela P, Zaragoza G, Alarcon-Padilla D C, et al. Assessment of different configurations for combined parabolic-trough (PT) solar power and desalination plants in arid regions. Energy, 2011, 36(8): 4950-4958.

[17] Poghosyan V, Hassan M I. Techno-economic assessment of substituting natural gas based heater with thermal energy storage system in parabolic trough concentrated solar power plant. Renewable Energy, 2015, 75: 152-164.

[18] Michels H, Pitz-Paal R. Cascaded latent heat storage for parabolic trough solar power plants. Solar Energy, 2007, 81(6): 829-837.

[19] Herrmann U, Kelly B, Price H. Two-tank molten salt storage for parabolic trough solar power plants. Energy, 2004, 29(5-6): 883-893.

[20] Quaschning V. Technical and economical system comparison of photovoltaic and concentrating solar thermal power systems depending on annual global irradiation. Solar Energy, 2004, 77(2): 171-178.

[21] Trieb F, Kronshage S, Knies G. Concentrating on solar power in a trans-mediterranean renewable energy co-operation. Proceedings of the 4th International Conference on Solar Power from Space-SPS'04, Granada, 2004, 567: 99-108.

[22] van Voorthuysen E H M. The promising perspective of concentrating solar power(CSP). 2005 International Conference on Future Power Systems(FPS), Amsterdam, 2005: 47-53.

[23] Pitz-Paal R, Dersch J, Milow B, et al. Development steps for concentrating solar power technologies with maximum impact on cost reduction-results of the European ECOSTAR study. Journal of Solar Engineering-Transactions of the ASME, 2007, 129(4): 371-377.

[24] Qu H, Zhao J. Feasibility and potential of concentrating solar power in China. Proceedings of Ises Solar World Congress 2007: Solar Energy and Human Settlement, Beijing, 2007: 1724-1728.

[25] Hennecke K, Schwarzbozl P, Hoffschmidt B, et al. The solar power tower julich-a solar thermal power plant for test and demonstration of air receiver technology. Proceedings of Ises Solar World Congress 2007: Solar Energy and Human Settlement, Beijing, 2007: 1749-1753.

[26] Vant-Hull L L. Concentrating solar thermal power(CSP). Proceedings of Ises Solar World Congress 2007: Solar Energy and Human Settlement, Beijing, 2007: 68-74.

[27] Wang Z F, Yao Z H, Dong J, et al. The design of a 1MW solar thermal tower plant in Beijing, China. Proceedings of Ises Solar World Congress 2007: Solar Energy and Human Settlement, Beijing, 2007: 1729-1732.

[28] Bode C C, Sheer T J. A techno-economic feasibility study on the use of distributed concentrating solar power generation in Johannesburg. Journal of Energy in Southern Africa, 2010, 21(2): 2-11.

[29] Wikipedia. Solar power plants in the Mojave Desert. [2015-12-28]. http://en.wikipedia.org/wiki/Solar_power_plants_in_the_Mojave_Desert.

[30] Li Y, Choi S S, Yang C, et al. Design of variable-speed dish-stirling solar-thermal power plant for maximum energy harness. IEEE Transactions on Energy Conversion, 2015, 30(1): 394-403.

[31] Zhang S, Wu Z H, Zhao R D, et al. Study on a basic unit of a double-acting thermoacoustic heat engine used for dish solar power. Energy Conversion and Management, 2014, 85: 718-726.

[32] Reddy K S, Veershetty G. Viability analysis of solar parabolic dish stand-alone power plant for Indian conditions. Applied Energy, 2013, 102: 908-922.

[33] Bakos G C, Antoniades C. Techno-economic appraisal of a dish/stirling solar power plant in Greece based on an innovative solar concentrator formed by elastic film. Renewable Energy, 2013, 60: 446-453.

[34] Li Z G, Tang D W, Du J L, et al. Study on the radiation flux and temperature distributions of the concentrator-receiver system in a solar dish/Stirling power facility. Applied Thermal Engineering, 2011, 31(10): 1780-1789.

[35] Wu S Y, Xiao L, Cao Y D, et al. A parabolic dish/AMTEC solar thermal power system and its performance evaluation. Applied Energy, 2010, 87(2): 452-462.

[36] Wu S Y, Xiao L, Cao Y D, et al. Convection heat loss from cavity receiver in parabolic dish solar thermal power system: A review. Solar Energy, 2010, 84(8): 1342-1355.

[37] Li X, Wang Z F, Yu J, et al. The power performance experiment of dish-stirling solar thermal power system. Proceedings of Ises Solar World Congress 2007: Solar Energy and Human Settlement, Beijing, 2007: 1858-1862.

[38] Wikipedia. Concentrated solar power. [2015-12-28]. http://en.wikipedia.org/wiki/Concentrated_solar_power.

[39] Wikipedia. Solar updraft tower. [2015-12-28]. http://en.wikipedia.org/wiki/Solar_updraft_tower.

[40] Schlaich J, Bergermann R, Schiel W, et al. Design of commercial solar updraft tower systems-utilization of solar induced convective flows for power generation. Journal of Solar Energy Engineering-Transactions of the ASME, 2005, 127(1): 117-124.

[41] Onyango F N, Ochieng R M. The potential of solar chimney for application in rural areas of developing countries. Fuel, 2006, 85(17-18): 2561-2566.

[42] Calder R. Leonardo & the Age of the Eye. London: William Heinemann Ltd., 1970.

[43] Lorenzo E. De los archivos históricos de la energía solar. [2002-12-28]. http://www.fotovoltaica.com/chimenea.pdf.

[44] Dhahri A, Omri A. A review of solar chimney power generation technology. International Journal of Engineering and Advanced Technology, 2013, 2(3): 1-17.

[45] de Richter R. Réacteurs météorologiques. [2015-10-28]. http://www.tour-solaire.fr/publications-scientifiques.php.

[46] Zhou X P, Wang F, Ochieng R M. A review of solar chimney power technology. Renewable & Sustainable Energy Reviews, 2010, 14(8): 2315-2338.

[47] Schlaich J, Mayr G, Haaf W. Aufwindkraftwerke-die demonstrationsanlage in Manzanares/Spanien.(Upwind power plants-the demostion plant in Manzanares, Spain). Proceedings of the National Conference on Power Transmission, Manzanares, 1980: 97-112.

[48] Haaf W, Friedrich K, Mayer G, et al. Solar chimneys. International Journal of Solar Energy, 1983, 2: 3-20.

[49] Schlaich J. Solar chimneys. Periodica, 1983(3): 45.

[50] Haaf W, Friedrich K, Mayer G, et al. Solar chimneys. International Journal of Solar Energy, 1984, 2: 141-161.

[51] Schlaich J. The Solar Chimney. Stuttgart: Edition Axel Menges, 1995.

[52] Lautenschlager H, Haff H, Schlaich J. New results from the solar-chimney prototype and conclusions for larger plants. European Wind Energy Conference, Hamburg, 1984: 231-235.

[53] Krisst R. Energy transfer system. Alternative Sources of Energy, 1983, 63: 8-11.

[54] Kulunk H. A prototype solar convection chimney operated under Izmit condition. Proceedings of the 7th Miami International Conference on Alternative Energy Sources, Miami, 1985: 162.

[55] Pasumarthi N, Sherif S A. Experimental and theoretical performance of a demonstration solar chimney model-Part II: Experimental and theoretical results and economic analysis. International Journal of Energy Research, 1998, 22(5): 443-461.

[56] Pasumarthi N, Sherif S A. Experimental and theoretical performance of a demonstration solar chimney model-Part I: Mathematical model development. International Journal of Energy Research, 1998, 22(3): 277-288.

[57] Zhao Y C, Akbarzadeh A, Andrews J. Combined water desalination and power generation using a salinity gradient solar pond as a renewable energy source. Proceedings of Ises Solar World Congress 2007: Solar Energy and Human Settlement, Beijing, 2007: 2184-2188.

[58] Akbarzadeh A, Johnson P, Singh R. Examining potential benefits of combining a chimney with a salinity gradient solar pond for production of power in salt affected areas. Solar Energy, 2009, 83(8): 1345-1359.

[59] Zhou X P, Yang J K, Xiao B, et al. Experimental study of temperature field in a solar chimney power setup. Applied Thermal Engineering, 2007, 27(11-12): 2044-2050.

[60] 周新平, 杨家宽, 肖波, 等. 太阳能烟囱发电装置的 CFD 模拟. 可再生能源, 2005(4): 8-11.

[61] 周新平, 杨家宽, 肖波. 太阳能烟囱发电试验装置内流场的 CFD 模拟研究. 热力发电, 2006(3): 21, 23-26.

[62] Zheng W Y, Zhu D S, Song J, et al. Experimental and computational analysis of thermal performance of the oval tube closed wet cooling tower. Applied Thermal Engineering, 2012, 35: 233-239.

[63] He W, Zhou J Z, Hou J X, et al. Theoretical and experimental investigation on a thermoelectric cooling and heating system driven by solar. Applied Energy, 2013, 107: 89-97.

[64] 周新平. 基于西部太阳能烟囱热气流发电及应用研究. 武汉: 华中科技大学, 2008.

[65] 明廷臻, 刘伟, 熊宴斌, 等. 太阳能热气流系统内传热与流动的实验模拟. 工程热物理学报, 2008(4): 681-684.

[66] Ferreira A G, Maia C B, Cortez M F B, et al. Technical feasibility assessment of a solar chimney for food drying. Solar Energy, 2008, 82(3): 198-205.

[67] Maia C, Ferreira A, Valle R M, et al. Analysis of the airflow in a prototype of a solar chimney dryer. Heat Transfer Engineering, 2009, 30(5): 393-399.

[68] Maia C B, Ferreira A G, Valle R M, et al. Theoretical evaluation of the influence of geometric parameters and materials on the behavior of the airflow in a solar chimney. Computers & Fluids, 2009, 38(3): 625-636.

[69] Maia C B, Silva J O C, Cabezas-Gomez L, et al. Energy and exergy analysis of the airflow inside a solar chimney. Renewable & Sustainable Energy Reviews, 2013, 27: 350-361.

[70] Ferreira A G, Goncalves L M, Maia C B. Solar drying of a solid waste from steel wire industry. Applied Thermal Engineering, 2014, 73(1): 104-110.

[71] Maia C B, Ferreira A G, Hanriot S M. Evaluation of a tracking flat-plate solar collector in Brazil. Applied Thermal Engineering, 2014, 73(1): 953-962.

[72] Koyun A, ÜÇgül I, Acar M, et al. Bacası sisteminin termal özet dizayni. Tesisat Mühendisligi Dergisi, 2007, 98: 45-50.

[73] Kasaeian A B, Heidari E, Vatan S N. Experimental investigation of climatic effects on the efficiency of a solar chimney pilot power plant. Renewable & Sustainable Energy Reviews, 2011, 15(9): 5202-5206.

[74] Kalash S, Naimeh W, Ajib S. Experimental investigation of the solar collector temperature field of a sloped solar updraft power plant prototype. Solar Energy, 2013, 98: 70-77.

[75] Kalash S, Naimeh W, Ajib S. Experimental investigation of a pilot sloped solar updraft power plant prototype performance throughout a year. Energy Procedia, 2014, 50: 627-633.

[76] 陈义胜, 杨靖辉, 魏毅力, 等. 太阳能热气流发电系统中涡轮机的研究. 节能, 2010(2): 32, 39-42.

[77] 陈俊俊, 庞赟佶, 陈义胜, 等. 太阳能热气流发电系统辅助加热与塔囱高度研究. 热力发电, 2012(12): 68-69, 73.

[78] 陈伟华, 陈义胜. 集热棚高度对太阳能热气流发电性能的影响. 可再生能源, 2013(9): 10-12, 17.

[79] 郭天明, 陈俊俊, 庞赟佶, 等. 太阳能热气流发电辅助加热烟囱特性数值模拟. 陕西电力, 2014(8): 26-29.

[80] 陈俊俊, 郭天明, 庞赟佶, 等. 太阳能热气流发电系统烟囱特性与辅助加热高度研究. 宁夏大学学报(自然科学版), 2015(3): 242-246, 250.

[81] Gannon A J, von Backström T W. Solar chimney cycle analysis with system loss and solar collector performance. Journal of Solar Energy Engineering-Transactions of the ASME, 2000, 122(3): 133-137.

[82] von Backström T W, Gannon A J. Compressible flow through solar power plant chimneys. Journal of Solar Energy Engineering-Transactions of the ASME, 2000, 122(3): 138-145.

[83] Michaud L M. Thermodynamic cycle of the atmospheric upward heat convection process. Meteorology and Atmospheric Physics, 2000, 72(1): 29-46.

[84] Ninic N. Available energy of the air in solar chimneys and the possibility of its ground-level concentration. Solar Energy, 2006, 80(7): 804-811.

[85] Nizetic S, Ninic N. Analysis of overall solar chimney power plant efficiency. Strojarstvo, 2007, 49(3): 233-240.

[86] 周洲, 明廷臻, 潘垣, 等. 太阳能热气流发电系统的热力性能分析. 太阳能学报, 2009(8): 1064-1068.

[87] Lodhi M A K, Sulaiman M Y. Helio-aero-gravity electric power production at low cost. Renewable Energy, 1992, 2(2): 183-189.

[88] Lodhi M A K. Application of helio-aero-gravity concept in producing energy and suppressing pollution. Energy Conversion and Management, 1999, 40(4): 407-421.

[89] Sathyajith M, Geetha S P, Ganesh B, et al. Helio-aero-gravity effect. Applied Energy, 1995, 51: 87-91.

[90] Suarez-Lopez M J, Blanco-Marigorta A M, Gutierrez-Trashorras A J, et al. Numerical simulation and exergetic analysis of building ventilation solar chimneys. Energy Conversion and Management, 2015, 96: 1-11.

[91] Nouanegue H F, Bilgen E. Heat transfer by convection, conduction and radiation in solar chimney systems for ventilation of dwellings. International Journal of Heat and Fluid Flow, 2009, 30(1): 150-157.

[92] Dai Y J, Sumathy K, Wang R Z, et al. Enhancement of natural ventilation in a solar house with a solar chimney and a solid adsorption cooling cavity. Solar Energy, 2003, 74(1): 65-75.

[93] Khanal R, Lei C W. An experimental investigation of an inclined passive wall solar chimney for natural ventilation. Solar Energy, 2014, 107: 461-474.

[94] Mathur J, Bansal N K, Mathur S, et al. Experimental investigations on solar chimney for room ventilation. Solar Energy, 2006, 80(8): 927-935.

[95] Mullett L B. The solar chimney-overall efficiency, design and performance. International Journal of Ambient Energy, 1987, 8(1): 35-40.

[96] Ming T Z, Wei L, Xu G L. Analytical and numerical investigation of the solar chimney power plant systems. International Journal of Energy Research, 2006, 30(11): 861-873.

[97] 明廷臻, 刘伟, 许国良, 等. 太阳能热气流电站系统研究. 工程热物理学报, 2006(3): 505-507.

[98] Thomas L. Optimizing collector efficiency of a solar chimney power plant. Solar Energy, 1985, 4: 219-222.

[99] Lodhi M A K. Thermal collection and storage of solar energies. Proceedings of International Symposium: Workshop on Silicon Technology Development, 1987.

[100] Padki M M, Sherif S A. Fluid dynamics of solar chimneys. Forum on Industrial Applications of Fluid Mechanics, FED-vol 70 ASME, New York, 1988: 43-46.

[101] Padki M M, Sherif S A. Fluid dynamics of solar chimneys. Proceedings of ASME Winter Annual Meeting, Chicago, 1988: 43-46.

[102] Padki M M, Sherif S A. Solar chimney for medium-to-large scale power generation. Proceedings of the Manila International Symposium on the Development and Management of Energy Resources, Manila, 1989: 432.

[103] Padki M M, Sherif S A. A mathematical model for solar chimneys. Proceedings of 1992 International Renewable Energy Conference, Amman, 1992: 289-294.

[104] Padki M M, Sherif S A. On a simple analytical model for solar chimneys. International Journal of Energy Research, 1999, 23(4): 345-349.

[105] Coetzee H. Design of a solar chimney to generate electricity employing a convergent nozzle. Botswana Technology Centre, 1999.

[106] Gannon A J, von Backström T W. Controlling and maximizing solar chimney power output. 1st International Conference on Heat Transfer, Fluid Mechanics and Thermodynamics, Kruger Park, 2002.

[107] von Backström T W, Bernhardt A, Gannon A J. Pressure drop in solar power plant chimneys. Journal of Solar Energy Engineering-Transactions of the ASME, 2003, 125(2): 165-169.

[108] von Backström T W. Calculation of pressure and density in solar power plant chimneys. Journal of Solar Energy Engineering-Transactions of the ASME, 2003, 125(1): 127-129.

[109] Bernardes M A D, Voss A, Weinrebe G. Thermal and technical analyses of solar chimneys. Solar Energy, 2003, 75(6): 511-524.

[110] Pastohr H, Kornadt O, Gurlebeck K. Numerical and analytical calculations of the temperature and flow field in the upwind power plant. International Journal of Energy Research, 2004, 28(6): 495-510.

[111] Serag-Eldin M A. Analysis of effect of geometric parameters on performance of solar chimney plants. Proceedings of the ASME Summer Heat Transfer Conference 2005, San Francisco, 2005: 587-595.

[112] Pretorius J P, Kroger D G. Solar chimney power plant performance. Journal of Solar Energy Engineering-Transactions of the ASME, 2006, 128(3): 302-311.

[113] Pretorius J P, Kroger D G. Critical evaluation of solar chimney power plant performance. Solar Energy, 2006, 80(5): 535-544.

[114] Bilgen E, Rheault J. Solar chimney power plants for high latitudes. Solar Energy, 2005, 79(5): 449-458.

[115] Kustrin I, Tuma M. Soncni dimnik. Strojniski Vestnik, 1985, 31(11): 309-314.

[116] Gannon A J, von Backström T W. Solar chimney turbine performance. Journal of Solar Energy Engineering-Transactions of the ASME, 2003, 125(1): 101-106.

[117] von Backström T W, Gannon A J. Solar chimney turbine characteristics. Solar Energy, 2004, 76(1-3): 235-241.

[118] Kirstein C F, von Backström T W. Flow through a solar chimney power plant collector-to-chimney transition section. Journal of Solar Energy Engineering-Transactions of the ASME, 2006, 128(3): 312-317.

[119] von Backström T W, Fluri T P. Maximum fluid power condition in solar chimney power plants-an analytical approach. Solar Energy, 2006, 80(11): 1417-1423.

[120] Fluri T P, von Backström T W. Performance analysis of the power conversion unit of a solar chimney power plant. Solar Energy, 2008, 82(11): 999-1008.

[121] Fluri T P, von Backström T W. Comparison of modelling approaches and layouts for solar chimney turbines. Solar Energy, 2008, 82(3): 239-246.

[122] Bernardes M A D, von Backström T W. Evaluation of operational control strategies applicable to solar chimney power plants. Solar Energy, 2010, 84(2): 277-288.

[123] Ming T Z, Liu W, Pan Y, et al. Numerical analysis of flow and heat transfer characteristics in solar chimney power plants with energy storage layer. Energy Conversion and Management, 2008, 49(10): 2872-2879.

[124] Zheng Y, Ming T Z, Zhou Z, et al. Unsteady numerical simulation of solar chimney power plant system with energy storage layer. Journal of the Energy Institute, 2010, 83(2): 86-92.

[125] Pretorius J P. Optimization and control of a large-scale solar chimney power plant. Stellenbosch: University of Stellenbosch South Africa, 2007.

[126] Pretorius J P, Kroger D G. Sensitivity analysis of the operating and technical specifications of a solar chimney power plant. Journal of Solar Energy Engineering-Transactions of the ASME, 2007, 129(2): 171-178.

[127] Stinnes W W. Extension of the feasibility study for the greenhouse operation: The 200MW solar power station in the Northern Cape Province. Energy Management News, 1998, 4: 4-12.

[128] Dai Y J, Huang H B, Wang R Z. Case study of solar chimney power plants in Northwestern regions of China. Renewable Energy, 2003, 28(8): 1295-1304.

[129] Beerbaum S, Weinrebe G. Solar thermal power generation in India - a techno-economic analysis. Renewable Energy, 2000, 21(2): 153-174.

[130] Bernardes M A S. Technical economical and ecological analysis of the solar chimney power plant systems. Sttgart: Universitat Sttgart, 2004.

[131] 孙喆, 刘征. 太阳能-风能综合发电装置中温室型空气集热器的性能分析. 太阳能学报, 1985(1): 76-82.

[132] 严铭卿, 谢里夫 S A, 克里德力 G T, 等. 太阳能热气流筒的热力——流体分析. 煤气与热力, 1992(4): 44, 47-53.

[133] 潘垣, 辜承林, 周理兵, 等. 太阳能热气流发电及其对我国能源与环境的深远影响. 世界科技研究与发展, 2003(4): 7-12.

[134] 明廷臻, 刘伟, 许国良, 等. 太阳能热气流电站系统的热力学分析. 华中科技大学学报(自然科学版), 2005(8): 1-4.

[135] 刘伟, 明廷臻, 杨昆, 等. MW 级太阳能热气流电站传热和流动特性研究. 华中科技大学学报(自然科学版), 2005(8): 5-7.

[136] 明廷臻, 刘伟, 熊宴斌, 等. 太阳能热气流发电系统非稳态数值模拟. 热力发电, 2008(1): 17-20.

[137] 明廷臻, 刘伟, 许国良, 等. 太阳能热气流发电系统非稳态耦合数值分析. 中国电机工程学报, 2008(5): 90-95.

[138] 明廷臻, 刘伟, 黄晓明. 太阳能热气流发电系统非稳态耦合数值分析. 工程热物理学报, 2009(2): 305-308.

[139] 彭维, 明廷臻, 刘伟, 等. 太阳能热气流发电系统流道优化研究. 华中科技大学学报(自然科学版), 2007(1): 80-82.

[140] 明廷臻, 刘伟, 高敏, 等. 太阳能热气流电站透平布置位置研究. 可再生能源, 2006(5): 6-8.

[141] 明廷臻, 刘伟, 许国良. 太阳能热气流透平发电系统数值模拟. 中国电机工程学报, 2007(29): 84-89.

[142] 时笑阳, 明廷臻, 刘伟, 等. 太阳能热气流透平发电系统流动与传热特性分析. 热力发电, 2009(6): 15-19.

[143] 时笑阳, 明廷臻, 许国良, 等. 太阳能热气流发电系统透平发电及其能量损失. 华东电力, 2009(4): 665-668.

[144] 欧阳穗, 高伟, 黄树红, 等. 太阳能热气流电站中涡轮机流动特性分析. 可再生能源, 2007(5): 8-12.

[145] 周洲, 明廷臻, 潘垣, 等. 太阳能热气流发电系统的热力性能分析. 太阳能学报, 2011(1): 72-76.

[146] 刘超, 于翔飞, 孟凡龙, 等. 10MW 太阳能热气流发电系统结构优化与成本分析. 水电能源科学, 2010(1): 145-147, 156.

[147] 杨家宽, 李进军, 张建锋, 等. 太阳能烟囱发电装置温度场和流场的数值模拟研究. 2003 年中国太阳能学会学术会, 上海, 2003.

[148] 杨家宽, 李劲, 肖波, 等. 太阳能烟囱发电新技术. 太阳能学报, 2003(4): 565-570.

[149] 杨家宽, 张建锋, 李进军, 等. 太阳能烟囱发电装置建造和试验研究. 2003 年中国太阳能学会学术会, 上海, 2003.

[150] 张建锋, 杨家宽, 肖波, 等. 太阳能烟囱发电技术现状及展望. 可再生能源, 2003(1): 5-7.

[151] Zhou X P, Wang F, Liu C. Wind pressure on a solar updraft tower in a simulated stationary thunderstorm downburst. Wind and Structures, 2012, 15(4): 331-343.

[152] Zhou X P, Yang J K. Temperature field of solar collector and application potential of solar chimney power systems in China. Journal of the Energy Institute, 2008, 81(1): 25-30.

[153] Zhou X P, Yang J K, Xiao B, et al. Special climate around a commercial solar chimney power plant. Journal of Energy Engineering-ASCE, 2008, 134(1): 6-14.

[154] Zhou X P, Xu Y Y, Yuan S, et al. Pressure and power potential of sloped-collector solar updraft tower power plant. International Journal of Heat and Mass Transfer, 2014, 75: 450-461.

[155] Zhou X P, Yang J K, Xiao B, et al. Numerical study of solar chimney thermal power system using turbulence model. Journal of the Energy Institute, 2008, 81(2): 86-91.

[156] Zhou X P, Yang J K, Wang F, et al. Economic analysis of power generation from floating solar chimney power plant. Renewable & Sustainable Energy Reviews, 2009, 13(4): 736-749.

[157] 方振雷. 太阳能烟囱强化海水蒸发过程的实验与理论研究. 天津: 天津大学, 2005.

[158] 朱丽. 实现太阳能烟囱经济综合利用海水的系统性研究. 天津: 天津大学, 2005.

[159] 王一平, 方振雷, 朱丽, 等. 太阳能烟囱综合利用海水系统的初步研究. 太阳能学报, 2006(4): 382-387.

[160] 王一平, 王俊红, 朱丽, 等. 太阳能烟囱发电和海水淡化综合系统的初步研究. 太阳能学报, 2006(7): 731-736.

[161] 朱丽, 王俊红, 王一平, 等. 结合水力发电利用太阳能烟囱技术强化海水淡化初探. 天津大学学报, 2006(5): 575-580.

[162] 朱丽, 王一平, 胡彤宇, 等. 太阳能烟囱对海水蒸发强化效果的研究. 太阳能学报, 2008(5): 592-596.

[163] 王一平, 卢艳华, 朱丽, 等. 太阳能烟囱发电和海水淡化综合系统的间壁冷凝换热模型. 太阳能学报, 2008(4): 428-432.

[164] 王俊红. 太阳能烟囱海水综合系统中间壁冷凝换热机理的研究. 天津: 天津大学, 2006.

[165] 张辉, 邓宝. 基于太阳能烟囱发电与空气能热泵系统的海水淡化技术研究. 制冷与空调(四川), 2014(4): 447-450.

[166] 左潞, 唐植懿, 刘玉成, 等. 海水淡化太阳能烟囱联合发电系统热力性能数值模拟. 热力发电, 2016(1): 25-31.

[167] 左潞, 郑源, 沙玉俊, 等. 联合海水淡化的太阳能烟囱发电系统非稳态传热研究. 中国电机工程学报, 2010(32): 108-114.

[168] 张楚华. 大型太阳能烟囱发电站热力分析与计算. 可再生能源, 2007(2): 3-6.

[169] 解小庆. 立式太阳能热气流发电系统温压耦合自然对流传热特性研究. 青岛: 青岛科技大学, 2014.

[170] 刘峰. 立式太阳能热气流电站蓄热层的结构设计及蓄放热性能研究. 青岛: 青岛科技大学, 2015.

[171] 周艳, 王莉, 宫园园, 等. 立式太阳能热气流电站系统运行机理研究. 太阳能学报, 2016(11): 2868-2874.

[172] 路海滨. 立式太阳能热气流电站涡轮机叶片设计与性能研究. 青岛: 青岛科技大学, 2015.

[173] 周艳, 路海滨, 宫园园, 等. 立式太阳能热气流电站涡轮机设计. 工程热物理学报, 2015(7): 1542-1546.

[174] 巢军. 立式集热板太阳能热气流系统运行性能研究. 青岛: 青岛科技大学, 2013.

[175] 周艳, 李庆领, 李洁浩, 等. 立式集热板太阳能热气流电站系统研究. 工程热物理学报, 2010(3): 465-468.

[176] 李洁浩, 李庆领, 周艳, 等. 立式集热板太阳能热气流电站流场的数值模拟. 青岛科技大学学报(自然科学版), 2010(4): 404-407, 411.

[177] 李洁浩. 立式集热板太阳能热气流电站理论分析与数值模拟研究. 青岛: 青岛科技大学, 2010.

[178] 周艳, 李洁浩, 李庆领, 等. 立式集热板式太阳能热气流发电系统性能研究. 热力发电, 2010(4): 27-30, 35.

[179] 张静敏, 张华, 卢峰, 等. 太阳能烟囱集热器性能影响因素的试验研究. 太阳能学报, 2008(8): 993-998.

[180] Huang H L, Zhang H, Huang Y, et al. Simulation calculation on solar chimney power plant system. Challenges of Power Engineering and Environment, 2007, 1-2: 1158-1161.

[181] 王治云, 章立新, 杨茉, 等. 入口高度和热流对太阳能热烟囱系统内流动换热的影响. 工程热物理学报, 2009(9): 1546-1548.

[182] 卫军, 谈颐, 周福武, 等. 超高太阳能烟囱结构可靠度计算分析. 广州城市职业学院学报, 2007(3): 80-86.

[183] 张幸锵. 超高耸太阳能烟囱结构研究. 杭州: 浙江大学, 2010.

[184] 吴本英, 周锡武. 超高耸太阳能导流烟囱结构的边缘效应研究. 山西建筑, 2007(2): 71-72.

[185] 袁行飞, 吕晓东. 兆瓦级太阳能热气流发电站风荷载的数值模拟. 浙江大学学报(工学版), 2011(1): 99-105.

[186] 吕晓东, 袁行飞. 太阳能热气流发电烟囱的合理形体研究. 空间结构, 2010(3): 79-85.

[187] 秦鹏. 不同荷载作用下太阳能烟囱力学性能研究. 武汉: 华中科技大学, 2013.

[188] Cao F, Zhao L, Guo L J. Simulation of a sloped solar chimney power plant in Lanzhou. Energy Conversion and Management, 2011, 52(6): 2360-2366.

[189] Cao F, Zhao L, Li H S, et al. Performance analysis of conventional and sloped solar chimney power plants in China. Applied Thermal Engineering, 2013, 50(1): 582-592.

[190] Cao F, Li H S, Zhao L, et al. Economic analysis of solar chimney power plants in Northwest China. Journal of Renewable and Sustainable Energy, 2013, 5(2): 91-772.

[191] Cao F, Li H S, Zhao L, et al. Design and simulation of the solar chimney power plants with TRNSYS. Solar Energy, 2013, 98: 23-33.

[192] 黄明华, 陈磊, 陶文铨. 太阳能热气流烟囱的实验和数值模拟. 工程热物理学报, 2017(1): 172-175.

[193] Guo P H, Li J Y, Wang Y. Numerical simulations of solar chimney power plant with radiation model. Renewable Energy, 2014, 62: 24-30.

[194] Guo P H, Li J Y, Wang Y, et al. Numerical analysis of the optimal turbine pressure drop ratio in a solar chimney power plant. Solar Energy, 2013, 98: 42-48.

[195] Guo P H, Li J Y, Wang Y. Annual performance analysis of the solar chimney power plant in Sinkiang, China. Energy Conversion and Management, 2014, 87: 392-399.

[196] 朱海林. 太阳能烟囱发电系统集热器的传热与流动过程的研究. 上海: 东华大学, 2011.

[197] 左潞, 郑源, 沙玉俊, 等. 太阳能烟囱发电系统蓄热层的试验研究. 河海大学学报(自然科学版), 2011(2): 181-185.

[198] 左潞, 郑源, 沙玉俊, 等. 太阳能烟囱发电系统非稳态传热问题及性能分析. 太阳能学报, 2011(6): 868-874.

[199] 李文艳, 汪涛. 新型太阳能热气流电站烟囱流场数值模拟研究. 热力发电, 2012(2): 24-26, 31.

[200] 王冬青, 柳成文, 魏璟, 等. 斜坡太阳能热气流发电系统数值模拟. 建筑热能通风空调, 2011(6): 34-36, 47.

[201] 王冬青, 柳成文, 魏璟, 等. 斜坡太阳能热气流发电系统的实验研究. 建筑热能通风空调, 2010(6): 16-19.

[202] 黄国华, 施玉川. 斜坡太阳能热气流发电的可行性分析. 太阳能, 2005(4): 46-47.

[203] 范夕燕, 巢军, 周艳, 等. 斜坡倾角对山体导流塔太阳能热气流电站系统性能的影响. 青岛科技大学学报(自然科学版), 2013(4): 402-406.

[204] 张轶群. 斜面式太阳能烟囱发电分析. 节能技术, 2010(6): 539-542.

[205] 马加朋. 太阳能真空管在太阳能热气流发电中的应用. 济南: 山东大学, 2009.

[206] Richter R K D, Ming T Z, Davies P, et al. Removal of non-CO_2 greenhouse gases by large-scale atmospheric solar photocatalysis. Progress in Energy and Combustion Science, 2017, 60: 68-96.

[207] Ming T Z, de Richter R, Liu W, et al. Fighting global warming by climate engineering: Is the earth radiation management and the solar radiation management any option for fighting climate change. Renewable & Sustainable Energy Reviews, 2014, 31: 792-834.

[208] de Richter R K, Ming T Z, Caillol S. Fighting global warming by photocatalytic reduction of CO_2 using giant photocatalytic reactors. Renewable & Sustainable Energy Reviews, 2013, 19: 82-106.

第2章 太阳能热气流发电系统的热力学性能

2.1 概　述

太阳能热气流发电系统的基本热力学过程是[1]: 地面环境的空气流经集热棚吸收太阳辐射成为具有温升和动能的热气流; 热气流在透平流道中膨胀做功推动涡轮发电机组发电; 上升的热气流在烟囱中继续膨胀并被排到高空环境; 具有余速和余温的排气在大气环境中继续释放能量与高空环境相平衡, 最后经可逆绝热过程恢复到地面空气状态, 由此完成热力循环。这是一个复杂的开式热力循环系统, 与常规热力循环系统相比, 该系统与环境之间具有大尺度的界面, 瞬变的大气环境和地面环境会对热力循环过程产生较大影响, 热气流作为系统能量转换的介质, 在超大尺度系统内的流动非常复杂, 其流动状况和热力过程影响到太阳能的利用效率。

研究表明[2-4], 太阳能热气流发电系统的能量转换效率非常低, 对于烟囱高度为 1000m、集热棚半径为 3500m 的大规模商业电站, 其系统总效率也只能达到 3% 左右。集热棚的作用是将太阳能转换成热能, 烟囱的作用是将热能变成热气流的机械能, 增加烟囱高度即增加其驱动力, 烟囱高度不足是导致太阳能热气流发电系统总效率低的主要因素[5, 6]。

为了提高能量转换和利用效率, 本章对太阳能热气流发电系统的热力系统的热力过程展开描述, 分析其热力循环中各过程的构成方式、能量转换机理, 分析系统的空气动力循环过程, 确定系统各基本参量之间的相互关系, 从系统效率、热效率等方面探索提高发电效率、减少能量损失的途径和方法, 建立实际热力循环的数学模型, 并研究大气环境与热力系统的相互作用、实际循环效率计算方法, 以最大限度地提高能量转换和利用效率。

2.2 太阳能热气流发电系统热力学分析

2.2.1 热力过程描述

分析工质在太阳能热气流发电系统的热力过程需做如下假定: ①太阳辐射恒定, 不考虑太阳高度角的影响; ②环境温度, 即进入集热棚的空气进口温度保持恒定; ③集热棚顶棚的光学性质保持不变; ④系统处于稳定流动过程; ⑤分析系统热力过程及热力循环时，将通过烟囱出口离开系统的工质视为从集热棚进口进入系统的那部分工质，这不会影响系统的热力学参数和热力过程的分析结果，同时使分析趋于简化。

图 2-1 为太阳能热气流发电系统的热力过程示意图。空气自环境进入集热棚，从烟囱出口流出，最后自高空回到集热棚进口，包括系统和环境形成一个循环。根据工质的热力学特性，将系统分为集热棚、透平和烟囱三个子区域。工质在各子区域进出口的重要状态点在图 2-1 中标识如下：①为集热棚进口状态；②为集热棚出口、透平进口状态；③为透平出口、烟囱进口状态；④为烟囱出口状态；⑤为与烟囱出口相同高度处的外部环境状态。

图 2-1　太阳能热气流发电系统的热力过程示意图

Gannon 和 von Backström[1]以总温和总压为基础建立系统热力学循环，其中考虑了动能损失在循环过程中导致的总压的降低。图 2-2 则对此做了修正，各点所表示的是工质的状态，P_i 表示 i 点压力，循环中各过程转折点的热力学意义以及循环净功和净热量与经典热力学完全相同。显而易见，太阳能热气流发电系统热力循环是一个标准 Brayton 循环，但其对外做功特性与标准 Brayton 循环存在明显的区别。1—2—3′—4′—5′—1 为没有任何系统损失的可逆循环，过程曲线所围成的面积为循环净功，即循环净功为 1—2—3′—4′—5′—1 所围成的面积，过程 1—2 所吸收的热量为过程热量。1—2—3—4—5—1 为包含透平损失和烟囱损失的理想循环，虚线不能表示不可逆过程进行的实际路径，因此循环曲线围成的面积不代表循环净功。

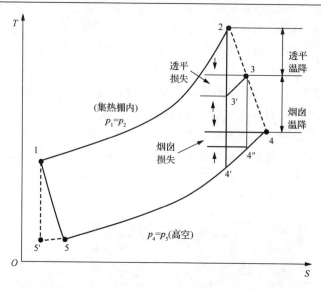

图 2-2　太阳能热气流发电系统空气标准循环温熵图

2.2.2　系统透平轴功

太阳能热气流发电系统透平对外做的轴功为

$$w_{\text{shaft},i} = h_2 - h_{3'} \tag{2-1}$$

式中，h_2 和 $h_{3'}$ 分别为图 2-2 中 2 和 3′ 的焓值。

热气流自底部流向烟囱顶部时，其势能的增加为

$$w_{p,i} = h_{3'} - h_{4'} \tag{2-2}$$

式中，$h_{4'}$ 为图 2-2 中 4′ 的焓值。

图 2-2 中，过程 5—1 发生在环境中，不需要消耗系统提供的技术功，但是，热气流在烟囱内重力势能的增加等于过程 5—1 消耗的功。因此，标准 Brayton 循环 1—2—3′—4′—5—1 做出的功有相当一部分用于热气流在烟囱内的抬升，只有少部分通过透平轴功输出。1—2—3—4—5—1 代表太阳能热气流发电系统理想循环效率，可表达如下：

$$\eta_i = \frac{q_{12} - |q_{4'5}|}{q_{12}} = \frac{\Delta h_{24'} - \Delta h_{3'4'}}{q_{12}} \tag{2-3}$$

于是，

$$\eta_i = \frac{(h_2 - h_{4'}) - (h_1 - h_5)}{h_2 - h_1} = \frac{(T_2 - T_{4'}) - (T_1 - T_5)}{T_2 - T_1} \tag{2-4}$$

式中，q_{12}、$q_{4'5}$ 分别为过程 1—2、4′—5 的吸、放热量；$\Delta h_{24'}$ 和 $\Delta h_{3'4'}$ 分别为过程 2—4′、3′—4′的焓降；T_i、h_i 分别为 i 点对应的温度和焓。

根据标准 Brayton 循环过程各转折点参数的关系特征，有

$$\frac{T_1}{T_{5'}} = \frac{T_2}{T_{4'}} = \left(\frac{p_1}{p_{5'}}\right)^{\frac{\kappa-1}{\kappa}} = \left(\frac{p_2}{p_{4'}}\right)^{\frac{\kappa-1}{\kappa}} = \pi^{\frac{\kappa-1}{\kappa}} \tag{2-5}$$

式中，$p_i(p_{i'})$为 i 点的压力；κ 为绝热指数；π 为增压比，$\pi = \dfrac{p_1}{p_{5'}}$，将式 (2-5) 代入式 (2-3)，可得

$$\eta_i = 1 - \frac{T_{5'}}{T_1} = 1 - \frac{1}{\pi^{\frac{\kappa-1}{\kappa}}} \tag{2-6}$$

太阳能热气流发电系统理想循环效率与标准 Brayton 循环的效率表达式完全相同。单位质量的冷空气自烟囱出口高度处下降，到达集热棚进口时，能量转换可表达如下：

$$c_p \mathrm{d}T = g \mathrm{d}z \tag{2-7}$$

对式 (2-7) 进行积分可得

$$c_p(T_1 - T_{5'}) = gH \tag{2-8}$$

式中，c_p、g、H 分别为空气比定压热容、重力加速度、烟囱高度。

由式 (2-8) 和式 (2-6) 可得

$$\eta_i = 1 - \frac{1}{\pi^{\frac{\kappa-1}{\kappa}}} = \frac{gH}{c_p T_1} \tag{2-9}$$

因此，如果忽略过程 5—1、5′—1 以及 3′—4′三者之间的差别，太阳能热气流发电系统理想循环效率仅与烟囱高度、环境温度有关，该分析结果与 Gannon 和 von Backström[1]的分析结果的表达形式完全相同。

2.3 太阳能热气流发电系统实际效率

2.3.1 传热数学模型

下面建立不同规模的太阳能热气流发电系统的能量平衡方程，集热棚顶部玻璃表面的热平衡方程为

$$Q_{\mathrm{g,air}} + Q_{\mathrm{g,e}} + Q_{\mathrm{g,stor}} + Q_{\mathrm{g,sky}} + \alpha Q_{\mathrm{solar}} = 0 \tag{2-10}$$

式中，Q_{solar} 为集热棚所接收的太阳辐射；α 为集热棚透明材料对太阳辐射的吸收率；$Q_{g,air}$ 为集热棚表面与棚内空气的对流换热量，由于集热棚表面与棚内空气之间的温度相差并不大，忽略二者之间的辐射换热量，则

$$Q_{g,air} = A_g h_{g,air} \left(T_g - T_{air} \right) \tag{2-11}$$

其中，A_g 为集热棚表面积；$h_{g,air}$ 为集热棚表面与棚内空气的对流换热系数；T_g、T_{air} 分别为集热棚表面和棚内空气的热力学温度。

$Q_{g,e}$ 为集热棚表面与环境空气的对流换热量：

$$Q_{g,e} = A_g h_{g,e} \left(T_g - T_e \right) \tag{2-12}$$

式中，T_e 为环境空气的热力学温度。

$Q_{g,stor}$ 为集热棚表面与集热棚下部蓄热层表面之间的辐射换热量，视集热棚表面和蓄热层表面的辐射换热为两个面积相等的平行平板之间的辐射换热，忽略集热棚入口和出口的辐射损失，有

$$Q_{g,stor} = A_g \sigma (T_g^{\,4} - T_{stor}^{\,4}) \tag{2-13}$$

式中，σ 为斯特藩-玻尔兹曼常数；T_{stor} 为蓄热层表面热力学温度。

$Q_{g,sky}$ 为集热棚表面与天空的辐射换热量：

$$Q_{g,sky} = A_g \sigma (T_g^{\,4} - T_{sky}^{\,4}) \tag{2-14}$$

式中，T_{sky} 为天空的热力学温度。

蓄热层表面的能量方程为

$$Q_{stor,air} + Q_{stor,g} + Q_{stor,down} + \eta \Gamma Q_{solar} = 0 \tag{2-15}$$

式中，Γ 为集热棚材料对太阳辐射的透过率；η 为蓄热层表面对太阳辐射的吸收率。

$Q_{stor,air}$ 为蓄热层表面与棚内空气之间的换热量：

$$Q_{stor,air} = A_{stor} h_{stor,air} \left(T_{stor} - T_{air} \right) \tag{2-16}$$

式中，A_{stor} 为蓄热层表面的换热面积，$A_{stor} = A_g$；$h_{stor,air}$ 为蓄热层表面与棚内空气的对流换热系数。

$Q_{stor,g}$ 为蓄热层表面与集热棚表面之间的辐射换热量，根据前面的分析，应有

$$Q_{stor,g} = -Q_{g,stor} = A_g \sigma (T_{stor}^{\,4} - T_g^{\,4}) \tag{2-17}$$

$Q_{\text{stor,down}}$ 为蓄热层表面向蓄热层内部多孔介质的换热量。考虑到其内为多孔介质，存在导热也存在对流，但其流动极其微弱，所以可考虑傅里叶定律：

$$Q_{\text{stor,down}} = -A_{\text{stor}}\lambda_{\text{m}}\frac{\mathrm{d}T}{\mathrm{d}x} \tag{2-18}$$

式中，λ_{m} 为多孔介质的表观导热系数，在边界处拟采用调和平均值。

根据实际情况，可认为蓄热层底部温度为定值：T 为常数，该常数可根据实际需要选取。蓄热层内外四周可认为绝热：

$$\frac{\partial T}{\partial y} = 0 \tag{2-19}$$

对于烟囱表面的能量平衡方程，考虑能量通过烟囱表面向外散失更加符合实际：

$$-\lambda\left(\frac{\partial T}{\partial y}\right)_{\text{w}} = h(T_{\text{w}} - T_{\text{e}}) \tag{2-20}$$

式中，λ 为空气导热系数；$h = 5.7 + 3.8v_{\text{enviro}}$，$v_{\text{enviro}}$ 为外界环境风速；T_{w}、T_{e} 分别为地面温度和外界环境温度。

透平对外输出的轴功可表达如下：

$$W_{\text{shaft}} = \eta_{\text{shaft}}\Delta p_{\text{turb}}V \tag{2-21}$$

式中，W_{shaft} 为系统通过透平向外输出的轴功；η_{shaft} 为透平及电机的总效率，取为 72%；Δp_{turb} 为透平压降；V 为系统体积流量。

2.3.2　流动阻力数学模型

1）系统总抽力

系统总抽力可采用下述方法计算：

$$\Delta p_{\text{total}} = \left(\rho_{\text{a}} - \rho_0\frac{273.15}{273.15 + t_m}\right)gH \tag{2-22}$$

式中，H 为烟囱高度；g 为重力加速度；t_m 为烟囱中的平均温度；ρ_{a}、ρ_0 分别为 t_{a} 和 0℃时空气的密度。

2）空气流动阻力

烟囱出口局部阻力损失为

$$\Delta p_{\text{chim,out}} = \xi_{\text{chim,out}}\frac{\rho_{\text{chim,out}}w_{\text{chim,out}}^2}{2} \tag{2-23}$$

式中，$\xi_{chim,out}$ 为烟囱出口局部阻力损失系数，$\xi_{chim,out} = 1.0 \sim 1.1$；$\rho_{chim,out}$、$w_{chim,out}$ 为烟囱出口处空气的密度和速度。

烟囱中沿程阻力损失为

$$\Delta p_{chim,H} = \lambda_{chim} \frac{H}{d} \frac{\rho_{chim,H} w_{chim,H}^2}{2} \tag{2-24}$$

式中，$\rho_{chim,H}$ 和 $w_{chim,H}$ 分别为烟囱中空气的平均密度和平均流速；λ_{chim} 为烟囱中沿程阻力损失系数：

$$\lambda_{chim} = 0.11 \left(\frac{k}{d} + \frac{68}{Re} \right)^{0.25} \tag{2-25}$$

其中，k 为烟囱内表面粗糙度；d 为烟囱直径；Re 为烟囱中空气的雷诺数。

烟囱入口局部阻力损失为

$$\Delta p_{chim,in} = \xi_{chim,in} \frac{\rho_{chim,in} w_{chim,in}^2}{2} \tag{2-26}$$

式中，$\xi_{chim,in}$ 为烟囱入口局部阻力损失系数，$\xi_{chim,in} = 0.5$；$\rho_{chim,in}$、$w_{chim,in}$ 分别为烟囱入口处空气的平均密度和平均速度。

空气加速阻力损失为

$$\Delta p_{air,acc} = \frac{\rho_{chim,out} w_{chim,out}^2}{2} - \frac{\rho_a w_{coll,in}^2}{2} \tag{2-27}$$

式中，$w_{coll,in}$ 为集热棚入口处空气速度。

集热棚中沿程阻力损失为

$$\Delta p_{coll,R} = \lambda_{coll} \frac{R}{d_e} \frac{\rho_{coll} w_{coll}^2}{2} \tag{2-28}$$

式中，ρ_{coll} 和 w_{coll} 分别为集热棚中空气的平均密度和平均速度；λ_{coll} 为集热棚中沿程阻力损失系数，$\lambda_{coll} = C / Re'$，其中 Re' 为集热棚中空气的雷诺数；R 为集热棚的半径，即热气流在集热棚内的流动距离；d_e 为集热棚内的当量直径。

集热棚入口局部阻力损失为

$$\Delta p_{coll,in} = \xi_{coll,in} \frac{\rho_a w_{coll,in}^2}{2} \tag{2-29}$$

式中，$\xi_{coll,in}$ 为集热棚入口局部阻力损失系数，$\xi_{coll,in} = 0.5$。

3) 热气流的流动平衡方程

由式(2-23)～式(2-29)可知，系统的总阻力损失为

$$\Delta p_{\text{sys,res}} = \Delta p_{\text{chim,out}} + \Delta p_{\text{chim},H} + \Delta p_{\text{chim,in}} + \Delta p_{\text{air,acc}} + \Delta p_{\text{coll},R} + \Delta p_{\text{coll,in}} \qquad (2\text{-}30)$$

系统的动力是自然对流在烟囱抽吸作用下形成的总抽力，烟囱提供的抽力用来克服空气流动的阻力，并对透平做功以输出电能。根据力平衡条件，有

$$\Delta p_{\text{total}} = \Delta p_{\text{sys,res}} + \Delta p_{\text{turb}} \qquad (2\text{-}31)$$

式中，Δp_{turb} 为透平压降。

2.4　程序可靠性验证

2.4.1　模型验证程序编制思想

根据式(2-11)～式(2-31)编制程序，计算系统对外输出的轴功和系统实际循环效率，然后将实际热效率和理想循环效率对比，分析、比较理想循环效率和实际循环过程中热效率的差别，分析差异存在的原因。当然，首先应验证编制的程序的可靠性和通用性，将计算结果与西班牙实验电站的几个关键实验结果进行对比；其次验证已有研究中的几种关键设计方案，比较本程序的计算和预测结果是否能够较好地与已有的关键设计方案相符。

程序考虑的关键点：太阳辐射的变化；环境风速对集热棚顶棚和烟囱壁面的对流换热的影响；顶棚的穿透率和吸收率；地表蓄热层的发射率、吸收率、导热系数、温度、厚度等；环境空气温度、密度、比定压热容等物性参数，湿度及温度和密度随高度的变化；浮升力；集热棚形状和半径、高度等；烟囱的高度、半径、形状等；集热棚及烟囱内空气与各部件的对流换热影响以及各部件之间的各种能量传递机制；空气沿程流动阻力损失和局部损失；透平压降和效率。

2.4.2　西班牙实验电站数据的计算验证

1) 与第一组实验数据的对比

已知条件：太阳辐射为 1040W/m²；实际输出功率为 41kW；地面吸收率为 0.56～0.67；聚氯乙烯薄膜穿透率为 0.8；环境温度为 30℃；烟囱出口风速为 9m/s；集热棚中央气流温度为 55℃；地面最高温度为 72℃；温度发生显著变化的土壤厚度为 0.15m。土壤热导率的变化范围如下：0～1cm 为 0.5W/(m·℃)；1～5cm 为 0.8W/(m·℃)；5～10cm 为 1.2W/(m·℃)；10～150cm 为 1.5W/(m·℃)。能量分配方案为：32%用于空气加热；约 35%用于能量损失；约 33%用于能量储存。计算结果与误差估计如表 2-1 所示，集热棚内蓄热层表面、空气以及集热棚顶棚的

温度分布如图 2-3 所示。

表 2-1 计算值与测量值的对比（一）

参数	测量值	计算值	误差/%
空气温升	25℃	25.26℃	1.04
地表温度	72℃	75.43℃	4.76
输出功率	41kW	40.196kW	−1.96
烟囱进口速度	9m/s	8.813m/s	−2.08
蓄热率	33%	34.25%	3.788

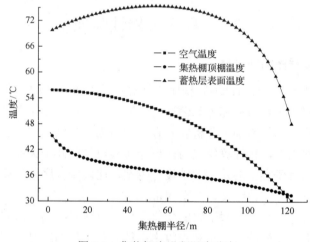

图 2-3 集热棚内沿程温度分布

2) 与第二组实验数据的对比

已知条件：太阳辐射为 850W/m², 中午时分，极限输出功率为 48kW。透平效率为 0.83 时，理想输出功率为 40kW；实际输出功率为 36kW（表 2-2）。

表 2-2 计算值与测量值的对比（二）

参数	测量值	计算值	误差/%
极限功率(透平效率 100%)	48kW	48.184240kW	0.384
理想功率(透平效率 83%)	40kW	39.992168kW	−0.01958
实际功率(透平效率 72%)	36kW	34.691579kW	−3.6345
烟囱进口速度	—	7.260179m/s	—
集热棚温升	—	22.685941℃	—
蓄热率	—	37.867543%	—

分析结果表明，本程序的计算值与测量值吻合得较好。其中的计算值与测量

值存在偏差的主要原因有如下几点：一是当时空气质量不是太好，存在一些气溶胶物质；二是空气的相对湿度未知；三是集热棚内不少地方长了草，而有些地方温度稍高使得草枯萎，导致整个蓄热层表面的吸收率和发射率不均匀，从而使得计算得到的局部最高温度和实际值有差别；四是导热系数的测量值并不是在整个区域都有测量，不同半径、不同地点的导热系数肯定有所不同，因此计算得到的蓄热率和测量值也有所不同，测量值得到的蓄热率也应当是估计值。

2.4.3　对现有文献的预测模型进行计算验证

关于太阳能热气流发电技术的研究，在世界上影响较大的是如下几位：德国斯图加特大学 Schlaich 教授课题组[3, 4, 7-11]着重于整体结构设计、示范电站的实验测量以及大规模系统的性能和成本预测；美国佛罗里达大学 Sherif 教授课题组[12-18]主要从事系统的流动与传热特性、数学模型以及小型示范实验研究；南非的 von Backström 教授课题组[19-27]主要从事热气流透平的结构设计及其优化分析；意大利 Papageorgiou 教授课题组[28-33]主要做的是浮动烟囱的相关研究工作；华中科技大学刘伟教授课题组[2,34-45]主要集中于流动与传热特性数值模拟研究，大规模太阳能热气流发电系统的实验研究工作则比较少。

目前文献中提出的太阳能热气流发电系统的几个典型规模系统的几何结构参数主要来自两位专家，一是德国斯图加特大学 Schlaich 教授[3, 4, 10, 11]，二是美国佛罗里达大学 Sherif 教授[17, 18]。而两位教授的太阳能热气流发电系统设计方案除了局部有所不同，关键几何参数基本相同。

本节根据上述内容编制太阳能热气流发电系统流动与传热及发电特性程序，对所有不同类型的太阳能热气流发电系统进行验证，分析各种设计方案的太阳辐射条件。

表 2-3 所提出的 5MW、30MW、100MW 三种规模的太阳能热气流发电系统设计方案中，集热棚直径、烟囱高度和直径是 Schlaich 教授提出的[3]，其中集热棚高度、透平参数的设计方案是本书提出的。计算表明，这四组设计方案的条件非常苛刻，仅在太阳辐射为 $1000W/m^2$、集热棚顶棚透光性好(穿透率为 0.9)、蓄热层表面吸收率高(吸收率为 0.9)、透平满负荷运行并且蓄热率较低(蓄热率低于 20%)时才能达到相应的发电功率。

表 2-4 所提出的四种规模的太阳能热气流发电系统设计方案中，集热棚直径、烟囱高度和直径为 Sherif 教授[17]根据 1984 年 Haff 等[8]提出的模型进行计算修正得到的，其中集热棚高度、透平参数的设计方案是本书提出的。计算表明，这四组设计方案的条件在太阳辐射为 $500W/m^2$、集热棚顶棚透光性好(穿透率为 0.9)、蓄热层表面吸收率高(吸收率为 0.9)、透平满负荷运行并且蓄热率较低(蓄热率低于 20%)时可达到相应的发电功率。

表 2-3　Schlaich 提供的设计模型[3]

电站规模/MW	烟囱		集热棚		透平			验证
	高度/m	直径/m	高度/m	直径/m	功率/MW	台数/台	布置	
200	1500	175	3～25	4000	6.25	16	卧式	符合
100	950	115	3～25	3600	6.25	16	卧式	符合
30	750	84	3～15	2200	6	5	卧式	符合
5	445	54	2.5～10	1110	1	5	卧式	符合

表 2-4　Sherif 提供的设计模型[17]

电站规模/MW	烟囱		集热棚		透平			验证
	高度/m	直径/m	高度/m	直径/m	功率/MW	台数/台	布置	
200	1000	140	3.5～25	7000	6.25	32	卧式	符合
100	1000	110	3.5～25	5000	6.25	16	卧式	符合
25～30	800	70	3～25	3200	6.25	5	卧式	符合
5～6	600	45	2.5～10	1500	1	6	卧式	符合

　　本书涉及的太阳能热气流发电系统计算程序全面考虑了各种因素的影响，上述计算结果表明，本程序通用性好、准确度高，能够对各种规模的太阳能热气流发电系统的流动与传热特性及发电特性进行预测。

2.5　系统效率理论分析

2.5.1　西班牙实验电站模型计算结果

　　表 2-5 为三种典型的太阳能热气流发电系统的几何参数，分别为 50kW 西班牙实验电站、兆瓦级中试电站和 100MW 级大规模商业电站。图 2-4 和图 2-5 为以西班牙实验电站模型为例所得到的计算结果。由图 2-4 可见，当太阳总辐射强度为 1000W/m² 时，西班牙实验电站模型最大输出功率可达 75kW，大约比设计结果高 50%。这是由于文献[8]是根据贝茨理论[46]设计系统的。实际上，贝茨理论仅适用于自由风场，而西班牙实验电站模型的透平是基于压力的，其效率可高达 85%。

表 2-5　三种典型的太阳能热气流发电系统几何参数

模型	烟囱		集热棚	
	高度/m	直径/m	高度/m	直径/m
50kW 西班牙实验电站	200	10	2～6	122
兆瓦级中试电站	400	50	2～10	1000
100MW 级大规模商业电站	1000	130	3～25	2500

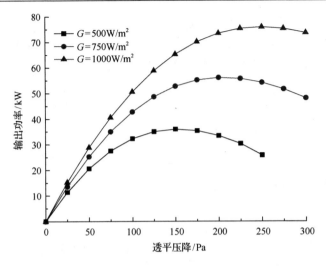

图 2-4　西班牙实验电站模型输出功率计算结果

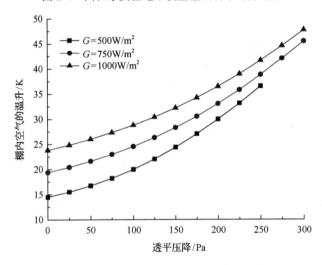

图 2-5　西班牙实验电站模型集热棚内空气的温升

图 2-5 为集热棚内空气的温升，显而易见，随着太阳辐射和透平压降的增加，集热棚内空气温升增加得十分显著。系统的总压降取决于烟囱高度、系统内外密度分布差异。随着透平压降的增加，用于系统流动的压降减小，系统质量流率和流速减小，因此，系统温升增加。此外，集热棚内空气的温升也随太阳辐射的增加而增加。由图 2-4 和图 2-5 可见，最大输出功率所对应的透平压降随太阳辐射的增加而降低，当太阳辐射分别为 500W/m² 、750W/m² 和 1000W/m² 时，相应输出功率峰值所对应的透平压降分别为 150Pa、200Pa 和 250Pa，系统温升分别为 24.37K、33.04K 和 41.65K。

图 2-6 为西班牙实验电站模型循环效率随透平压降的变化，由图可见，系统实际循环效率和理想循环效率相差较大。西班牙实验电站模型理想循环效率为 0.665%，而在不同太阳辐射和透平压降条件下，实际循环效率全部低于 0.2%。西班牙实验电站模型标准 Brayton 循环效率低于 1%，其主要原因在于：大量的由太阳辐射传递给热气流的热能没有在绝热过程中转变成透平轴功，而是在流过烟囱的过程中用于克服重力做功。

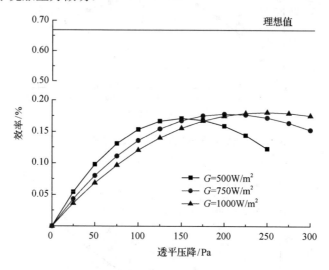

图 2-6　西班牙实验电站模型循环效率

此外，理想循环效率远高于系统实际循环效率，这是由于随着透平压降的增加，集热棚内热气流的温升增加，从集热棚顶棚以及烟囱顶部损失的能量增多。因此，太阳能热气流发电系统不可能达到其理想循环效率。另外，系统实际循环效率是系统几何参数、透平压降、太阳辐射的强函数，而系统理想循环效率只是烟囱高度和环境温度的函数，因此，前者对于开发和设计不同规模的商业电站更有参考价值。

2.5.2　商业电站模型计算结果

表 2-5 所示的兆瓦级中试电站计算结果如图 2-7 所示。图 2-7 显示了兆瓦级中试电站实际循环效率与理想循环效率的对比关系。由图可见，兆瓦级系统的理想循环效率为 1.33%，独立于所有实际效率的影响参数，如太阳辐射、透平压降等。系统实际循环效率最大值仅为 0.3%，低于系统理想循环效率的 1/4。由比较可知，随着系统规模的增加，系统实际循环效率和理想循环效率之间的差距扩大，这是由于集热棚面积的增加会增加通过顶棚的能量损失，从而降低系统的总效率。

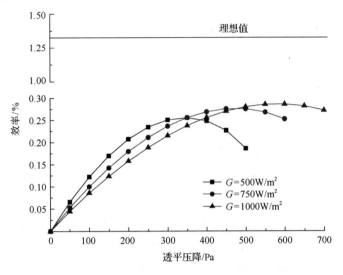

图 2-7　兆瓦级中试电站循环效率

表 2-5 所示的 100MW 级大规模商业电站计算结果如图 2-8 和图 2-9 所示。烟囱高达 1000m 的 100MW 级大规模商业电站的理想循环效率达 3.33%，而实际循环效率最大值为 0.9%。显然，系统实际循环效率仍然远低于理想循环效率，这也是由集热棚能量损失增加造成的。

尽管 100MW 级大规模商业电站的实际循环效率最大值仅为 0.9%，太阳辐射为 750W/m² 时，系统的最大输出功率也超过了 100MW，考虑到太阳能热气流发电系统完全不会消耗任何化石能源、用于系统建设的原材料方便易得、投资成本相对较低，所以相对较低的循环效率对于太阳能热气流发电系统的商业应用也是可以接受的。

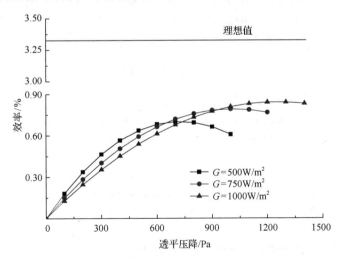

图 2-8　100MW 级大规模商业电站的循环效率

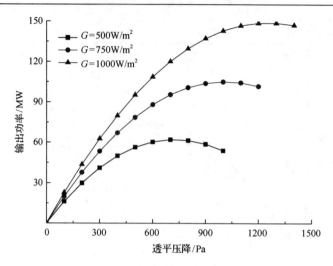

图 2-9　100MW 级大规模商业电站的输出功率

2.6　本章小结

本章对太阳能热气流发电系统进行了热力学循环分析，得到了系统的理想循环效率模型，建立了系统的能量平衡方程，建立了流动与传热等实际条件综合影响下的热效率模型，建立了实际循环效率和实际输出功率的通用计算程序，并对程序的可靠性进行了对比验证。

计算结果表明：西班牙实验电站模型的理想循环效率为 0.665%，其实际循环效率低于 0.2%；兆瓦级中试电站的理想循环效率和实际循环效率最大值分别为 1.33%和 0.3%；烟囱高达 1000m 的 100MW 级大规模商业电站的理想循环效率和实际循环效率最大值分别为 3.33%和 0.9%。

参 考 文 献

[1] Gannon A J, von Backström T W. Solar chimney cycle analysis with system loss and solar collector performance. Journal of Solar Energy Engineering-Transactions of the ASME, 2000, 122(3): 133-137.

[2] 明廷臻, 刘伟, 许国良, 等. 太阳能热气流电站系统的热力学分析. 华中科技大学学报(自然科学版), 2005(8): 1-4.

[3] Schlaich J. The Solar Chimney. Stuttgart: Edition Axel Menges, 1995.

[4] Schlaich J, Bergermann R, Schiel W, et al. Design of commercial solar updraft tower systems-utilization of solar induced convective flows for power generation. Journal of Solar Energy Engineering-Transactions of the ASME, 2005, 127(1): 117-124.

[5] Mullett L B. The solar chimney-overall efficiency, design and performance. International Journal of Ambient Energy, 1987, 8(1): 35-40.

[6] Nizetic S, Ninic N. Analysis of overall solar chimney power plant efficiency. Strojarstvo, 2007, 49(3): 233-240.

[7] Haaf W, Friedrich K, Mayer G, et al. Solar chimneys. International Journal of Solar Energy, 1983, 2: 3-20.

[8] Haaf W, Friedrich K, Mayer G, et al. Solar chimneys. International Journal of Solar Energy, 1984, 2: 141-161.

[9] Lautenschlager H, Haff H, Schlaich J. New results from the solar-chimney prototype and conclusions for larger plants. European Wind Energy Conference, Hamburg, 1984: 231-235.

[10] Schlaich J. Solar chimneys. Periodica, 1983(3): 45.

[11] Schlaich J, Mayr G, Haaf W. Aufwindkraftwerke-die demonstrationsanlage in Manzanares/Spanien.（Upwind power plants-the demostration plant in Manzanares, Spain）. Proceedings of the National Conference on Power Transmission, Manzanares, 1980: 97-112.

[12] Padki M M, Sherif S A. Fluid dynamics of solar chimneys. Forum on Industrial Applications of Fluid Mechanics, FED-vol 70 ASME, New York, 1988: 43-46.

[13] Padki M M, Sherif S A. Fluid dynamics of solar chimneys. Proceedings of ASME Winter Annual Meeting, Chicago, 1988: 43-46.

[14] Padki M M, Sherif S A. Solar chimney for medium-to-large scale power generation. Proceedings of the Manila International Symposium on the Development and Management of Energy Resources, Manila, 1989: 432.

[15] Padki M M, Sherif S A. A mathematical model for solar chimneys. Proceedings of 1992 International Renewable Energy Conference, Amman, 1992: 289-294.

[16] Padki M M, Sherif S A. On a simple analytical model for solar chimneys. International Journal of Energy Research, 1999, 23(4): 345-349.

[17] Pasumarthi N, Sherif S A. Experimental and theoretical performance of a demonstration solar chimney model-Part II: Experimental and theoretical results and economic analysis. International Journal of Energy Research, 1998, 22(5): 443-461.

[18] Pasumarthi N, Sherif S A. Experimental and theoretical performance of a demonstration solar chimney model-Part I: Mathematical model development. International Journal of Energy Research, 1998, 22(3): 277-288.

[19] Bernardes M A D, von Backström T W. Evaluation of operational control strategies applicable to solar chimney power plants. Solar Energy, 2010, 84(2): 277-288.

[20] Fluri T P, von Backström T W. Performance analysis of the power conversion unit of a solar chimney power plant. Solar Energy, 2008, 82(11): 999-1008.

[21] Fluri T P, von Backström T W. Comparison of modelling approaches and layouts for solar chimney turbines. Solar Energy, 2008, 82(3): 239-246.

[22] Gannon A J, von Backström T W. Controlling and maximizing solar chimney power output. 1st International Conference on Heat Transfer, Fluid Mechanics and Thermodynamics, Kruger Park, 2002.

[23] Gannon A J, von Backström T W. Solar chimney turbine performance. Journal of Solar Energy Engineering-Transactions of the ASME, 2003, 125(1): 101-106.

[24] von Backström T W, Bernhardt A, Gannon A J. Pressure drop in solar power plant chimneys. Journal of Solar Energy Engineering-Transactions of the ASME, 2003, 125(2): 165-169.

[25] von Backström T W, Fluri T P. Maximum fluid power condition in solar chimney power plants-an analytical approach. Solar Energy, 2006, 80(11): 1417-1423.

[26] von Backström T W, Gannon A J. Compressible flow through solar power plant chimneys. Journal of Solar Energy Engineering-Transactions of the ASME, 2000, 122(3): 138-145.

[27] von Backström T W, Gannon A J. Solar chimney turbine characteristics. Solar Energy, 2004, 76(1-3): 235-241.

[28] Papageorgiou C D. Floating solar chimney technology: A solar proposal for China. Proceedings of Ises Solar World Congress 2007: Solar Energy and Human Settlement, Beijing, 2007: 172-176.

[29] Papageorgiou C D. External wind effects on floating solar chimney. Proceedings of the Fourth IASTED International Conference on Power and Energy Systems, Marbella, 2004: 159-163.

[30] Papageorgiou C D. Floating solar chimney power stations with thermal storage. Proceedings of the Sixth IASTED International Conference on European Power and Energy Systems, Rhodes, 2006: 325-331.

[31] Papageorgiou C D. Floating solar chimney technology for desertec. 2nd WSEAS/IASME International Conference on Renewable Energy Sources, Corfu, 2008.

[32] Papageorgiou C D. Floating solar chimney technology// Rugescu R D. Solar Energy. Croatia, INTECH: 187-221.

[33] Papageorgiou C D, Katopodis P. A modular solar collector for desert floating solar chimney Technology. Energy, Environment, Ecosystems, Development and Landscape Architecture, 2007: 126-132.

[34] 明廷臻. 太阳能热气流发电系统的热动力学问题研究. 武汉: 华中科技大学, 2007.

[35] 明廷臻, 刘伟, 高敏, 等. 太阳能热气流电站透平布置位置研究. 可再生能源, 2006(5): 6-8.

[36] 明廷臻, 刘伟, 黄晓明. 太阳能热气流发电系统非稳态耦合数值分析. 工程热物理学报, 2009(2): 305-308.

[37] 明廷臻, 刘伟, 熊宴斌, 等. 太阳能热气流发电系统的传热与流动数值分析. 太阳能学报, 2008(4): 433-439.

[38] 明廷臻, 刘伟, 熊宴斌, 等. 太阳能热气流系统内传热与流动的实验模拟. 工程热物理学报, 2008(4): 681-684.

[39] 明廷臻, 刘伟, 熊宴斌, 等. 太阳能热气流发电系统非稳态数值模拟. 热力发电, 2008(1): 17-20.

[40] 明廷臻, 刘伟, 许国良. 太阳能热气流透平发电系统数值模拟. 中国电机工程学报, 2007(29): 84-89.

[41] 明廷臻, 刘伟, 许国良, 等. 太阳能热气流电站系统研究. 工程热物理学报, 2006(3): 505-507.

[42] 明廷臻, 刘伟, 许国良, 等. 太阳能热气流发电系统非稳态耦合数值分析. 中国电机工程学报, 2008(5): 90-95.

[43] 明廷臻, 刘伟, 许国良, 等. 太阳能热气流发电系统的性能分析. 可再生能源, 2007(1): 6-9.

[44] 明廷臻, 刘伟, 许国良, 等. 太阳能热气流发电技术的研究进展. 华东电力, 2007(11): 58-63.

[45] 明廷臻, 潘垣, 刘伟. 太阳能热气流发电系统的效率分析. 武汉市第四届学术年会, 武汉, 2010.

[46] Pastohr H, Kornadt O, Gurlebeck K. Numerical and analytical calculations of the temperature and flow field in the upwind power plant. International Journal of Energy Research, 2004, 28(6): 495-510.

第3章 太阳能热气流发电系统的效率优化

3.1 概　　述

能流密度低是太阳能、风能等可再生能源的固有特征，这也导致可再生能源发电系统的能量转换效率比较低，它显著影响系统的经济性和商业应用可行性。太阳能热气流发电系统的效率主要取决于集热棚、风力透平以及烟囱[1-4]，关于其能量转换效率的研究一直是人们关注的热点。

孙喆和刘征[5]分析了集热棚内太阳能与热能的转换性能，Lodhi[6]分析了集热棚内太阳能的收集及热储存能力。Thomas[7]对集热棚的太阳能热能转换效率进行了分析优化。太阳能热气流发电系统的透平的研究也是一个值得关注的主题，关于太阳能热气流发电系统的耦合计算，最初将研究的透平视为外风场中基于速度的风力透平，遵循贝茨理论[8]，由此计算系统的输出功率。关于不带透平的太阳能热气流发电系统的能量估算也采用外风场风力透平的数学模型[9]。之后，Ming等[10]和 Xu 等[11]认为风力透平类似于水力透平，主要依靠水压头推动涡轮机发电。有不少研究人员对太阳能热气流发电系统的透平展开了专门的设计研究[12-15]，也有学者对透平的结构、效率、布置等展开了细致的研究[15-20]。

Lodhi 和 Sulaiman[21]分析了烟囱的抽力效应，认为烟囱的抽力取决于太阳辐射、空气和重力，称为 HAG 效应。之后，Sathyajith 等[22]和 Lodhi[23]进一步分析了 HAG 效应及其应用。Nizetic 和 Ninic[24]对太阳能热气流发电系统的总效率展开了理论分析，同时考虑了往集热棚内喷水的影响，Kasaeian 等[25]分析了环境因素对太阳能热气流发电系统效率的影响。

本章着重回答三个问题。第一，对于给定的太阳能集热面积，设计太阳能热气流发电系统的理想循环效率及实际运行效率最大可能达到多少？第二，影响太阳能热气流发电系统效率的主要因素有哪些？第三，各影响因素之间的主次地位关系如何？

3.2 理想循环效率和系统运行效率

3.2.1 理想循环效率

第 2 章根据太阳能热气流发电系统的热力学理论分析得出，根据 Brayton 循环理论可得到系统的理想循环效率为式(2-9)，即如下表述：

$$\eta_i = \frac{gH}{c_p T_1} \tag{3-1}$$

式(3-1)的前提条件是假设系统没有能量储存，没有通过蓄热层底部的能量损失，没有通过集热棚表面向环境的对流损失和向周围环境以及天空的辐射损失，没有通过烟囱壁面向环境的散热损失；此外，还认为系统理想循环效率与透平性质无关，与太阳辐射也无关。由此可见：①理想循环效率与烟囱高度和环境温度有关；②烟囱高度越高，环境温度越低，理想循环效率越高；③当重力加速度 $g = 9.8\text{m/s}^2$，空气的比定压热容 $c_p = 1005\text{J/(K}\cdot\text{kg)}$，环境温度 T_1 为 300K，烟囱高度 H 为 1000m 时，理想循环效率 $\eta_i = 3.25\%$。

假设集热棚面积是 1km^2，太阳辐射为 G，则太阳能热气流发电系统的理想输出功率 P 为

$$P = G\frac{gH}{c_p T_1} \tag{3-2}$$

对于集热棚面积为 1km^2 的太阳能热气流发电系统，其理想循环效率和输出功率由式(3-1)和式(3-2)计算，结果如图 3-1～图 3-4 所示。

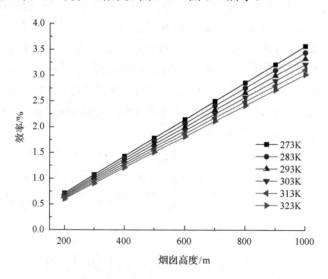

图 3-1　理想循环效率随烟囱高度和环境温度的变化

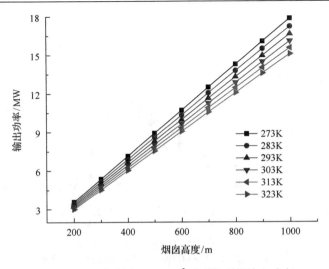

图 3-2　太阳辐射为 500W/m² 时系统理想输出功率
随烟囱高度和环境温度的变化

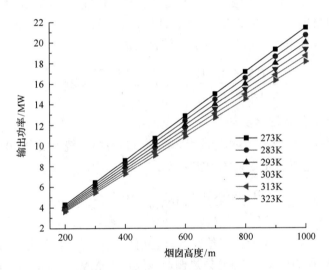

图 3-3　太阳辐射为 600W/m² 时系统理想输出功率
随烟囱高度和环境温度的变化

　　工程应用中有几个问题需要解决。对于一定规模的大中型太阳能热气流发电系统,占地面积为 1km² 的集热棚实际情况下最多能够发出多少电能?极限条件下能否发出 15~20MW 的电能?发电 10MW 所需要的最低烟囱高度是多少?

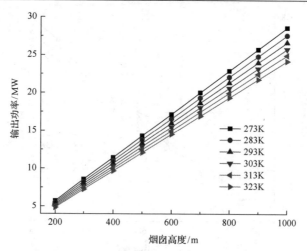

图 3-4　太阳辐射为 800W/m^2 时系统理想输出功率
随烟囱高度和环境温度的变化

　　为了回答上述问题，现假设一个给定规模的太阳能热气流发电系统，1km^2 的集热棚对应可发电 15～20MW，在一定的太阳辐射条件下，基于能量平衡原理，系统需要的实际效率可采用如下计算方法预测：

$$\eta = \frac{(15\sim20)\times10^6}{1\times10^6\times G_{\text{solar}}}\times100\% = \frac{15\sim20}{G_{\text{solar}}}\times100\% \tag{3-3}$$

式中，G_{solar} 为太阳辐射强度。

　　同理，假设具有 3km^2 集热棚的太阳能热气流发电系统可发电 50～60MW，则在一定的太阳辐射条件下，系统的实际效率应为

$$\eta = \frac{(50\sim60)\times10^6}{3\times10^6\times G_{\text{solar}}}\times100\% = \frac{16.7\sim20}{G_{\text{solar}}}\times100\% \tag{3-4}$$

　　根据式(3-3)和式(3-4)，若给定太阳辐射的大小，则要满足 1km^2 集热棚对应发电 15MW 和 20MW、3km^2 集热棚对应发电 50MW 和 60MW 所需要的系统实际效率如表 3-1 所示。

表 3-1　不同太阳辐射条件下的系统效率　　　　　　　　　　（单位：%）

集热棚对应的发电量	太阳辐射					
	500/(W/m^2)	600/(W/m^2)	700/(W/m^2)	800/(W/m^2)	900/(W/m^2)	1000/(W/m^2)
15MW/km^2	3	2.5	2.14	1.88	1.67	1.5
20MW/km^2	4	3.33	2.86	2.5	2.22	2
50MW/3km^2	3.34	2.78	2.38	2.09	1.86	1.67
60MW/3km^2	4	3.33	2.86	2.5	2.22	2

3.2.2　系统运行效率

太阳能热气流发电系统实际运行过程中，表 3-1 中所示的这些效率能否达到？在特定太阳辐射条件下，要达到相应的效率，需要多高的烟囱？针对这两个问题，需要根据第 2 章编制的程序来计算分析。现以 $1km^2$ 的集热棚为例，对上述问题展开探讨。

假设太阳辐射通过集热棚顶棚全部穿透进入蓄热层表面并全部被吸收；系统没有储热，即所有太阳辐射均传递给集热棚内的空气；忽略所有通过地面底部、集热棚顶棚、烟囱壁面的散热，但考虑通过烟囱顶部的焓损失、烟囱沿程重力势能增加以及各种流动损失，假设透平的运行效率为 100%，得到系统实际运行过程的极限功率和极限效率，计算结果如图 3-5 和图 3-6 所示。

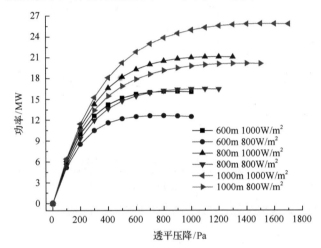

图 3-5　系统运行极限功率随烟囱高度和太阳辐射的变化

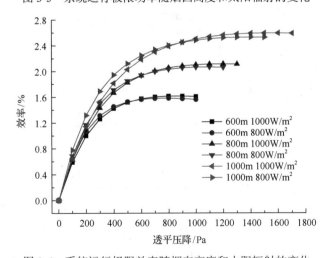

图 3-6　系统运行极限效率随烟囱高度和太阳辐射的变化

由图 3-5 和图 3-6 可见，系统运行的极限功率随烟囱高度和太阳辐射的变化均非常显著，而系统运行极限效率主要受烟囱高度的影响，太阳辐射的影响很小。

现在考虑各种散热，包括地面向地底深处的散热、集热棚顶棚向环境的散热、烟囱壁面向环境的散热；考虑烟囱顶部的焓损失、烟囱沿程重力势能增加以及各种流动损失，假设透平效率为 90%，集热棚顶棚玻璃对短波的透过率为 0.9，沙的吸收率为 0.9，土壤热导率为 0.8，土壤厚度为 2m，土壤温度为 20℃，可得到系统实际运行优化功率和实际运行优化效率，计算结果如图 3-7 和图 3-8 所示。

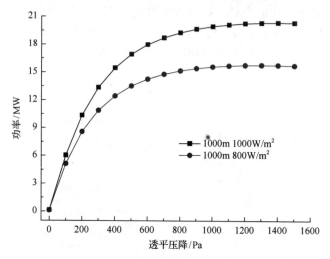

图 3-7　系统实际运行优化功率随透平压降和太阳辐射的变化

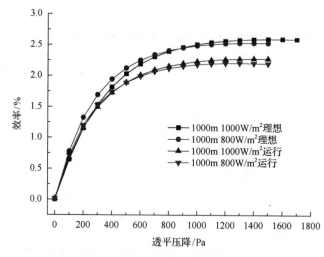

图 3-8　系统实际和理想运行优化效率随透平压降和太阳辐射的变化

由图 3-7 和图 3-8 可见，太阳能热气流发电系统的实际运行优化功率和优化效率与其运行极限功率和极限效率相比显著减小。这说明系统向环境的各种散热损失以及透平的实际运行效率均会对系统的能量转换过程造成显著的影响。

3.3　提高系统效率的方法

前面通过数值计算的方法探索了影响系统效率的因素。总体来说，影响系统效率的因素有很多，如烟囱高度和直径、透平效率、环境温度、顶棚的光学特性以及蓄热层表面的光学特性等。为了分清影响效率的主要因素，按以下几条开展数值模拟分析：①增加烟囱直径和烟囱高度；②增加透平压降和太阳辐射；③增加透平效率和透平压降；④增加集热棚直径；⑤增加环境温度和透平压降。

3.3.1　透平效率的影响

分析透平效率对系统效率的影响时，采用的太阳能热气流发电系统基本结构参数如下：集热棚直径为 2000m，烟囱高 900m、直径为 90m，太阳辐射为 500W/m²，环境温度为 20℃。透平效率分别为 0.72、0.78、0.84 和 0.90。图 3-9 和图 3-10 为数值模拟结果。

由图 3-9 可见，当透平压降高于 300Pa 后，在较大的透平压降范围内，不同透平效率下系统的对外输出功率均可超过 10MW。在透平效率为 0.90 的极限状况下，系统的最高输出功率接近 20MW。图 3-9 表明：在一般太阳辐射条件 (500W/m²) 下，本书设计的太阳能热气流发电系统基本物理模型确实是 10MW 级的中型规模太阳能热气流发电系统。

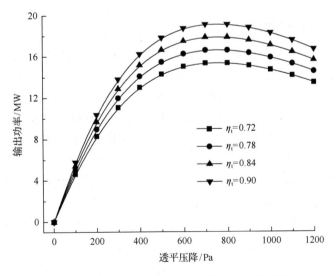

图 3-9　透平压降和透平效率对输出功率的影响

图 3-10 为透平压降和透平效率对系统效率的影响。由图可见，在透平效率一定的条件下，系统效率随着透平压降的增加先增大后减小。根据图 3-9 可知，随着透平压降的增加，系统流量减小，两者乘积存在一个峰值。因此，系统输出功率和效率也存在一个峰值。此外，对于特定的太阳能热气流发电系统，由于透平的成本远低于集热棚和烟囱的成本，若通过提高透平效率可以提高系统效率和输出功率，则这种方式不需要大幅度提高系统的总造价，因此，这无疑是最有效的提高系统效率的方式。

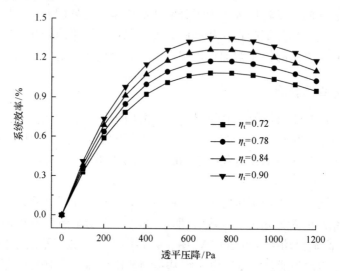

图 3-10　透平压降和透平效率对系统效率的影响

3.3.2　烟囱高度和直径的影响

分析烟囱高度和直径对系统效率的影响时，采用的太阳能热气流发电系统基本结构参数如下：集热棚直径为 2000m、太阳辐射为 500W/m²、透平压降为 800Pa、环境温度为 20℃、透平效率为 0.72。烟囱高度的变化范围为 800～1200m，其直径变化范围为 40～140m。图 3-11 为该结构参数下的数值模拟结果。

由图 3-11 可见，随着烟囱直径的增加，系统效率也增加，但是当烟囱直径增加到一定值后，系统效率的增加趋于平缓，造成这种结果的可能原因如下：图中所示计算结果均在透平压降为 800Pa 时取得，对于烟囱高度相同而直径不同的太阳能热气流发电系统，800Pa 并非系统的最佳透平压降，图中只给出了一种比较依据下的结果，但在一定范围内，适当增加烟囱直径对提高系统效率有利。另外，由图 3-11 易见，烟囱高度对系统效率的影响极为显著。当烟囱直径为 100m，烟囱高度从 800m 增加到 1200m 时，系统效率从 0.90% 增加到 1.40% 左右。因此，烟囱高度是系统效率的决定性影响因素之一，但大幅增加烟囱高度会显著增加系

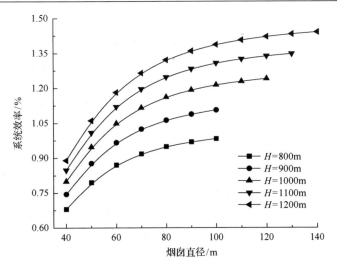

图 3-11 烟囱高度和直径对系统效率的影响

统成本，对于小型太阳能热气流发电系统，采用过高的烟囱会使系统的初投资过大，因此需要根据系统的规模选择相应的烟囱高度。

3.3.3 集热棚直径的影响

分析集热棚直径对系统效率的影响时，采用的太阳能热气流发电系统基本结构参数如下：烟囱高度为 900m、烟囱直径为 90m、太阳辐射为 500W/m²、环境温度为 20℃、透平效率为 0.72、集热棚直径为 1000～3000m。图 3-12 为相应的数值模拟结果。

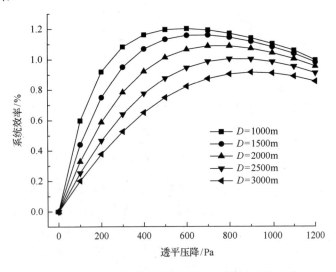

图 3-12 集热棚直径和透平压降对系统效率的影响

由图 3-12 可见，集热棚直径和透平压降的共同作用对系统效率的影响较为复杂。对于给定的集热棚直径，随着透平压降的增加，系统效率呈先增大再减小的趋势；而对于给定的透平压降，集热棚直径越大，系统效率越小。集热棚吸收的能量一部分用于提高热气流的速度，一部分向地底传递，还有一部分通过集热棚顶棚向周围环境散失。可以做出如下假想：当集热棚面积为零时，系统内空气的流动只能依赖于烟囱的作用，此时系统效率最高；而随着集热棚面积的增加，热气流速度的增加是有限的，从而使集热棚内热能转换为动能的效率不断减小，通过地底传递以及通过集热棚顶棚散失的能量不断增加。因此，系统效率随着集热棚面积的增大而减小。此外，由图 3-12 还可看到，随着集热棚直径的增加，系统效率达到极大值所对应的透平压降逐渐增加，这是因为集热棚面积的增加使系统抽力增加，从而使透平最佳运行工况下的压降逐渐增加。

3.3.4   太阳辐射的影响

分析太阳辐射对系统效率的影响时，采用的太阳能热气流发电系统基本结构参数如下：烟囱高度为 900m、烟囱直径为 90m、集热棚直径为 2000m、环境温度为 20℃、透平效率为 0.72。太阳辐射为 400～800W/m²，计算结果如图 3-13 所示。

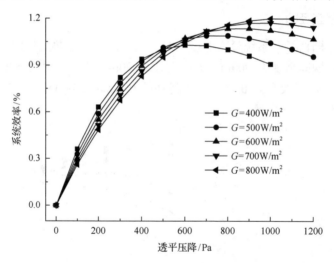

图 3-13   太阳辐射和透平压降对系统效率的影响

由图 3-13 可见，太阳辐射和透平压降对系统效率的影响也很复杂。当透平压降较小时，太阳辐射越小，系统效率越高；当透平压降较大时，太阳辐射越大，系统效率越高。前者是因为在低透平压降条件下，当太阳辐射很小时，大量的能量用于加热空气流，使系统得以高效率运行，而随着透平压降增加，系统流量减小，土壤表面温度升高，空气温度升高，向地底储存的能量以及向集热棚顶棚散失的能量增加，从而使系统效率降低。后者是因为较高的太阳辐射增加了系统的抽力，在低透平压降下，系统流速显著增加，此时只有增加透平压降以输出足够的轴功才可能得到较高的系统效率。另外，由图 3-13 可见，一定太阳辐射下的系统效率除极值点外，同一系统效率对应两个透平压降，计算表明，较低的透平压降带走更多的流量，较高的透平压降则导致流量减小，储能相应有所增加。考虑到系统的稳定连续运行特征，透平压降取得大一点更好。

3.3.5　环境温度的影响

分析环境温度对系统效率的影响时，采用的太阳能热气流发电系统基本结构参数如下：烟囱高度为 900m、烟囱直径为 90m、集热棚直径为 2000m、太阳辐射为 500W/m²、透平效率为 0.72。环境温度为 −10～30℃，计算结果如图 3-14 所示。

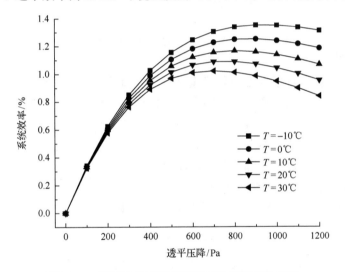

图 3-14　环境温度和透平压降对系统效率的影响

由图 3-14 易见，给定透平压降时，随着环境温度的降低，系统效率增加。当透平压降较小时，系统效率随环境温度的降低而增加的幅度很小，反之，当透平压降较高时，系统效率随环境温度的降低而增加的幅度较大。应当注意，实际运行的太阳能热气流发电系应取效率峰值前后所对应的透平压降范围；另外，环境温度并非越低越好，在冬春季节，太阳辐射一般较弱，且低温环境下系统各部件能否正常运行也需要引起特别的注意。

由此可见，随着透平压降和烟囱高度的增加，系统效率显著增加，而烟囱直径对系统效率的影响较小；随着集热棚直径、环境温度的增加，系统效率减小；太阳辐射对系统效率的影响则比较复杂，低透平压降、低太阳辐射或高透平压降、高太阳辐射时系统效率较高。

3.4　系统效率的影响因素定量分析

3.4.1　影响因素分析

前面已述及，对太阳能热气流发电系统具有影响的参数应包括如下一些关键点：太阳辐射的变化；环境风速对集热棚顶棚和烟囱壁面的对流换热影响；顶棚的穿透率和吸收率；地表蓄热层的发射率、吸收率、导热系数、温度、厚度等；环境空气温度、密度、比定压热容等物性参数，湿度及温度和密度随高度的变化；浮升力；集热棚形状和半径、高度等；烟囱的高度、半径、形状等；集热棚以及烟囱内空气与各部件的对流换热影响以及各部件之间的各种能量传递机制；空气沿程流动阻力损失和局部损失；透平压降和效率。这些因素相互影响，并不是独立的，归结如下。

(1)工质性质：空气温度、密度、压力、体胀系数、比定压热容、导热系数、相对湿度。

(2)环境条件：环境温度、环境速度、环境植被、云层系数。

(3)几何尺寸：集热棚和烟囱的高度、直径与形状，蓄热层厚度和分布。

(4)物理性质：集热棚吸收率和发射率，蓄热层吸收率和发射率(上表面的植被)，蓄热层的比定压热容和密度，导热系数。

(5)透平性质：透平压降，翼型、通道阻力。

(6)太阳辐射(随时间周期性变化)。

系统发电功率可以认为是上述六组参数的函数：

$$P = f(a, e, g, p, t, S) \tag{3-5}$$

式中，a 为工质性质；e 为环境条件；g 为几何尺寸；p 为各种材料的物理性质；t 为透平性质；S 为太阳辐射。各自的表达式依次如下：

$$a = f(T, \rho, p, \beta, c_p, \lambda, d_{\text{humidity}}) \tag{3-6}$$

$$e = f(T_e, V_e, P_e, C_{\text{plant}}, C_{\text{cloudy}}, d_{\text{humidity}}) \tag{3-7}$$

$$g = f(H_{\text{coll}}, D_{\text{coll}}, \Omega_{\text{shap,coll}}, D_{\text{stor}}, \Omega_{\text{stor,distrib}}, H_{\text{chim}}, D_{\text{chim}}, \Omega_{\text{shap,chim}}) \tag{3-8}$$

$$p = f(\alpha_{\text{cano}}, \varepsilon_{\text{cano}}, \alpha_{\text{stor}}, \varepsilon_{\text{stor}}, \lambda_{\text{stor}}, \rho_{\text{stor}}, c_{p,\text{stor}}) \tag{3-9}$$

$$t = f(\Delta P_{\text{turb}}, \Omega_{\text{turb}}, \eta_{\text{turb}}) \tag{3-10}$$

$$S = f(\tau) \tag{3-11}$$

式中，T、ρ、p、β、c_p、λ、$d_{humidity}$ 分别为空气温度、密度、压力、体胀系数、比定压热容、导热系数、相对湿度；T_e、V_e、P_e、C_{plant}、C_{cloudy} 分别为环境温度、环境风速、环境压力、环境植被、云层系数；H_{coll}、D_{coll}、$\Omega_{shap,coll}$、D_{stor}、$\Omega_{stor,distrib}$、H_{chim}、D_{chim}、$\Omega_{shap,chim}$ 分别为集热棚高度、集热棚直径、集热棚形状、蓄热层直径、蓄热层分布、烟囱高度、烟囱直径、烟囱形状；α_{cano}、ε_{cano}、α_{stor}、ε_{stor}、λ_{stor}、ρ_{stor}、$c_{p,stor}$ 分别为集热棚顶棚吸收率、集热棚顶棚发射率、蓄热层吸收率、蓄热层发射率、导热系数、蓄热层密度、蓄热层比定压热容；ΔP_{turb}、Ω_{turb}、η_{turb} 分别为透平压降、翼型、效率；τ 为时间。

3.4.2　发电功率影响因素分析

从总体上来说，工质性质对发电效率有一定的影响。工质温度影响最大，其次是湿度的影响，其主要影响工质的密度、比定压热容和焓。环境空气温度越低，系统效率越高；天气和气候影响也十分显著，其主要影响进入系统的太阳辐射。关键几何尺寸包括集热棚的直径、烟囱高度和直径，蓄热层厚度直接影响储热和系统效率。光学特性有三个方面的影响：一是影响进入系统的太阳辐射；二是影响系统的温度分布；三是影响发电功率。透平性质的影响如下：高效率低压降的透平对发电功率影响显著，同时需要减少流动阻力以提高透平压降。太阳辐射呈现周期性变化。

3.4.3　用于计算的参数选择方法

为了分析各参数对系统发电特性的影响，需要指定各参数的选择范围。

太阳辐射选择：$200W/m^2$、$400W/m^2$、$600W/m^2$、$800W/m^2$，一般条件下以 $500W/m^2$ 为估计值。

环境温度选择：$-10℃$、$20℃$、$30℃$（恶劣条件）。

集热棚面积：按 $1km^2$ 或 $3km^2$ 选择。

集热棚的高度按下述标准来估算：10MW 级系统，自集热棚进口至其出口斜坡设计，变化范围为 $2.5\sim10m$，50MW 级则为 $3\sim25m$。

烟囱高度选择：根据效率配合集热棚面积计算得到，烟囱高径比为 $5:1\sim9:1$ 最佳，从发电功率上讲，高径比小一点较好，从成本上讲，高径比大一点好。

透平压降选择：普通太阳辐射条件下，根据烟囱高度选择最高透平压降，差别不太大。太阳辐射变化时，透平压降最优值迁移。

透平效率选择：72%时比较合适。

光学参数选择：普通光学参数（用了两三年之后）。

3.4.4 六条因素的大致影响范围

1) 工质性质

工质性质包括空气温度、密度、压力、体胀系数、比定压热容、导热系数、湿度。环境空气温度仅沿高度方向变化，高度越高，温度越低。西北地区缺水，因此湿度变化十分微弱，空气温度主要受到其他因素的影响，不是独立影响因素。

2) 环境条件

环境温度以 10℃ 为幅度从−10℃变化到30℃，不同温度下的发电峰值分别为19.06231MW、17.65118MW、16.45487MW、15.35694MW、14.41517MW。环境温度对发电峰值的影响范围(波动振幅)为−12.396%～15.846%。

环境速度的影响未知，因为一旦要考虑环境速度的影响，就是风能和太阳能热气流联合互补发电模式问题。目前，国际上尚无对此进行理论和数值模拟分析的研究。环境植被影响发射率和吸收率，天空云层影响太阳辐射。

3) 几何尺寸

本书认为集热棚直径确定，烟囱直径不仅对发电功率有影响，而且起到调节透平压降峰值的作用；蓄热层厚度根据实验确定，无须选取。关键尺寸就是烟囱高度，范围为 800～1200m(以 100m 为幅度变化)，发电峰值分别为 13.85547MW、15.59935MW、17.11956MW、18.43592MW、19.56649MW。烟囱高度对发电峰值的影响范围为−19.066%～14.293%。

4) 物理性质

集热棚顶棚的物理性质包括玻璃的吸收率、穿透率、反射率和发射率，集热棚顶棚材料为玻璃或者薄膜。蓄热层表面的光学特性主要包括吸收率和发射率。

蓄热层表面的吸收率变化范围为 0.5～0.9(以 0.2 为幅度变化)，发电量依次为 9.024569MW、11.787596MW、14.638193MW。蓄热层表面的吸收率对发电峰值的影响范围为−23.44%～24.183%。

顶棚透射率变化范围为 0.5～0.9(以 0.2 为幅度变化)，发电量依次为 7.506913MW、10.802547MW、14.267815MW。顶棚透射率对发电峰值的影响范围为−30.508%～32.078%。

玻璃发射率变化范围为 0.5～0.9(以 0.2 为幅度变化)，发电量依次为 11.238934MW、10.582067MW、9.962450MW。玻璃发射率对发电峰值的影响范围为−5.855%～6.207%。

5) 透平性质

透平效率取值为 0.4、0.6、0.8，发电量依次为 8.853474MW、13.192540MW、

17.474157MW。透平效率对发电峰值的影响范围为–32.45%～32.89%。

6) 太阳辐射

太阳辐射取值为 200W/m²、600W/m²、1000W/m²，发电峰值依次为 5.085784MW、10.101439MW、22.021808MW。太阳辐射对发电峰值的影响范围为–50%～120%。

结论：影响系统发电功率的几个关键参数为太阳辐射、透平效率、集热棚顶棚透射率、蓄热层表面的吸收率、烟囱高度和直径、环境温度。

太阳能热气流发电系统的系统效率是决定系统出力的一个重要影响因素。一般而言，系统效率与太阳辐射、烟囱高度、集热棚顶棚的透射率、蓄热层表面的吸收率、环境温度等诸多因素有关。对于中大型商用太阳能热气流发电系统，其系统效率为 1%～2%，相当于平均每平方千米的集热棚出力 7～14MW。

由上述分析可知，系统效率的影响因素作用如表 3-2 所示。这些影响因素对系统的造价均存在不同程度的影响。

表 3-2　系统效率关键影响因素

影响参数	对系统效率影响程度排序	参数提高对造价的影响	核心技术
太阳辐射	1	显著下降	科学选址
透平效率	2	显著下降	设计制造
集热棚顶棚透射率	3	显著下降	材料特性
蓄热层表面的吸收率	4	下降	储热设计
烟囱高度和直径	5	上升十分显著	高耸结构设计
环境温度	6	上升	科学选址

3.5　本章小结

系统效率是太阳能热气流发电技术的一个关键参数，本章以此为对象，建立了系统的理想循环效率和运行效率模型，提出了提高系统效率的方法，分析了系统效率的影响因素。分析结果表明，系统理想循环效率与烟囱高度成正比，和环境温度成反比。对于 1000m 高的烟囱，理想循环效率为 3.25%，运行极限效率为 2.7%，运行优化效率为 2.2%。在一般的太阳辐射条件下，即太阳辐射为 500W/m²，集热棚面积为 1km² 的太阳能热气流发电系统发电 15～20MW 时，相应的系统效率要达到 3%～4%，因此该要求难以实现。当烟囱高度为 1000m，太阳辐射为 1000W/m²，同时透平效率为 90%，透平压降高于 400Pa 时，集热棚面积为 1km² 的太阳能热气流发电系统可以发电 15～20MW。

本章进一步分析了系统效率的影响因素，并对各影响因素的作用进行了分析，分析与计算结果表明，系统发电功率发生波动的主要原因如下：太阳辐射的影响范围（波动振幅）为-50%～120%；透平效率的影响范围为-32.45%～32.89%；顶棚透射率的影响范围为-30.508%～32.078%；蓄热层表面的吸收率的影响范围为-23.44%～24.183%；烟囱高度的影响范围为-19.066%～14.293%；环境温度的影响范围为-12.396%～15.846%。

参 考 文 献

[1] Haaf W, Friedrich K, Mayer G, et al. Solar chimneys. International Journal of Solar Energy, 1983, 2: 3-20.

[2] Haaf W, Friedrich K, Mayer G, et al. Solar chimneys. International Journal of Solar Energy, 1984, 2: 141-161.

[3] Schlaich J. The Solar Chimney. Stuttgart: Edition Axel Menges, 1995.

[4] Mullett L B. The solar chimney-overall efficiency, design and performance. International Journal of Ambient Energy, 1987, 8(1): 35-40.

[5] 孙喆, 刘征. 太阳能-风能综合发电装置中温室型空气集热器的性能分析. 太阳能学报, 1985(1): 76-82.

[6] Lodhi M A K. Thermal collection and storage of solar energies. Proceedings of International Symposium: Workshop on SiliconTechnology Development, 1987.

[7] Thomas L. Optimizing collector efficiency of a solar chimney power plant. Solar Energy, 1985, 4: 219-222.

[8] Pastohr H, Kornadt O, Gurlebeck K. Numerical and analytical calculations of the temperature and flow field in the upwind power plant. International Journal of Energy Research, 2004, 28(6): 495-510.

[9] Pasumarthi N, Sherif S A. Experimental and theoretical performance of a demonstration solar chimney model-Part I: Mathematical model development. International Journal of Energy Research, 1998, 22(3): 277-288.

[10] Ming T Z, Wei L, Xu G L. Analytical and numerical investigation of the solar chimney power plant systems. International Journal of Energy Research, 2006, 30(11): 861-873.

[11] Xu G L, Ming T Z, Pan Y A, et al. Numerical analysis on the performance of solar chimney power plant system. Energy Conversion and Management, 2011, 52(2): 876-883.

[12] Gannon A J, von Backström T W. Solar chimney turbine performance. Journal of Solar Energy Engineering-Transactions of the ASME, 2003, 125(1): 101-106.

[13] von Backström T W, Gannon A J. Solar chimney turbine characteristics. Solar Energy, 2004, 76(1-3): 235-241.

[14] Denantes F, Bilgen E. Counter-rotating turbines for solar chimney power plants. Renewable Energy, 2006, 31(12): 1873-1891.

[15] Foote T, Agarwal R. Power generation from wind turbines in a solar chimney. Proceedings of the ASME 5th International Conference on Energy Sustainability 2011, Washington, 2012: 2039-2047.

[16] Fluri T P, von Backström T W. Comparison of modelling approaches and layouts for solar chimney turbines. Solar Energy, 2008, 82(3): 239-246.

[17] Guo P H, Li J Y, Wang Y, et al. Numerical analysis of the optimal turbine pressure drop ratio in a solar chimney power plant. Solar Energy, 2013, 98: 42-48.

[18] 明廷臻, 刘伟, 高敏, 等. 太阳能热气流电站透平布置位置研究. 可再生能源, 2006(5): 6-8.

[19] 时笑阳, 明廷臻, 许国良, 等. 太阳能热气流发电系统透平发电及其能量损失. 华东电力, 2009(4): 665-668.

[20] 宫园园, 路海滨, 周艳, 等. 透平机组对立式太阳能热气流电站运行性能的影响. 热力发电, 2015(5): 12-16.

[21] Lodhi M A K, Sulaiman M Y. Helio-aero-gravity electric power production at low cost. Renewable Energy, 1992, 2(2): 183-189.

[22] Sathyajith M, Geetha S P, Ganesh B, et al. Helio-aero-gravity effect. Applied Energy, 1995, 51: 87-91.

[23] Lodhi M A K. Application of helio-aero-gravity concept in producing energy and suppressing pollution. Energy Conversion and Management, 1999, 40(4): 407-421.

[24] Nizetic S, Ninic N. Analysis of overall solar chimney power plant efficiency. Strojarstvo, 2007, 49(3): 233-240.

[25] Kasaeian A B, Heidari E, Vatan S N. Experimental investigation of climatic effects on the efficiency of a solar chimney pilot power plant. Renewable & Sustainable Energy Reviews, 2011, 15(9): 5202-5206.

第4章 太阳能热气流发电系统的流动与传热特性

4.1 概 述

太阳能热气流发电系统的四个关键部件是集热棚、蓄热层、透平和烟囱。集热棚的主要作用是收集太阳辐射，使太阳辐射最大限度地透过集热棚并快速传递给空气，同时使集热棚具有良好的隔热性能，以防止大量能量的损失，是提高系统效率的关键手段之一。

烟囱是提高系统抽力、系统输出功率、能量转换与利用效率的重要部件，烟囱的结构对于系统内部流体流动的影响十分重要，Sherif 课题组[1-7]设计了渐缩式烟囱结构，而 Schlaich 等设计的大规模太阳能热气流发电系统的烟囱结构是渐扩式的[8, 9]，小规模的太阳能热气流发电系统为直筒式[10-19]，von Backström 设计了渐扩式烟囱结构[20-22]。显然，烟囱结构对系统内部压力场和速度场的影响十分显著，从而也决定了风力透平的类型和布置方案的选择。然而，如果综合考虑烟囱强度和风载阻力以及抗地震的设计优化分析，有的烟囱则采用了双曲型结构[23-30]。

关于透平的设计与优化计算主要见于南非的 von Backström 课题组[21, 22, 31-38]的研究。其对包含入口导流叶片、单机透平的集热棚出口和烟囱进口的太阳能热气流发电系统的透平区域进行了流体流动数值模拟，分析了壁面阻力损失系数、集热棚顶棚高度、烟囱直径、透平直径和叶片形状对透平进出口压降的影响。

铺设蓄热层的太阳能热气流发电系统，既可以白天运行，也可以在阴雨多云的天气或晚上运行。在白天，太阳辐射通过集热棚的透明材料进入系统，加热蓄热层表面。当蓄热介质吸热时，其温度升高并将能量蓄积起来，与此同时，蓄热层表面也向集热棚内空气传递热量。Pastohr 等[39]首先对包括集热棚、透平、蓄热层和烟囱的系统进行了稳态流动与传热计算，但蓄热层被认为是固体材料，没有考虑蓄热介质内部流体流动与传热特性对整个系统的影响，也没有分析蓄热层的蓄热特性对系统的影响。

本章主要集中于如下几点展开分析：建立包括集热棚、蓄热层、透平及烟囱的太阳能热气流发电系统流动与传热特性数学模型和发电模型；分析系统能量的传递和损失机制；对烟囱的结构进行优化分析，提出合适的烟囱结构；对于具有商业应用可能性的 10MW 级的太阳能热气流发电系统，根据计算结果提出两种可能的设计结构方案。

4.2　流动与传热特性数学模型

4.2.1　数学模型

要判断系统内流体流动过程是湍流还是层流，可根据流体在系统中自然对流过程的瑞利数 Ra 来判断：

$$Ra = \frac{g\beta(T_h - T_c)L^3}{av} \tag{4-1}$$

式中，T_h、T_c 分别为系统的最高温度和最低温度；L 为特征尺寸；a 为热扩散率；v 为运动黏度。

经分析，太阳能热气流发电系统的 $Ra > 10^{10}$，所以整个系统内的流体流动应当为旺盛的湍流。相应的连续性方程、纳维-斯托克斯方程、能量方程和湍流方程如下：

$$\frac{\partial \rho}{\partial t} + \frac{\partial(\rho u)}{\partial x} + \frac{\partial(\rho v)}{\partial y} = 0 \tag{4-2}$$

$$\frac{\partial(\rho u)}{\partial t} + \frac{\partial(\rho uu)}{\partial x} + \frac{\partial(\rho vu)}{\partial y} = \rho g\beta(T - T_\infty) + \mu\left(\frac{\partial^2 u}{\partial x^2} + \frac{\partial^2 u}{\partial y^2}\right) \tag{4-3}$$

$$\frac{\partial(\rho v)}{\partial t} + \frac{\partial(\rho uv)}{\partial x} + \frac{\partial(\rho vv)}{\partial y} = -\frac{\partial p}{\partial y} + \mu\left(\frac{\partial^2 v}{\partial x^2} + \frac{\partial^2 v}{\partial y^2}\right) \tag{4-4}$$

$$\frac{\partial(\rho cT)}{\partial t} + \frac{\partial(\rho cuT)}{\partial x} + \frac{\partial(\rho cvT)}{\partial y} = \lambda\left(\frac{\partial^2 T}{\partial x^2} + \frac{\partial^2 T}{\partial y^2}\right) \tag{4-5}$$

$$\frac{\partial}{\partial t}(\rho k) + \frac{\partial}{\partial x_i}(\rho k u_i) = \frac{\partial}{\partial x_j}\left[\left(\mu + \frac{\mu_t}{\sigma_k}\right)\frac{\partial k}{\partial x_j}\right] + G_k + G_b - \rho\varepsilon + S_k \tag{4-6}$$

$$\frac{\partial}{\partial t}(\rho\varepsilon) + \frac{\partial}{\partial x_i}(\rho\varepsilon u_i) = \frac{\partial}{\partial x_j}\left[\left(\mu + \frac{\mu_t}{\sigma_\varepsilon}\right)\frac{\partial\varepsilon}{\partial x_j}\right] + C_{1\varepsilon}(G_k + C_{3\varepsilon}G_b) - C_{2\varepsilon}\rho\frac{\varepsilon^2}{k} + S_\varepsilon \tag{4-7}$$

式中，G_k 为由平均速度梯度引起的湍流动能产生项，$G_k = -\rho\overline{u_i'u_j'}\frac{\partial u_j}{\partial x_i}$；$G_b$ 为由浮升力引起的湍流动能产生项；σ_k 和 σ_ε 分别为 k-ε 方程常数；β 为体胀系数，$\beta \approx 1/T$；c 为比定压热容；μ 为湍流黏性；S_k、S_ε 分别为 k、ε 的源项；$C_{1\varepsilon}$、$C_{2\varepsilon}$、$C_{3\varepsilon}$ 为三个常数。

蓄热层内气体与集热棚和烟囱内空气的流动相互影响，在研究蓄热层内气体的传热与流动特性时，需将集热棚、烟囱与蓄热层内的流体作为一个整体来考虑。太阳能热气流发电系统蓄热层的材料为土壤、砾石、砂等，因此可视为多孔介质。与集热棚和烟囱内气体的流动相比，多孔介质内的流动非常微弱，一般为层流，因此进行数值模拟时拟采用 Brinkman-Forchheimer Extended Darcy 模型[40-42]：

$$\frac{\partial \rho}{\partial t} + \frac{\partial(\rho u_d)}{\partial x} + \frac{\partial(\rho v_d)}{\partial y} = 0 \tag{4-8}$$

$$\frac{\rho}{\varphi}\frac{\partial u_d}{\partial t} + \frac{\rho}{\varphi^2}\left(u_d\frac{\partial u_d}{\partial x} + v_d\frac{\partial u_d}{\partial y}\right) = -\frac{\partial p_r}{\partial x} + \frac{\partial}{\partial x}\left(\mu_m\frac{\partial u_d}{\partial x}\right) + \frac{\partial}{\partial y}\left(\mu_m\frac{\partial u_d}{\partial y}\right) \\ -\left(\frac{\mu}{K} + \frac{\rho C}{\sqrt{K}}|u_d|\right)u_d + \rho g \beta(T - T_\infty) \tag{4-9}$$

$$\frac{\rho}{\varphi}\frac{\partial v_d}{\partial t} + \frac{\rho}{\varphi^2}\left(u_d\frac{\partial v_d}{\partial x} + v_d\frac{\partial v_d}{\partial y}\right) = -\frac{\partial p_r}{\partial y} + \frac{\partial}{\partial x}\left(\mu_m\frac{\partial v_d}{\partial x}\right) + \frac{\partial}{\partial y}\left(\mu_m\frac{\partial v_d}{\partial y}\right) \\ -\left(\frac{\mu}{K} + \frac{\rho C}{\sqrt{K}}|v_d|\right)v_d \tag{4-10}$$

$$\rho c\left(\frac{\partial T}{\partial t} + u_d\frac{\partial T}{\partial x} + v_d\frac{\partial T}{\partial y}\right) = \frac{\partial}{\partial x}\left(\lambda_m\frac{\partial T}{\partial x}\right) + \frac{\partial}{\partial y}\left(\lambda_m\frac{\partial T}{\partial y}\right) \tag{4-11}$$

式中，u_d、v_d 分别为两个方向的蓄热层的达西速度；φ、μ_m、λ_m 分别为蓄热层的孔隙率、有效黏度和表观导热系数，$\lambda_m = (1-\varphi)\lambda_s + \varphi\lambda_a$，$\lambda_s$ 和 λ_a 分别为蓄热层中固体材料和空气的导热系数，$\mu_m = \mu/\varphi$，μ 为蓄热层多孔介质区空气的动力黏度；K、C 分别为蓄热层的渗透率、惯性系数：

$$K = d_b{}^2\varphi^3 / \left[175(1-\varphi)^2\right] \tag{4-12}$$

$$C = 1.75\varphi^{-1.5} / \sqrt{175} \tag{4-13}$$

式中，d_b 为多孔介质材料的粒径。

4.2.2　边界条件

1) 集热棚顶部玻璃表面的热平衡条件

$$Q_{g,air} + Q_{g,e} + Q_{g,stor} + Q_{g,sky} + \alpha Q_{solar} = 0 \tag{4-14}$$

式中，$Q_{g,air}$ 为集热棚表面与棚内空气的对流换热量，由于集热棚表面与棚内空气之间的温度相差并不大，忽略二者之间的辐射换热量。$Q_{g,air} = A_g h_{g,air}(T_g - T_{air})$，$A_g$ 为集热棚表面积，$h_{g,air}$ 为集热棚表面与棚内空气的对流换热系数，T_g、T_{air} 分别为集热棚表面和棚内空气的热力学温度。

$Q_{g,e}$ 为集热棚表面与环境空气的对流换热量，$Q_{g,e} = A_g h_{g,e}(T_g - T_e)$，$h_{g,e}$ 为集热棚表面与环境空气的对流换热系数，T_e 为环境空气的热力学温度。

$Q_{g,stor}$ 为集热棚表面与集热棚下部蓄热层表面之间的辐射换热量，将集热棚表面和蓄热层表面之间的辐射换热视为两个面积相等的平行平板之间的辐射换热，忽略集热棚入口和出口的辐射损失，于是有 $Q_{g,stor} = A_g \sigma(T_g^4 - T_{stor}^4)$，$\sigma$ 为斯特藩-玻尔兹曼常数，T_{stor} 为蓄热层表面热力学温度。

$Q_{g,sky}$ 为集热棚表面与天空的辐射换热量，$Q_{g,sky} = A_g \sigma(T_g^4 - T_{sky}^4)$。

Q_{solar} 为集热棚所接收的太阳辐射；α 为集热棚透明材料对太阳辐射的吸收率。

2) 蓄热层表面条件

蓄热层表面的热平衡条件如下：

$$Q_{stor,air} + Q_{stor,g} + Q_{stor,down} + \eta \Gamma Q_{solar} = 0 \tag{4-15}$$

蓄热层表面温度较高，蓄热层表面和棚内空气的辐射换热不可忽略，因此式 (4-15) 中，$Q_{stor,air}$ 为蓄热层表面与棚内空气之间的总换热量，$Q_{stor,air} = A_{stor} h_{stor,air} \times (T_{stor} - T_{air})$，其中 A_{stor} 为蓄热层表面的换热面积，$A_{stor} = A_g$，$h_{stor,air}$ 为蓄热层表面与棚内空气的折算对流换热系数，$h_{stor,air} = h + \sigma(T_{stor} + T_{air})(T_{stor}^2 + T_{air}^2)$，此处 h 为蓄热层表面与棚内空气的对流换热系数。

$Q_{stor,g}$ 为蓄热层表面与集热棚表面之间的辐射换热量，根据前面的分析，应有 $Q_{stor,g} = -Q_{g,stor} = A_g \sigma(T_{stor}^4 - T_g^4)$。

$Q_{stor,down}$ 为蓄热层表面向蓄热层内部多孔介质的换热量。蓄热层内存在导热，也存在对流，但其流动极其微弱，所以可考虑采用傅里叶定律，$Q_{stor,down} = -A_{stor} \lambda_m \dfrac{dT}{dx}$，其中，$\lambda_m$ 为多孔介质的表观导热系数，在边界处拟采用调和平均值。

Γ 为集热棚材料对太阳辐射的透过率，η 为蓄热层表面对太阳辐射的吸收率。蓄热层表面的其他条件如下：

$$u|_{x=x_0^+} = u|_{x=x_0^-}, \quad v|_{x=x_0^+} = v|_{x=x_0^-}, \quad p|_{x=x_0^+} = p|_{x=x_0^-} \tag{4-16}$$

$$\mu_m \left(\frac{\partial u_d}{\partial y} + \frac{\partial v_d}{\partial x} \right)\Bigg|_{x=x_0^+} = \mu_m \left(\frac{\partial u}{\partial y} + \frac{\partial v}{\partial x} \right)\Bigg|_{x=x_0^-} \tag{4-17}$$

3) 蓄热层底部条件

根据实际情况，可给定第一类边界条件：T 为常数，该常数可根据实际需要选取。

4) 蓄热层内外四周边界条件

$$\frac{\partial T}{\partial y}=0 , \quad u_{\mathrm{d}}=0 , \quad v_{\mathrm{d}}=0 \tag{4-18}$$

5) 烟囱表面平衡条件

考虑到能量通过烟囱表面向外散失更加符合实际,给定第三类边界条件如下:

$$-\lambda\left(\frac{\partial T}{\partial y}\right)_{\mathrm{w}}=h(T_{\mathrm{w}}-T_{\mathrm{e}}) \tag{4-19}$$

式中, $h=5.7+3.8v_{\mathrm{enviro}}$, v_{enviro} 为外界环境风速; T_{w} 为地面温度; T_{e} 为外界环境温度。

6) 集热棚进口条件

进口处压力与外界环境相等,可设置进口压力条件:

$$p_{r,\mathrm{inlet}}=0 \tag{4-20}$$

7) 初始条件

上述边界条件中的 Q_{solar} 在一天内总是随时间发生变化,因此,分析有蓄热层的太阳能热气流发电系统的非稳态传热与流动特性时,应当改变蓄热层表面太阳辐射条件,增加气象因素以及系统初始条件:

$$\tau=0, \quad T_{\mathrm{enviro}}=常数, \quad u=0, \quad v=0 \tag{4-21}$$

8) 气象条件

集热棚进口温度如下:

$$T_{\mathrm{inlet}}=\overline{T_{\mathrm{e}}}+T_{\mathrm{sw}}\sin\left[\frac{\pi}{12}(\tau-2)\right] \tag{4-22}$$

式中, $\overline{T_{\mathrm{e}}}$ 、 T_{sw} 分别为环境气温的日平均值和日变幅值; τ 为时间。这两者要根据不同地区的实际天气情况来选取。太阳辐射条件如下:

$$Q_{\mathrm{solar}}=\begin{cases} Q_{\mathrm{solar,max}}\sin\left(\dfrac{\tau-24k}{12}\pi\right), & 0\leqslant\tau-24k<12, \quad k=0,1,\cdots,4 \\ 0 & , \quad 12\leqslant\tau-24k<24, \quad k=0,1,\cdots,4 \end{cases} \tag{4-23}$$

式中, $Q_{\mathrm{solar,max}}$ 为太阳辐射的最大值。

数值求解计算集热棚和烟囱内的流动时采用标准 k-ε 模型,蓄热介质内部的流动采用多孔区层流模型,壁面处理采用标准壁面函数法,压力-速度的耦合采用 SIMPLE 算法,动量方程和能量方程及其他方程均采用 QUICK(quadratic upwind interpolation of convective kinematics)格式。模型常数的取值参见文献[41]。

　　将该系统简化为二维模型，但关于透平压降设定的处理方法与文献[39]有所不同，是通过给定轴流透平的压头，然后根据式(4-24)计算其对外输出的轴功率。这是由于太阳能热气流发电系统的透平属于轴流式风力透平，其功率输出不遵循贝茨理论：

$$W_t = \eta_t \Delta p V \qquad (4-24)$$

式中，W_t 为系统通过透平向外输出的轴功率；η_t 为透平效率，取 72%；Δp 为透平压降；V 为系统体积流量。

4.3　计算结果与分析

4.3.1　模型验证

　　计算模型取自西班牙实验电站模型，基本尺寸可参见文献[28]，如图 4-1 所示，实验数据日期为 1982 年 9 月 2 日，计算条件取自文献[30]，太阳辐射和环境参数是系统数值模拟的重要条件。数值模拟结果与实验结果的比较如图 4-2 所示。由图 4-2 可见，数值模拟结果与实验结果符合良好，最大误差不超过 5%。数值模拟结果略高于实验结果，同时系统平滑，这主要是由于环境风速没有实验数值，数值模拟时为了评估环境风速的影响，采用的值为 2m/s，由此引起的偏差可以忽略不计。上述计算对比结果表明了数值模拟方法的有效性。

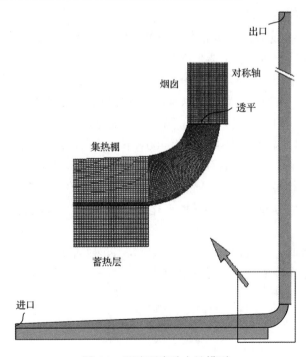

图 4-1　西班牙实验电站模型

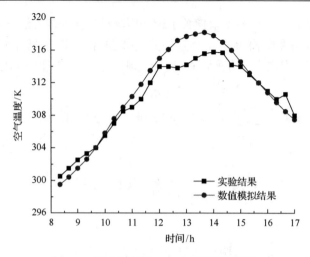

图 4-2　数值模拟结果与实验结果的比较

4.3.2　系统流场

　　太阳能发电和风能发电是现有可再生能源发电技术的主要方式。太阳能热气流发电系统和自由风场的透平具有显著的不同。前者基于压力，透平前后流体压力变化显著而流速不会发生明显的变化；后者基于速度，透平前后的压力不会发生明显变化而速度变化显著。

　　图 4-3～图 4-5 显示了太阳辐射为 400W/m^2、透平压降为 0Pa 时系统的流动与传热特征。透平压降为 0Pa 表示透平没有对外输出功率，系统空载运行。由图 4-3 可见，系统内的相对压力全部小于 0Pa，其中，烟囱底部的相对压力最小。同时，其速度也达到了 14.2m/s。另外，系统内部的温度达到 307.321K，与环境相比，温升达到 15K，显然，空载条件下，系统温度变化不显著。

　　图 4-6～图 4-9 显示了太阳辐射为 400W/m^2、透平压降为 120Pa 时系统的流动与传热特征。图 4-6 为太阳辐射为 400W/m^2 以及透平压降为 120Pa 时，太阳能热气流发电系统的相对压力分布。显然，与未布置透平的空载情况计算结果相比，系统内的相对压力分布发生了显著的变化。其中，在透平区域的压力降极为显著，这是因为透平有一个 120Pa 的压力降，数值模拟结果正好反映了这种情况。此外，当透平压降增大时，系统内外的压力差增大，烟囱内的速度减小，温度升高，这主要是因为透平压降的增大导致流速减小，从而流体在集热棚内部加热的时间延长，烟囱出口温度升高。

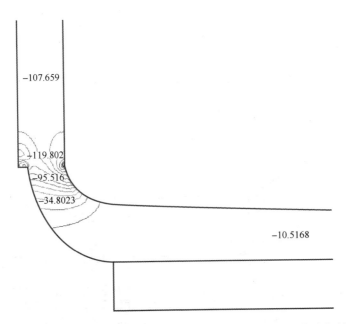

图 4-3　太阳辐射、透平压降分别为 400W/m² 和 0Pa 时系统相对压力分布(单位：Pa)

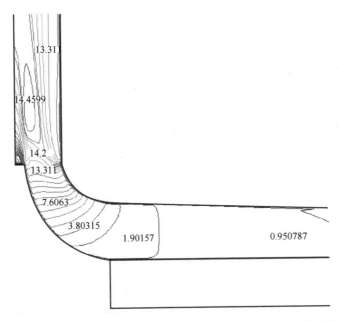

图 4-4　太阳辐射、透平压降分别为 400W/m² 和 0Pa 时系统速度分布(单位：m/s)

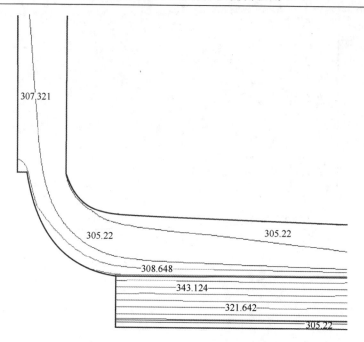

图 4-5　太阳辐射、透平压降分别为 400W/m² 和 0Pa 时系统温度分布（单位：K）

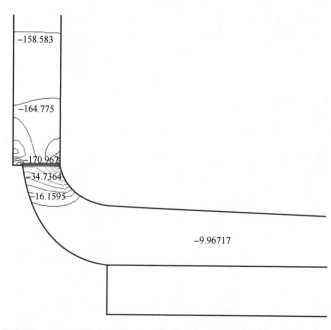

图 4-6　太阳辐射、透平压降分别为 400W/m² 和 120Pa 时系统相对压力分布（单位：Pa）

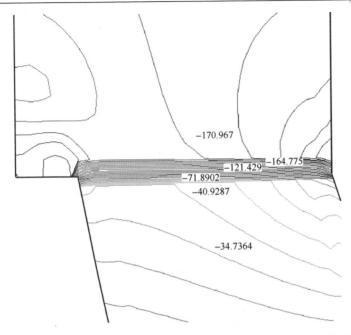

图 4-7　太阳辐射、透平压降分别为 400W/m^2 和 120Pa 时透平区域局部相对压力分布(单位: Pa)

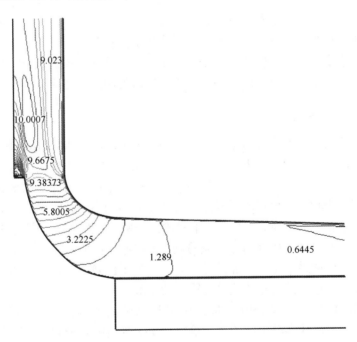

图 4-8　太阳辐射、透平压降分别为 400W/m^2 和 120Pa 时系统速度分布(单位: m/s)

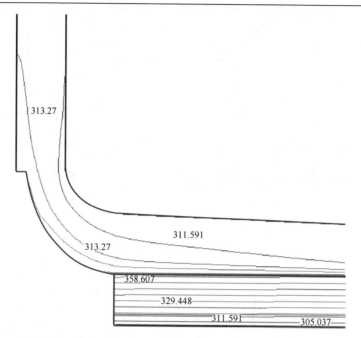

图 4-9　太阳辐射、透平压降分别为 400W/m² 和 120Pa 时系统温度分布(单位：K)

比较透平压降为 0Pa 和 120Pa 的两组计算结果可以发现，透平压降增加，系统内外的压差增加，热气流速度减小，温升增加。这是由于随着透平压降增加，系统抽力中用于透平运行的压头增加，而用于系统流动的压头减小，从而使系统流速减小，流量减小，系统内热气流在集热棚内的加热时间延长，温升增加。

4.3.3　系统运行特征

图 4-10 为不同太阳辐射条件下，透平压降对透平输出功率的影响。由图可见，相同透平压降条件下，随着太阳辐射的增强，系统输出功率变大，这是因为太阳辐射的增强有利于系统内流速的增加，使得相同透平压降条件下系统流量增加，从而使系统输出功率也增加。透平压降对透平输出功率的影响很复杂，当透平压降较小时，随着透平压降的增加，透平的输出功率也逐渐增加，由式(4-24)可见，这主要是因为此时透平压降增加造成的系统流量减小的幅度较小，从而使得系统流量和透平压降的乘积呈现增加的趋势。而当透平压降较高时，增加透平压降，流体流量显著减小，从而导致透平的输出功率减小。

比较图 4-10 与文献[30]中西班牙实验电站的实验结果，当太阳辐射为 750W/m² 时，西班牙实验电站的透平输出功率实验结果为 35kW，而图 4-10 中，当太阳辐射为 200W/m² 时，系统最大输出功率超过 40kW，造成这个显著差异的主要原因是：西班牙实验电站的透平设计没有达到优化值，而传统的计算模型采用贝茨理论[39]，基于速度的自由风场透平风力机与基于压头的透平做功效率存在

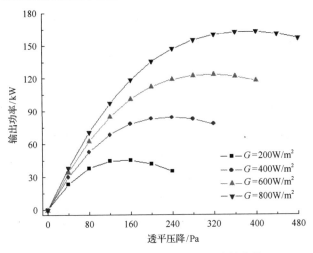

图 4-10　透平输出功率随透平压降的变化

显著的差别,而本书计算结果认为透平是基于压力的,也是理想的,其效率定为易于实现的 80%,这导致了理论计算结果与实验结果存在较大的差异,这种差异为太阳能热气流发电系统的透平结构设计提供了依据。

图 4-11 和图 4-12 为不同太阳辐射条件下,透平压降对烟囱出口温度和出口速度的影响,可见,随着透平压降的提高,烟囱出口温度逐渐升高,而出口速度逐渐降低。这是因为随着透平压降增大,透平对系统内空气的流动产生阻滞作用,使得系统流速减小、流量减小,从而使空气在集热棚内的受热时间延长,因此烟囱出口温度升高。值得指出,在透平压降一定的条件下,随着太阳辐射的增强,系统内部流体流动增强,这种流动的增强来源于自然对流过程中流体被加热的程度较高,因此,烟囱出口温度升高,速度也增加。

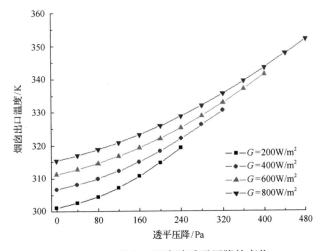

图 4-11　烟囱出口温度随透平压降的变化

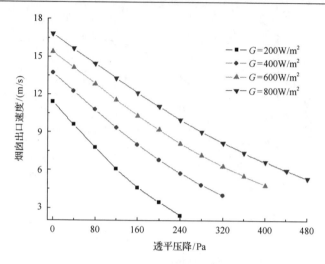

图 4-12 烟囱出口速度随透平压降的变化

由图 4-10～图 4-12 计算结果可见，输出功率与烟囱出口温度、速度随透平压降的变化趋势和文献[43]的计算结果相同，证明本书计算方法能够有效模拟太阳能热气流发电系统的透平发电及系统参数的变化特性。

图 4-13 为太阳辐射为 600W/m² 时，透平效率(用 η_t 表示)和透平压降对透平输出功率的影响。由图可见，除了透平压降对透平输出功率有显著影响，透平效率对其影响也非常显著。当透平压降相同时，透平效率越高，透平输出功率越高，反之，透平效率越低，透平输出功率越低。比较本书计算结果与文献[30]的实验结果，即使透平效率仅为 50%，在太阳辐射为 600W/m²，透平压降在 80～400Pa 范围内时，透平输出功率都大于西班牙实验电站在太阳辐射为 750W/m² 时的输出功率实

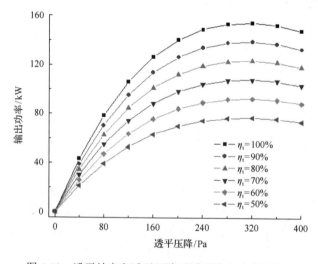

图 4-13 透平效率和透平压降对透平输出功率的影响

验值。由此可见，通过优化透平结构，提高透平效率，可以极大地提高太阳能热气流发电系统的输出功率。此外，图 4-13 也说明了基于压力的太阳能热气流发电系统的透平可以在较大的透平压降范围内运行，且能输出较大的功率。

由图 4-10 可见，即使采用理想以及最优化的透平，在太阳辐射为 600W/m² 时，其输出功率也只有 120kW。系统接收太阳能的部件是半径为 122m 的集热棚，由此可计算得到系统由太阳能向机械能转换的总效率仅为 0.428%，造成如此低的效率的原因需要进一步查明。

图 4-14 为不同太阳辐射条件下，透平压降对烟囱出口能量损失的影响。流体从烟囱透平出口处通过烟囱流出烟囱出口，由此引起系统的能量损失包括动能损失、重力势能以及以焓的形式流出的能量。其中动能和重力势能远小于空气的焓，因此，在计算烟囱出口能量损失时可以忽略这两项宏观能量损失。由图可见，烟囱出口能量损失非常大，与透平输出的功率相差两到三个量级。这说明系统吸收的太阳辐射主要通过烟囱出口流出，当透平压降较小时，烟囱出口能量损失约占系统接收到的总太阳辐射的 90%，即使透平压降较高，也达到了系统接收到的总太阳辐射的 75% 左右，从而导致系统总的能量转换效率很低。此外，随着太阳辐射的增强，烟囱出口能量损失增加，但随着透平压降的增加，烟囱出口能量损失降低，这主要是流量随着透平压降的增加而减小得非常显著所致。

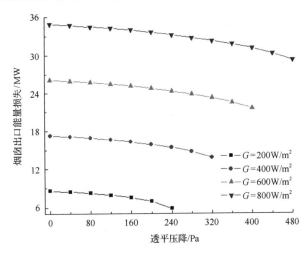

图 4-14　烟囱出口能量损失随透平压降的变化

图 4-15 为不同太阳辐射条件下，透平压降对集热棚顶棚能量损失的影响。显然，随着透平压降的增大，集热棚顶棚的能量损失显著增加。当太阳辐射为 200W/m²，且透平压降为 200Pa 时，集热棚顶棚的散热损失接近 2MW，折算到单位面积上约为 50W/m²，约为此时太阳辐射的 1/4；而当太阳辐射为 600W/m²，且透平压降为 360Pa 时，集热棚顶棚的散热损失接近 5MW，折算到单位面积上约为

$125W/m^2$，也约为此时太阳辐射的 1/4，这说明集热棚顶棚的能量损失非常显著，而减小集热棚顶棚能量损失的方法就是采用双层保温透明材料。

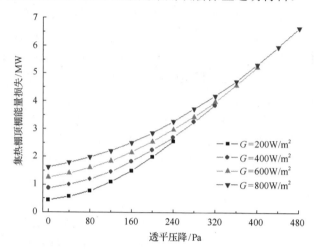

图 4-15　集热棚顶棚能量损失随透平压降的变化

计算表明，通过蓄热层底部向地底的能量损失很小，远小于通过烟囱出口以及通过集热棚顶棚的能量损失。因此，分析太阳能热气流发电系统的能量损失时，可以忽略通过蓄热层底部向地底的能量损失。

4.4　烟囱结构的优化设计

烟囱结构有三种设计方案：渐缩形（基部大顶部小）、渐扩形（基部小顶部大）、直筒形。计算结果表明，这三种设计方案中，直筒形烟囱结构所获得的系统效率较高。这里着重考虑如下几种比较方法：①基于相同烟囱底部直径的比较，考虑安装透平尺寸已给定的情况；②基于相同烟囱表面积的比较，Schlaich 认为，烟囱造价与烟囱的表面积成正比；③烟囱高径比的最优分析。

4.4.1　基于相同底部直径的不同烟囱形状的影响

本节分析基于相同底部直径的不同形状的烟囱对系统发电功率、效率、温度分布与速度分布的影响时，采用的太阳能热气流发电系统基本结构参数如下：集热棚直径为 1000m；烟囱高 800m，烟囱底部直径为 80m；考虑烟囱形状分别为直筒形烟囱，顶部直径为 40m、60m 的渐缩形烟囱，以及顶部直径为 100m、120m 的渐扩形烟囱；太阳辐射为 $500W/m^2$；环境温度为 293K；透平效率为 0.84，透平压降变化范围为 0～1000Pa。

图 4-16、图 4-17 分别为烟囱形状和透平压降对烟囱出口温度与烟囱进口速度的影响，其中烟囱底部直径 $D_{chim,b}$ 保持在 80m，烟囱顶部直径 $D_{chim,t}$ 从 40m 增加到 120m，可见，随着透平压降的增大烟囱出口温度逐渐增大而烟囱进口速度逐渐减小。这是因为透平压降的增加对系统内的空气流动产生阻碍作用，导致空气在集热棚中加热的时间增长，烟囱出口空气温度升高。当压降大于 500Pa 时，直筒形烟囱与渐扩形烟囱的出口温度以及进口速度基本相同。同时，对于给定的透平压降，随着烟囱顶部直径的增大，烟囱出口温度逐渐减小，烟囱进口速度逐渐增大。当烟囱顶部直径大于 80m 时，烟囱出口温度以及进口速度随烟囱顶部直径增大而变化的幅度很小。

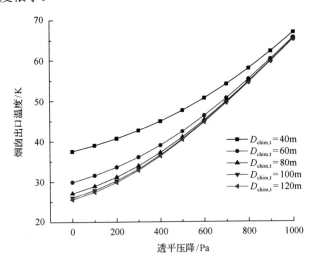

图 4-16　烟囱形状和透平压降对烟囱出口温度的影响

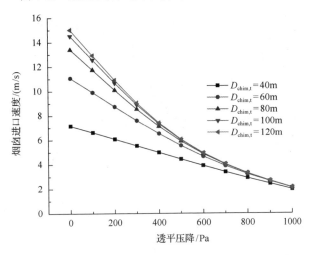

图 4-17　烟囱形状和透平压降对烟囱进口速度的影响

图 4-18、图 4-19 分别为烟囱顶部直径和透平压降对系统输出功率与系统效率的影响，其中 $D_{chim,b}$=80m 保持不变。由图 4-18 可见，对于给定的烟囱顶部直径，系统输出功率随透平压降的增加先增大后减小，并且随烟囱顶部直径的增大，系统输出功率达到峰值所需的透平压降逐渐减小。这是因为当透平压降较小时，透平压降增大导致的空气流速减小得相对较少，使得空气体积流量与透平压降的乘积呈上升趋势；当透平压降较大时，空气流速减小得相对较多，导致系统输出功率减小。同时，对于给定的透平压降，系统输出功率随烟囱顶部直径的增大而增大；当烟囱顶部直径小于 80m 时，系统输出功率随烟囱顶部直径的增大显著增大；当烟囱顶部直径大于 80m 时，系统输出功率随烟囱顶部直径的增大变化得不明显。

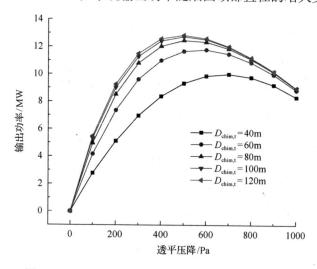

图 4-18　烟囱形状和透平压降对系统输出功率的影响

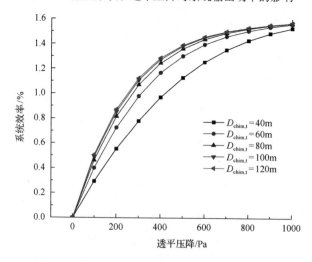

图 4-19　烟囱形状和透平压降对系统效率的影响

　　由图 4-19 可见,给定了烟囱顶部直径,系统效率随着透平压降的增大而增大。同时,给定了透平压降,系统效率随烟囱顶部直径的增大而增大,当烟囱顶部直径大于 80m 时,系统效率随烟囱顶部直径的增大变化得不明显。此外,当透平压降达到 1000Pa 时,系统效率随烟囱顶部直径变化的幅度明显减小。

　　对于太阳能热气流发电系统,采用渐扩形烟囱会使烟囱造价显著提高,而且由此造成的输出功率增加量很小,因此,没有必要采用渐扩形烟囱。

4.4.2　基于相同表面积的不同烟囱形状的影响

　　本节分析基于相同表面积的不同烟囱形状对系统效率的影响时,采用的太阳能热气流发电系统基本结构参数如下:集热棚直径为 1000m;太阳辐射为 500W/m^2;透平压降变化范围为 0～1000Pa;环境温度为 293K;透平效率为 0.84;烟囱高为 800m;烟囱分别考虑底部直径为 60m、顶部直径为 100m 的渐扩形烟囱,底部直径为 70m、顶部直径为 90m 的渐扩形烟囱,直径为 80m 的直筒形烟囱,底部直径为 100m、顶部直径为 60m 的渐缩形烟囱,底部直径为 90m、顶部直径为 70m 的渐缩形烟囱。

　　图 4-20、图 4-21 分别为烟囱形状和透平压降对烟囱出口温度和烟囱进口速度的影响。图中 $D_{chim,b}$～$D_{chim,t}$ 表示烟囱底部至顶部的直径取值。可见,随着透平压降的增大,烟囱出口温度逐渐增大而烟囱进口速度逐渐减小。同时,对于给定的透平压降,直筒形烟囱的烟囱出口温度最低,烟囱出口温度随烟囱形状变化的幅度很小;烟囱进口速度随烟囱底部直径的增大而减小。

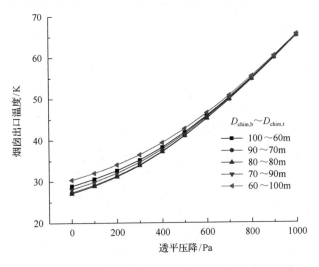

图 4-20　烟囱形状和透平压降对烟囱出口温度的影响

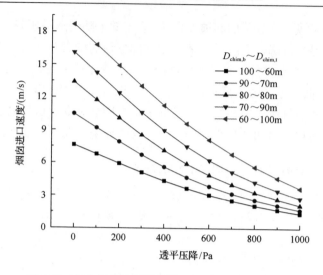

图 4-21　烟囱形状和透平压降对烟囱进口速度的影响

图 4-22、图 4-23 分别为烟囱形状和透平压降对系统输出功率、系统效率的影响。可见，对于给定的烟囱形状，系统输出功率随透平压降的增加先增大后减小，系统的发电效率随透平压降的增大而增大。同时，对于给定的透平压降，烟囱形状变化时系统输出功率和系统效率的变化不显著。当烟囱为直筒形时，系统输出功率和系统效率存在最优值。

由上述分析可见，综合考虑烟囱的造价和对系统输出功率及效率的影响，直筒形烟囱为太阳能热气流发电系统的最佳选择。

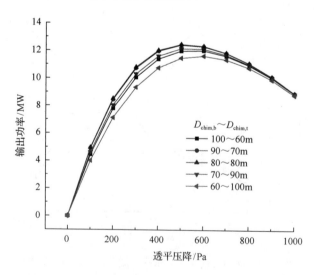

图 4-22　烟囱形状和透平压降对系统输出功率的影响

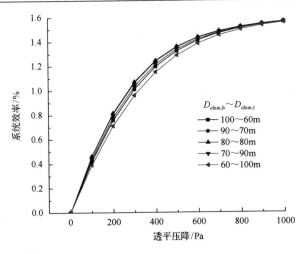

图 4-23　烟囱形状和透平压降对系统效率的影响

4.4.3　烟囱高径比的影响

确定采用直筒形烟囱后，为了进一步确定烟囱结构，本节主要分析烟囱的高径比(高度 H 与直径 D 的比)对系统性能的影响。首先分析烟囱高径比和透平压降对系统的影响，采用的太阳能热气流发电系统基本结构参数如下：烟囱高度(H)为 600m，烟囱直径(D)考虑分别为 60m、80m、100m、120m、140m、160m，太阳辐射为 600W/m^2，环境温度为 293K，透平压降变化范围为 0～1200Pa，透平效率为 0.81，集热棚直径为 1500m。

图 4-24、图 4-25 分别为烟囱高径比和透平压降对烟囱出口温度、烟囱进口速度的影响，因为烟囱高度为 600m 恒定，所以本节各图中给出的是烟囱直径。可见，

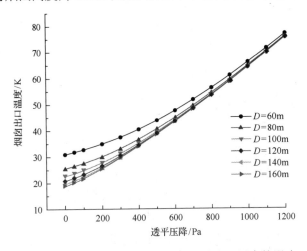

图 4-24　烟囱高径比和透平压降对烟囱出口温度的影响

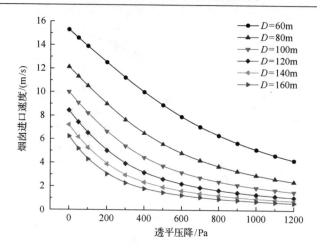

图 4-25　烟囱高径比和透平压降对烟囱进口速度的影响

对于给定的烟囱高径比，随着透平压降的增加，烟囱出口温度持续增大，而烟囱进口速度持续减小；对于给定的透平压降，烟囱高径比越小，烟囱出口温度和进口速度越小。同时，随着烟囱高径比的减小，烟囱出口温度与进口速度的变化幅度逐渐减小。当烟囱直径达到 120m 后，烟囱出口温度与进口速度随烟囱高径比的减小没有显著变化。

图 4-26、图 4-27 分别为烟囱高径比和透平压降对系统输出功率、系统效率的影响。由图 4-26 可见，对于给定的高径比，随着透平压降的增加，系统输出功率先增大后减小，达到峰值后，系统输出功率减小的幅度很小；随着烟囱高径比的减小，系统输出功率达到峰值所需的透平压降逐渐减小。而对于给定的透平压降，

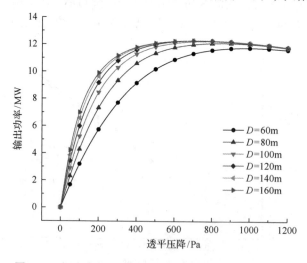

图 4-26　烟囱高径比和透平压降对系统输出功率的影响

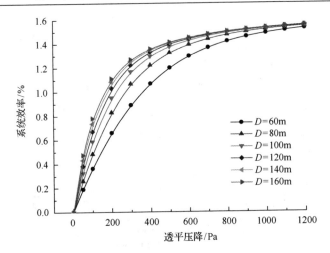

图 4-27　烟囱高径比和透平压降对系统效率的影响

系统输出功率随烟囱高径比的减小变化得较为复杂，当透平压降小于 600Pa 时，随着烟囱高径比的减小，系统输出功率不断增大，增幅不断减小；当透平压降大于 600Pa 时，系统输出功率随烟囱高径比的减小先增大后减小。

由图 4-26 和图 4-27 还可以看出，烟囱直径在 100m 以内时，系统性能增加显著，超过 100m 后，系统输出功率和效率变化平缓。实际应用时，烟囱高径比的最优值应为 6～8。对于 1000m 高的烟囱，其最优的烟囱直径应在 120～170m，这与 Schlaich 等[9]的设计方案不谋而合。

由图 4-27 可见，对于给定的高径比，随着透平压降的增加，系统效率逐渐增大，并且趋于平缓。而对于给定的透平压降，随着烟囱高径比的减小，系统效率逐渐增大。给定的透平压降越大，系统效率随烟囱高径比变化的幅度越小。

接下来分析烟囱高径比和太阳辐射对系统的影响，采用的太阳能热气流发电系统基本结构参数如下：集热棚直径为 1500m，烟囱高度为 800m，烟囱直径分别为 60m、80m、100m、120m、140m、160m，太阳辐射变化范围为 200～1000W/m²，环境温度为 293K，透平压降为 600Pa，透平效率为 0.81。

图 4-28、图 4-29 分别为烟囱高径比和太阳辐射对烟囱出口温度与进口速度的影响。可见，对于给定的烟囱高径比，烟囱出口温度和进口速度随太阳辐射增大而增大；对于给定的太阳辐射，烟囱出口温度和进口速度随烟囱高径比的增大而增大，当太阳辐射较小时，它们的变化幅度很小，而当太阳辐射较大时，变化幅度较大。另外，当烟囱直径大于 120m 时，烟囱出口温度基本不随烟囱高径比的变化而变化。

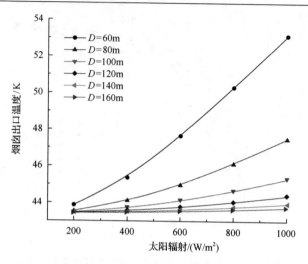

图 4-28　烟囱高径比和太阳辐射对烟囱出口温度的影响

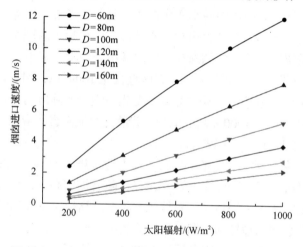

图 4-29　烟囱高径比和太阳辐射对烟囱进口速度的影响

　　图 4-30、图 4-31 分别为烟囱高径比和太阳辐射对系统输出功率与系统效率的影响。由图 4-30 可见，对于给定的烟囱高径比，系统输出功率随太阳辐射增大而增大。而对于给定的太阳辐射，当太阳辐射较小时，系统输出功率不随烟囱高径比的变化而变化；而当太阳辐射较大时，系统输出功率随烟囱高径比的增大而减小。另外，当烟囱直径大于 120m 时，系统输出功率基本不随烟囱高径比的变化而变化。

　　由图 4-31 可见，对于给定的烟囱高径比，系统效率随太阳辐射的增大而减小；对于给定的太阳辐射，当太阳辐射较小时，系统效率基本不随烟囱高径比的变化而变化，而当太阳辐射较大时，系统效率随烟囱高径比的增大而减小。另外，当烟囱直径大于 120m 时，系统效率变化很小，并始终大于 1.4%。

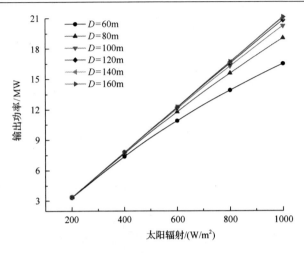

图 4-30　烟囱高径比和太阳辐射对系统输出功率的影响

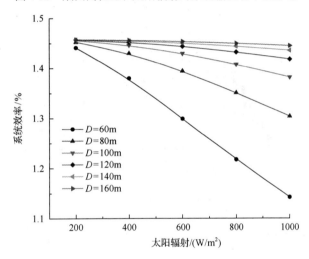

图 4-31　烟囱高径比和太阳辐射对系统效率的影响

4.5　10MW 模型设计方案

下面给出两种 10MW 太阳能热气流发电系统模型的初步设计方案。决定系统发电功率的关键参数即集热棚面积和烟囱高度。提出不同设计方案就是出于对系统初投资的考虑，不同的集热棚面积和烟囱高度的匹配对应不同的初投资。每种设计方案中的计算结果主要为系统输出功率、系统效率以及储热量等。

4.5.1　设计方案 1

烟囱高度为 600m，直径为 80m；集热棚高度为 2.5～10m，直径为 2000m；

土壤厚度为 2.0m；透平和发电机组效率为 72%。计算结果如图 4-32～图 4-34 所示。如前所述，系统效率(也称为能量转换效率)定义为系统输出的电能与空气吸收的太阳辐射的比值。系统总效率的定义与系统效率有略微的不同，指的是系统输出的电能与集热棚面积范围所吸收的总太阳辐射的比值。工程上最关心的是总效率，即求每平方千米发出多少电，而计算时比较关心的是系统效率的概念。下面的研究工作将着重计算系统效率，总效率也会给出。

如图 4-32～图 4-34 所示，在本次设计方案条件下，当太阳辐射达到 800W/m² 时，太阳能热气流发电系统的输出功率接近 21MW，储存能量在 100MW 以上。太阳辐射从 200W/m² 增加到 800W/m² 时，系统效率均可达到 1.5%。

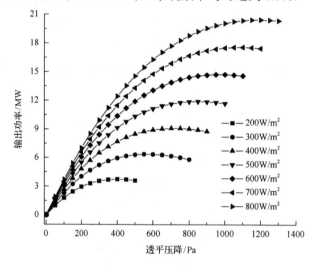

图 4-32　系统输出功率

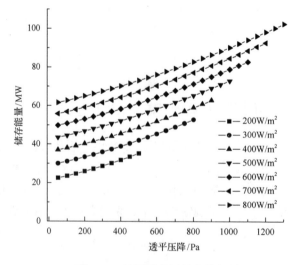

图 4-33　地面蓄热层储存的能量

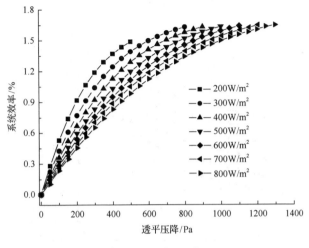

图 4-34　系统效率

4.5.2　设计方案 2

　　烟囱高度为 600m，直径为 80m；集热棚高度为 2.5～10m，直径为 2500m；土壤厚度为 2.0m；透平和发电机组效率为 72%。图 4-35～图 4-37 为相应的计算结果。设计方案 2 和设计方案 1 唯一的不同在于集热棚的直径，相关计算结果与设计方案 1 也将有所差别。图 4-35 显示，在太阳辐射为 800W/m² 时，系统输出功率相较于图 4-32 增加了约 50%，这是因为集热棚面积增加了约 50%。相应地，在太阳辐射为 800W/m² 时，蓄热层的储存能量在 180MW 以上(图 4-36)，而系统效率没有显著的变化(图 4-37)。

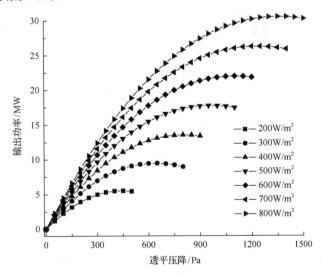

图 4-35　系统输出功率

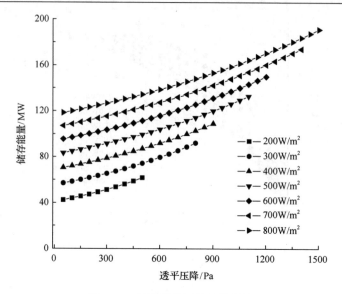

图 4-36　地面蓄热层储存的能量

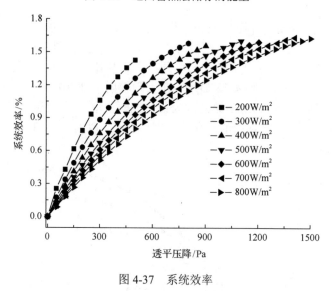

图 4-37　系统效率

4.6　本章小结

　　本章建立了包括集热棚、蓄热层、透平、烟囱四个主要部件的太阳能热气流发电系统的流动、传热与发电特性数学模型，以西班牙实验电站的实验结果为基准进行计算验证，证明了数学模型的有效性，分析了空载和有负载条件下西班牙实验电站系统内的速度、温度和相对压力分布特征，得到的结果如下。

（1）透平压降和太阳辐射对系统输出功率的影响显著，当太阳辐射为 $600W/m^2$、透平压降为 320Pa 时，系统输出功率可达 120kW。

（2）相同太阳辐射条件下，随着透平压降的增大，烟囱出口温度升高而其出口速度显著减小。

（3）大流量的高温流体流出烟囱成为系统能量损失的主要影响因素，集热棚顶棚也造成了大量的能量损失。

然后，本章对输出功率为 10MW 级的中型规模太阳能热气流发电系统进行了二维稳态数值模拟，分析了各关键因素对系统效率的影响，结果如下。

（1）采用渐扩形烟囱时系统输出功率和系统效率都有提高，但考虑到性价比，一般不建议采用。

（2）采用渐缩形烟囱时系统输出功率和系统效率都明显降低，一般不建议采用。

（3）综合考虑到烟囱的造价和对系统输出功率及系统效率的影响，直筒形烟囱为太阳能热气流发电系统的最佳选择。

（4）烟囱高径比不存在最优值，在设计太阳能热气流发电系统时需要根据具体的需要来进行选择。

本章最后以 10MW 模型为例，给出两种几何设计方案，并给出了不同设计方案下的系统流动、传热、发电特性计算结果。

参 考 文 献

[1] Padki M M, Sherif S A. Fluid dynamics of solar chimneys. Forum on Industrial Applications of Fluid Mechanics, FED-vol 70 ASME, New York, 1988: 43-46.

[2] Padki M M, Sherif S A. Fluid dynamics of solar chimneys. Proceedings of ASME Winter Annual Meeting, Chicago, 1988: 43-46.

[3] Padki M M, Sherif S A. Solar chimney for medium-to-large scale power generation. Proceedings of the Manila International Symposium on the Development and Management of Energy Resources, Manila, 1989: 432.

[4] Padki M M, Sherif S A. A mathematical model for solar chimneys. Proceedings of 1992 International Renewable Energy Conference, Amman, 1992: 289-294.

[5] Pasumarthi N, Sherif S A. Experimental and theoretical performance of a demonstration solar chimney model-Part II: Experimental and theoretical results and economic analysis. International Journal of Energy Research, 1998, 22(5): 443-461.

[6] Pasumarthi N, Sherif S A. Experimental and theoretical performance of a demonstration solar chimney model-Part I: Mathematical model development. International Journal of Energy Research, 1998, 22(3):277-288.

[7] Padki M M, Sherif S A. On a simple analytical model for solar chimneys. International Journal of Energy Research, 1999, 23(4):345-349.

[8] Schlaich J. The Solar Chimney. Stuttgart: Edition Axel Menges, 1995.

[9] Schlaich J, Bergermann R, Schiel W, et al. Design of commercial solar updraft tower systems-utilization of solar induced convective flows for power generation. Journal of Solar Energy Engineering-Transactions of the ASME, 2005, 127(1): 117-124.

[10] Kalash S, Naimeh W, Ajib S. Experimental investigation of a pilot sloped solar updraft power plant prototype performance throughout a year. Technologies and Materials for Renewable Energy, Environment and Sustainability (Tmrees14 - Eumisd), 2014, 50: 627-633.

[11] Kalash S, Naimeh W, Ajib S. Experimental investigation of the solar collector temperature field of a sloped solar updraft power plant prototype. Solar Energy, 2013, 98: 70-77.

[12] Zuo L, Yuan Y, Li Z J, et al. Experimental research on solar chimneys integrated with seawater desalination under practical weather condition. Desalination, 2012, 298: 22-33.

[13] Bugutekin A. An experimental investigation of the effect of periphery height and ground temperature changes on the solar chimney system. Journal of Thermal Science and Technology, 2012, 32(1):51-58.

[14] Kasaeian A B, Heidari E, Vatan S N. Experimental investigation of climatic effects on the efficiency of a solar chimney pilot power plant. Renewable & Sustainable Energy Reviews, 2011, 15(9):5202-5206.

[15] Ryan D, Burek S A M. Experimental study of the influence of collector height on the steady state performance of a passive solar air heater. Solar Energy, 2010, 84(9):1676-1684.

[16] Susanti L, Homma H, Matsumoto H, et al. A laboratory experiment on natural ventilation through a roof cavity for reduction of solar heat gain. Energy and Buildings, 2008, 40(12):2196-2206.

[17] Zhou X P, Yang J K, Xiao B, et al. Experimental study of temperature field in a solar chimney power setup. Applied Thermal Engineering, 2007, 27(11-12):2044-2050.

[18] Zhai X Q, Dai Y J, Wang R Z. Experimental investigation on air heating and natural ventilation of a solar air collector. Energy and Buildings, 2005, 37(4):373-381.

[19] Chen Z D, Bandopadhayay P, Halldorsson J, et al. An experimental investigation of a solar chimney model with uniform wall heat flux. Build and Environment, 2003, 38(7):893-906.

[20] von Backström T W, Gannon A J. Compressible flow through solar power plant chimneys. Journal of Solar Energy Engineering-Transactions of the ASME, 2000, 122(3): 138-145.

[21] Gannon A J, von Backström T W. Solar chimney turbine performance. Journal of Solar Energy Engineering-Transactions of the ASME, 2003, 125(1):101-106.

[22] von Backström T W. Calculation of pressure and density in solar power plant chimneys. Journal of Solar Energy Engineering-Transactions of the ASME, 2003, 125(1):127-129.

[23] Harte R, Krätzig W B, Niemann H J. From cooling towers to chimneys of solar upwind power plants. Proceedings of the 2009 Structures Congress, Austin, 2009: 944-953.

[24] Krätzig W B, Harte R, Montag U, et al. From large natural draft cooling tower shells to chimneys of solar upwind power plants. Proceedings of the International Association for Shell and Spatial Structures (IASS) Symposium, Valencia, 2009.

[25] Harte R, Hoffer R, Kratzig W B, et al. Solar updraft power plants: A structural engineering contribution for sustainable and economic power generation. Bautechnik, 2012, 89(3):173-181.

[26] Harte R, Graffman M, Kratzig W B. Optimization of solar updraft chimneys by nonlinear response analysis. Applied Mechanics and Materials, 2013, 283:25-34.

[27] Harte R, Hoffer R, Kratzig W B, et al. Solar updraft power plants: Engineering structures for sustainable energy generation. Engineering Structure, 2013, 56:1698-1706.

[28] Krätzig W B. Physics, computer simulation and optimization of thermo-fluidmechanical processes of solar updraft power plants. Solar Energy, 2013, 98:2-11.

[29] Krätzig W B. An integrated computer model of a solar updraft power plant. Advances in Engineering Software, 2013, 62-63:33-38.

[30] Lupi F, Borri C, Harte R, et al. Facing technological challenges of solar updraft power plants. Journal of Sound and Vibration, 2015, 334:57-84.

[31] Gannon A J, von Backström T W. Controlling and maximizing solar chimney power output. 1st International Conference on Heat Transfer, Fluid Mechanics and Thermodynamics, Kruger Park, 2002.

[32] von Backström T W, Bernhardt A, Gannon A J. Pressure drop in solar power plant chimneys. Journal of Solar Energy Engineering-Transactions of the ASME, 2003, 125(2):165-169.

[33] von Backström T W, Gannon A J. Solar chimney turbine characteristics. Solar Energy, 2004, 76(1-3):235-241.

[34] Kirstein C F, von Backström T W. Flow through a solar chimney power plant collector-to-chimney transition section. Journal of Solar Energy Engineering-Transactions of the ASME, 2006, 128(3):312-317.

[35] von Backström T W, Fluri T P. Maximum fluid power condition in solar chimney power plants-an analytical approach. Solar Energy, 2006, 80(11):1417-1423.

[36] Fluri T P, von Backström T W. Performance analysis of the power conversion unit of a solar chimney power plant. Solar Energy, 2008, 82(11):999-1008.

[37] Fluri T P, von Backström T W. Comparison of modelling approaches and layouts for solar chimney turbines. Solar Energy, 2008, 82(3):239-246.

[38] Bernardes M A D, von Backström T W. Evaluation of operational control strategies applicable to solar chimney power plants. Solar Energy, 2010, 84(2):277-288.

[39] Pastohr H, Kornadt O, Gurlebeck K. Numerical and analytical calculations of the temperature and flow field in the upwind power plant. International Journal of Energy Research, 2004, 28(6):495-510.

[40] Ming T Z, Liu W, Pan Y. Numerical analysis of the solar chimney power plant with energy storage layer. Proceedings of Ises Solar World Congress 2007: Solar Energy and Human Settlement, Beijing, 2007:1800-1805.

[41] Ming T Z, Liu W, Pan Y, et al. Numerical analysis of flow and heat transfer characteristics in solar chimney power plants with energy storage layer. Energy Conversion and Management, 2008, 49(10):2872-2879.

[42] Zheng Y, Ming T Z, Zhou Z, et al. Unsteady numerical simulation of solar chimney power plant system with energy storage layer. Journal of the Energy Institute, 2010, 83(2):86-92.

[43] Ming T Z, Liu W, Xu G L, et al. Numerical simulation of the solar chimney power plant systems coupled with turbine. Renewable Energy, 2008, 33:897-905.

第 5 章　环境风对太阳能热气流发电系统的影响

5.1　概　　述

太阳能热气流发电系统被认为是一种减轻世界上许多国家面临的前所未有的CO_2减排压力的较为高效的方式。太阳能集热器通常是一个大型的集热棚，这种集热棚由透明或半透明的材料制成(如玻璃和薄膜)。这种集热棚需要对太阳能有单向选择通过性：可以使太阳能能量集中的可见光谱带的太阳辐射进入集热棚，而阻拦集热棚内的蓄热层发出的红外线的能量。蓄热层通常由土壤、石头或水管中的水构成，这些材料吸收太阳能并将其传递给集热器内的空气，由此带来集热器内空气的温度升高和密度降低。由于烟囱效应，热空气会在烟囱内形成强大的浮力，从而使太阳能热气流发电系统内产生自然对流。自然对流的空气会驱动烟囱底部的透平的机械运动，从而使空气的动能转换为电能。

然而，当将太阳能热效应对太阳能热气流发电系统影响的研究和太阳能热气流系统外的垂直风对太阳能热气流发电系统影响的研究进行比较时，可以发现后者被研究者关注得较少。众所周知，外界环境中垂直于烟囱的风对太阳能热气流发电系统的影响是很大的，甚至和太阳辐射的影响有相同的重要性。但是直到现在，学者对其只进行了较少的前期研究工作。Serag-Eldin[1]在强烈的外界环境中垂直风的情况下，分析了环境风对太阳能热气流发电系统的效率降低的影响。他还提出了可控风帘的概念，即减少环境风对系统内热气流能量的损耗。但是该研究没有对风的状态对太阳能热气流发电系统的影响进行更深入的研究。Niemann 等[2]从环境风荷载对烟囱的力学响应出发，讨论了高海拔地区环境风的性质、空气动力荷载、共振响应量和结构优化问题。Zhou 等[3]利用三维数值模拟模型研究了太阳能热气流发电系统在大气横向环境风中的羽流问题，模拟了在对称平面上、2700m 高的交叉平面和 750m 高的交叉平面上的静压、静态温度、密度、流线及相对湿度场的参数性能，发现羽流的相对湿度大大增加，因为羽流进入的周围环境比羽流冷。除了来源于地面的羽流中的大量细小颗粒作为水分的有效凝结核，当蒸汽过饱和时，在羽流周围形成云层和降水，如雨、雪和冰雹。

环境风对太阳能热气流发电系统的影响主要体现在如下几个值得研究的方面：①巨型高耸烟囱对复杂环境风荷载的响应机制，已有研究人员对此开展了卓有成效的前期研究工作[2,4,5]；②环境风将太阳能热气流发电系统排出的温湿气流送入高空形成复杂传热传质过程，从而可能产生降雨、降雪现象[3,6]；③环境风通过集热棚进口和烟囱出口对太阳能热气流发电系统发电特性的影响机制[1,7]及改进策略[8-10]。本章将重点讨论第三个问题，分析环境风导致太阳能热气流发电系统输出功率降低的原因、通过集热棚进口和烟囱出口对系统造成的影响及相应的改进措施。

5.2　数　学　模　型

太阳能热气流发电系统中，系统内部流体流动被认为是自然对流，这里的自然对流是由加热地面的太阳辐射引起的。瑞利数 Ra 被用来衡量浮力驱动的流动强度，其公式可以表示如下：

$$Ra = \frac{g\beta\Delta T L^3}{av} \tag{5-1}$$

式中，ΔT 为太阳能热气流发电系统中最大的温升；a、β 和 L 分别为热导系数、体胀系数和集热棚的高度；v 为运动黏度。

Ra 比 10^{10} 大，在计算中湍流的数学模型被采用。在这个模型中，密度的变化较小，选择 Boussinesq 近似的方法[11]。根据实验室之前的工作，选用标准的 k-ε 方程[7]。连续性方程、纳维-斯托克斯方程、能量方程以及 k-ε 方程描述如下：

$$\frac{\partial \rho}{\partial t} + \frac{\partial(\rho u_i)}{\partial x_i} = 0 \tag{5-2}$$

$$\frac{\partial(\rho u_i)}{\partial t} + \frac{\partial(\rho u_i u_j)}{\partial x_j} = \rho g_i - \frac{\partial p}{\partial x_i} + \frac{\partial \tau_{ij}}{\partial x_j} \tag{5-3}$$

$$\frac{\partial(\rho c_p T)}{\partial t} + \frac{\partial(\rho c_p u_j T)}{\partial x_j} = \frac{\partial}{\partial x_j}\left(\lambda \frac{\partial T}{\partial x_j}\right) + \tau_{ij}\frac{\partial u_i}{\partial x_j} + \beta T\left(\frac{\partial p}{\partial t} + u_j \frac{\partial p}{\partial x_j}\right) \tag{5-4}$$

$$\frac{\partial}{\partial t}(\rho k) + \frac{\partial}{\partial x_i}(\rho k u_i) = \frac{\partial}{\partial x_j}\left(\alpha_k \mu_{\text{eff}} \frac{\partial k}{\partial x_j}\right) + G_k + G_b - \rho\varepsilon - Y_M + S_k \tag{5-5}$$

$$\frac{\partial}{\partial t}(\rho\varepsilon) + \frac{\partial}{\partial x_i}(\rho\varepsilon u_i) = \frac{\partial}{\partial x_j}\left(\alpha_\varepsilon \mu_{\text{eff}} \frac{\partial\varepsilon}{\partial x_j}\right) + C_{1\varepsilon}\frac{\varepsilon}{k}(G_k + C_{3\varepsilon}G_b) - C_{2\varepsilon}\rho\frac{\varepsilon^2}{k} - R_\varepsilon + S_\varepsilon$$

(5-6)

式中，τ_{ij} 为动力张量；G_k 为由平均速度梯度产生的湍流动能，可以描述为 $G_k = -\rho\overline{u_i'u_j'}\dfrac{\partial u_j}{\partial x_i}$；$G_b$ 为浮升力造成的湍动能生成项；α_k 为关于 k 的有效普朗特数的倒数；α_ε 为关于 epsilon 的有效普朗特数的倒数；μ_{eff} 为有效动力黏度；S_k 和 S_ε 为用户自定义源项；Y_M 为可压湍流中脉动扩张项。

5.3　环境风对西班牙实验电站的影响

5.3.1　物理模型

数值模拟采用了简化的西班牙实验电站。如图 5-1 所示，模型的烟囱高 200m，半径为 5m；集热棚半径为 120m，高为 2m。为了模拟太阳能热气流发电系统暴露在较大环境中的工作情况，将模型放在实际不存在的长方体盒子里面，长方体盒子 xyz 轴方向长度分别为 400m、400m、300m。x 轴的方向和环境风的方向一致，z 轴竖直向上，y 轴垂直于对称面，系统只有一半显示在模型中。因此整个系统 xyz 方向上的长度分别为 400m、200m、300m。

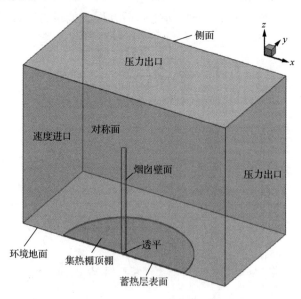

图 5-1　简化的西班牙实验电站几何模型

5.3.2 边界条件

1) 进口边界条件($x = 0$m 的面)

计算模型中假设环境风是完整发展的,吹入系统之前的温度都是 293K。根据 Prandtl 提出的大气地表风速呈对数规律变化,环境风进口速度可以由下面的公式确定:

$$v = w = 0 \tag{5-7}$$

$$u = 1 / k\,(\tau_{\mathrm{s}} / \rho)^{1/2} \ln(z / z_0) \tag{5-8}$$

式中,u 为垂直于 $x=0$ 的面水平风速;v 为侧向水平风速;w 为垂直方向风速;τ_{s} 为地面切应力;z 为地面垂直方向上的高度;z_0 为地面的空气动力学粗糙度。根据 Cermak 的分析,k 取为 0.4,z_0 取 0.01m。其他常数可以由所需高度的风速进行反推得到。

2) 出口边界条件($x = 400$m,$z = 300$m)

在模型中存在两个出口边界,这两个面均设置为压力出口,回流垂直于该边界面。

3) 地面($z = 0$m)

集热棚下面的地面和周围的地面均包含在模型中,周围的地面设置为恒温 318K。虽然这个设置不太精确,但是不会对模拟结果产生较大影响。集热棚下面设置为热流。

4) 侧面($y = 200$m)

由于整个模型的边界距离太阳能热气流发电系统较远,侧面的边界条件设置为程序默认置。

5) 透平

含有透平的简化的西班牙实验电站对于模拟有些困难[12]。本书的模拟不可能实现整体影响和透平具体影响的分析,因为网格数很有限。幸运的是,Pastohr 等[13]表明,用预设压降的二维反向风扇可以简化三维模拟中的计算。这种方法已经被 Xu 等[14]和 Ming 等[15]验证为有效方法。本次模拟中,透平压降取值范围为 0～200Pa。在本书中,输出功率计算采用如下公式:

$$W_{\mathrm{e}} = \eta_{\mathrm{t}} \Delta p V \tag{5-9}$$

式中，Δp 为透平压降；V 为烟囱出口的体积流量；η_t 为系统总效率。在计算中，系统总效率取值为 0.72。

5.3.3　数值模拟结果分析

图 5-2 展示了 200m 高风速为 0～15m/s 时整个模型的对称面上的速度大小分布云图，太阳辐射为 857W/m²。U_{200m} 代表烟囱出口的高度(200m)处环境风的速度。很明显当没有外界的风水平吹来时，如图 5-2(a)所示，烟囱中的空气气流和集热棚中的空气气流是轴对称的，附近的空气流入集热棚，逐步加速然后进入烟囱的底部，空气温度也不断升高，然后，被加热的空气被吸入烟囱中，上升空气在烟囱的底部达到最大速度，最终空气到达整个模型的顶端。然而，当环境风的速度(U_{200m})到达 5m/s 时，如图 5-2(b)所示，环境风的消极影响就产生了，烟囱底部的空气流动减弱，最大速度不到 13.1m/s，烟囱出口的气流是倾斜而不是竖直向上的。同样的现象在环境风的速度为 10m/s 时也有发生[图 5-2(c)]。然而，当环境风的速度到达 15m/s 时，如图 5-2(d)所示，环境风不会加剧恶化流动，反而有相反的作用，烟囱底部的最大速度又回到了 12.7m/s，因此环境风的作用具有两面性。

(a) $U_{200m}=0$m/s

(b) $U_{200m} = 5m/s$

(c) $U_{200m} = 10m/s$

(d) $U_{200m}=15m/s$

图 5-2　$G=857W/m^2$ 时简化的西班牙实验电站对称面上的速度分布

　　图 5-3 对比了不同环境风下对称面的静压。很明显，不管是否有环境风，压力在烟囱中都有升高。为了深入解释上面提到的现象，图 5-4 展示了烟囱出口在 $G=857W/m^2$ 时的局部速度矢量图。在某些程度上，速度矢量可以反映速度场，因为它们的长度代表了速度的大小，箭头的方向代表了流动的方向。在图 5-4 中，没有环境风时来自烟囱出口的空气竖直往上流动。在有环境风的情况下，流动气流逐步向下游倾斜，环境风越大，流出的气流越倾斜。这种现象可以解释为弱的环境风会抑制烟囱出流，然而强的环境风可以增强出流，非常强的环境风水平吹过烟囱出口时会在烟囱出口附近产生一个负压区，使得烟囱出口速度增大。

　　图 5-5 展示了 $G=857W/m^2$ 时烟囱底部的局部速度矢量图。比较图 5-5(a) 和图 5-5(b)，可以很容易发现烟囱中的气流随着环境风的增大而减小，然而气流在图 5-5(c) 和图 5-5(d) 中随着环境风的增大而增强。除此之外，还有两个现象值得关注，一个现象是有环境风的情况下烟囱底部存在漩涡，漩涡位于烟囱壁面的左部。这个漩涡的大小随着环境风的增大而变大，同时烟囱右边的上升气流也在增强。另一个现象是，仔细观察集热棚里面的空气流向，可以发现环境风的存在导致集热棚里右边一部分空气气流的强度减弱了。尤其是当下面的环境风足够强时，气流可能被吹出集热棚而不是被吹入烟囱，因此，被加热的空气的焓损失了，这可能就是低速环境风对太阳能热气流发电产生不利影响的原因。

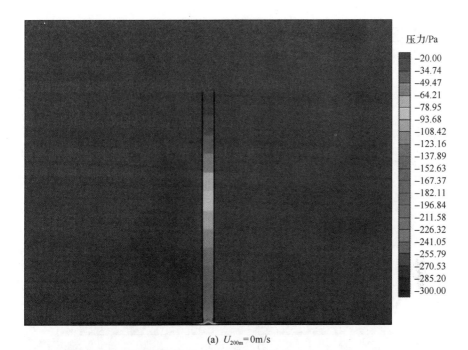

压力/Pa

-20.00
-34.74
-49.47
-64.21
-78.95
-93.68
-108.42
-123.16
-137.89
-152.63
-167.37
-182.11
-196.84
-211.58
-226.32
-241.05
-255.79
-270.53
-285.20
-300.00

(a) $U_{200m}=0m/s$

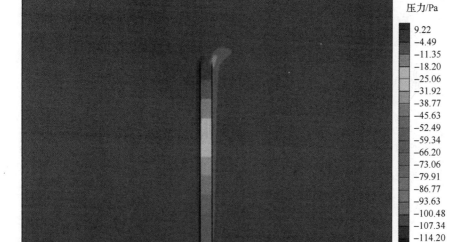

压力/Pa

9.22
-4.49
-11.35
-18.20
-25.06
-31.92
-38.77
-45.63
-52.49
-59.34
-66.20
-73.06
-79.91
-86.77
-93.63
-100.48
-107.34
-114.20
-121.05

(b) $U_{200m}=5m/s$

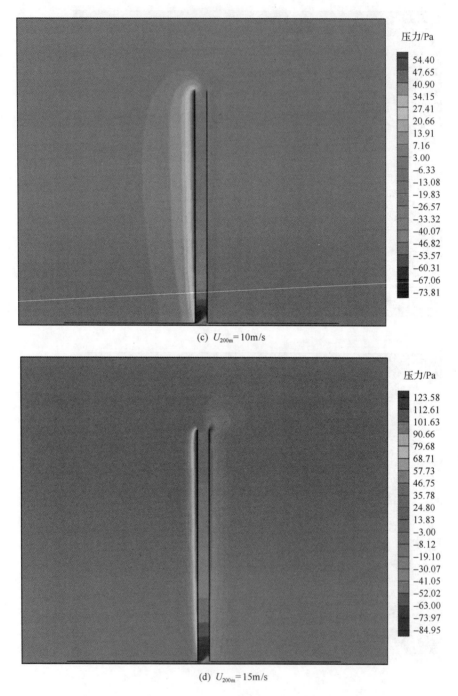

图 5-3 $G = 857W/m^2$ 时简化的西班牙实验电站对称面上的静压分布

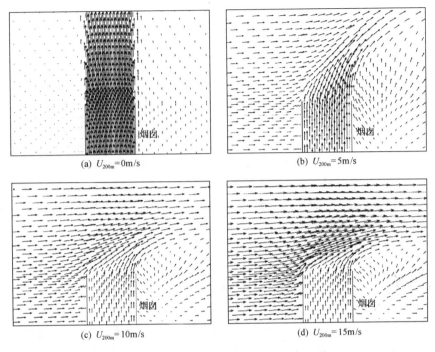

图 5-4　$G = 857\text{W/m}^2$ 时简化的西班牙实验电站对称面上的烟囱出口速度矢量图

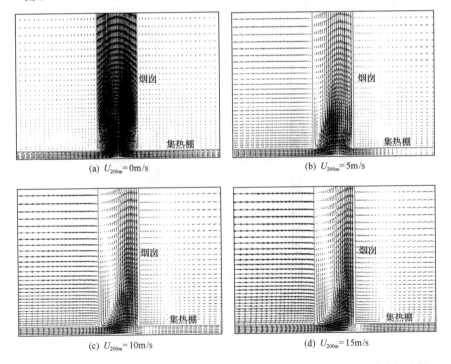

图 5-5　$G = 857\text{W/m}^2$ 时简化的西班牙实验电站对称面上的烟囱底部速度矢量图

图 5-6 展示了 $G = 857W/m^2$ 时烟囱底部附近的相对静压。因为这是空气气流从集热棚向烟囱转化的地方，压力在烟囱的进口处变化最大，并且代表了烟囱里面和外界环境压差在烟囱与集热棚交界处附近有最小值，然后沿着烟囱上升，这个负压逐渐增大。通过分析图 5-6(a)～图 5-6(d) 的压力分布，可以发现在环境风速度为 0m/s、5m/s、10m/s、15m/s 时，烟囱底部最小的相对静压分别为–254.37Pa、–118.36Pa、–79.69Pa、–95.61Pa。Ming 等[16]分析表明，太阳能热气流发电系统中的最小相对静压可以反映系统的驱动力，随着环境风的增大，太阳能热气流发电系统的驱动力也先减小后增大。此外，强环境风下的回流区域比弱环境风下的回流区域大得多，尤其是当烟囱顶部的环境风速度到达了 15m/s 时，旋涡现象特别明显。同样，如图 5-6(b)～图 5-6(d) 所示，当环境风相对较强时，集热棚的右边相对静压为正值，这说明这个地方的压力比环境中相同高度的地方的压力高。因此，相对静压为正值的这个区域的空气会从集热棚流到环境中，这已经可以由图 5-5(c) 和图 5-5(d) 得到证实。

图 5-7 显示了环境风速度为 0m/s、5m/s、10m/s、15m/s 时太阳能热气流发电系统的对称面上的温度分布图。很明显，随着环境风增大，烟囱出口处从烟囱流出的空气也越来越倾斜，温度也逐渐下降，对应于四种情况的平均温度分别为 317.75K、303.84K、299.55K、297.96K。此外，随着环境风增大，烟囱出口的羽状物的范围越来越小。这是因为，一方面，上升气流温度随着环境风的增大而减

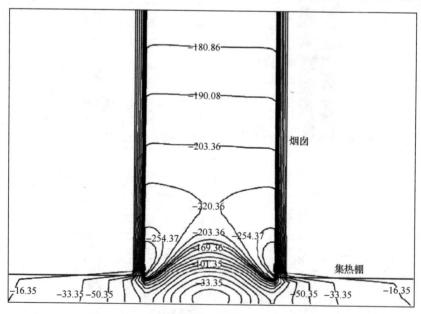

(a) $U_{200m} = 0m/s$

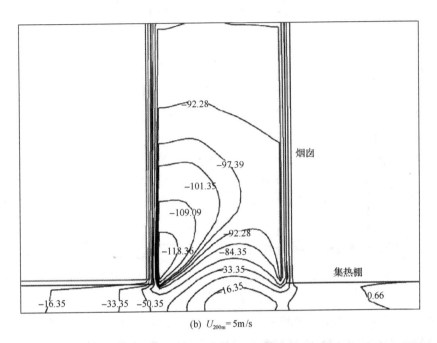

(b) $U_{200m} = 5 \text{m/s}$

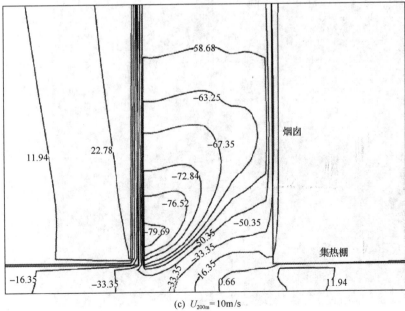

(c) $U_{200m} = 10 \text{m/s}$

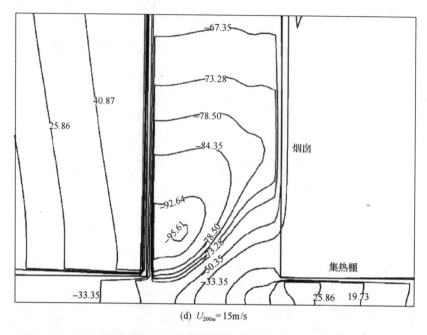

(d) U_{200m}=15m/s

图 5-6　G = 857W/m^2 时简化的西班牙实验电站对称面上的烟囱底部相对静压分布图(单位：Pa)

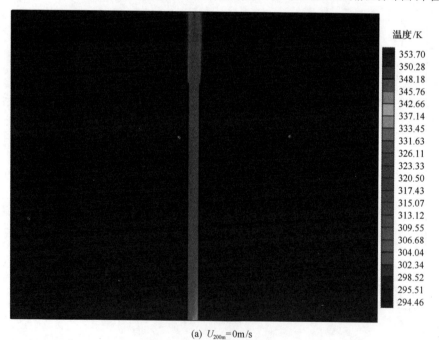

(a) U_{200m}=0m/s

(b) $U_{200m} = 5m/s$

(c) $U_{200m} = 10m/s$

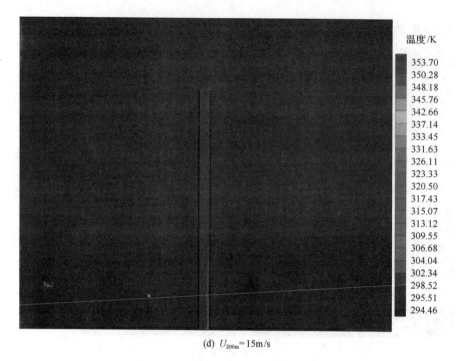

(d) $U_{200m} = 15m/s$

图 5-7　$G = 857W/m^2$ 时简化的西班牙实验电站对称面上的温度分布图

小；另一方面，上升气流和周围的环境换热因环境风的增大而显著增强。从对比结果可以知道，环境风对太阳能热气流发电系统内的传热不利，这样会减小浮力的产生。很显然，在这些工况中烟囱里面的温差部分来源于吹进集热棚的环境风，如图 5-7 所示。吹向集热棚出口的环境风会导致热空气流出集热棚。另外，外部的环境风吹过烟囱壁面和集热棚的玻璃表面时都会加快系统内部和环境的换热，这都会导致上升气流温升的下降，但是这相对而言不算特别明显。

　　图 5-8 展示了环境风对上升气流温升的影响。从图中可以发现，只要太阳辐射不为零，上升气流的温升随着环境风的增强就会显著下降。同样地，最下方的环境风吹入集热棚会导致温升的降低。从更多的统计数据可以发现，太阳能热气流发电系统在强太阳辐射下更容易受到环境风的影响，当太阳辐射为 1143W/m^2、环境风速度由 0m/s 增大到 5m/s 时，出口温升从 30.35K 骤降到 13.51K，降了约 17K，然而当太阳辐射为 286W/m^2 时温升只降了约 7K。这个现象可能主要是由集热棚玻璃换热增强以及高温气体溢出集热棚导致的。

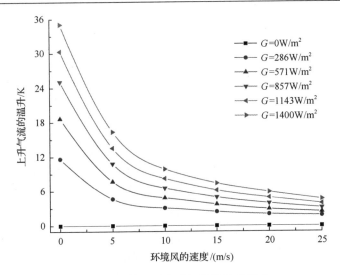

图 5-8　环境风对上升气流温升的影响

图 5-9 显示了环境风对系统驱动力的影响，烟囱底部的最小相对静压可以直接反映出太阳能热气流发电系统的驱动力。当太阳辐射为 $286W/m^2$ 时，环境风速度为 5m/s 和 10m/s 时就像形成一个盖子阻碍烟囱出口气流流出。如图所示，当太阳辐射为 $0W/m^2$ 时，系统驱动力随着环境风的增强而不断增加，然而，当太阳辐射大于 $0W/m^2$ 时，系统驱动力随着环境风的增强先减小后增加。很明显，当太阳辐射为 $0W/m^2$ 时，环境风对系统的驱动力是有好处的，原因可能是低速的环境风直接进入集热棚，高速的环境风吹过烟囱出口，在出口附近产生负压区形成抽吸作用。

Bernoulli 准则可以解释为什么流过烟囱出口的环境风速度越大，流出的空气速度越快(使得输出功率增大)。当风垂直流到管的顶端时，那里就形成了一个真空。风速越大，真空区域的压力就越低，越多的空气就会被吸出这个两头都通气的管道。当环境风吹过烟囱的顶部时，较低的压力将烟囱中的空气吸出。换种说法就是，足够大风速的风吹过烟囱顶部时，顶部的空气压力降低了，下面的高压气体就被抽了出来。同样地，风速越高，Ventrui suction 效应就越明显。Bernoulli 方程是纳维-斯托克斯方程的简化。

从这些数据中可以发现，当环境风速度小于 10m/s 时，环境风对系统驱动力是不利的，当太阳辐射大于 $0W/m^2$ 并且环境风速度大于 10m/s 时，环境风对系统驱动力是有利的，这是由于环境风的不利影响和有利影响同时作用于太阳能热气流发电系统。显然，当环境风较弱时，不同太阳辐射情况下的最大压差和环境风为 25m/s 时有很大区别，这个现象说明在环境风增强时，太阳辐射的影响逐渐变小，环境风对于太阳能热气流发电系统的作用逐渐增大。

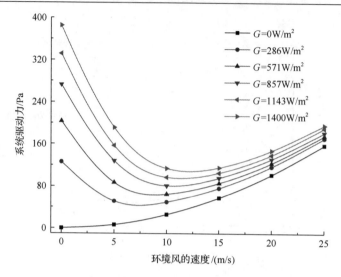

图 5-9　环境风对系统驱动力的影响

图 5-10 显示了上升气流平均速度和环境风的速度在不同太阳辐射条件下的关系。在图中，当太阳辐射为 $0W/m^2$ 时，上升气流平均速度随着环境风的增大而显著增强，这和图 5-9 的结果一致。同样地，当太阳辐射超过 $0W/m^2$ 时，每条曲线中上升气流平均速度随着环境风的增大都有一个最低点，如对于 $G = 1143W/m^2$ 的工况来说，可以看到开始环境风对上升气流的流动是不利的，这样会影响整个系统的性能。然而，只要曲线过了最低点，环境风产生的抽力就扮演了很重要的角色。

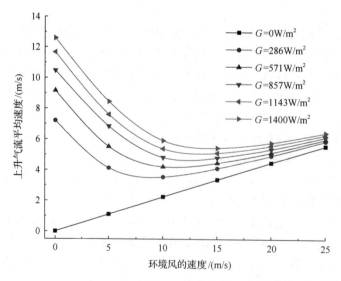

图 5-10　环境风对烟囱内上升气流平均速度的影响

图 5-11 显示了太阳辐射为 857W/m² 时,环境风在透平运行时对上升气流平均速度的影响。透平的控制方法根据 Ming 等[16]和 Xu 等[14]的文献得到。由图可知,当透平压降为固定值时,上升气流的平均速度和环境风的速度的关系与图 5-10 相似。也就是说,太阳能热气流发电系统的表现也经历了变好和变坏的过程,上升气流平均速度最小值在环境风速度为 10m/s 时获得。数值模拟结果表明,不管透平压降是多少,系统都会有相似的表现。同时,在给定环境风风速的情况下,上升气流的平均速度随着透平压降的增大而显著减小。这个现象更加说明了环境风和透平压降是影响太阳能热气流发电系统的两个单独的重要因素。

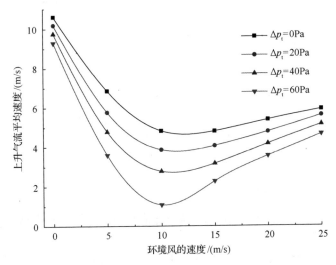

图 5-11 透平运行时环境风对上升气流平均速度的影响($G = 857W/m^2$)

为了评价太阳能热气流发电系统在不同风速的环境风下输出功率的表现,图 5-12 显示了 $G = 857W/m^2$ 时系统输出功率如何被透平压降影响。系统输出功率代表了系统将太阳能和风能转换为电能的能力。在环境风速度大于 0m/s 时,虽然输出功率曲线看起来差不多,但是还是有很明显的区别,尤其是最大输出功率和其对应的透平压降。当环境风速度小于 15m/s 时,环境风对输出功率有很重要的影响,没有环境风时最大功率超过 50kW,是在透平压降取值为 160Pa 时取得的,然而当环境风速度为 10m/s 时最大功率比 10kW 还小。从环境风速度为 0m/s、5m/s、10m/s 这三条曲线来看,它们的变化规律十分相似。因此,环境风对整个系统的输出功率有不利影响。然而,当环境风速度为 15m/s 和 20m/s 时,图 5-12 中的曲线和环境风速度小于 15m/s 的曲线有很大不同。就环境风速度为 20m/s、15m/s、10m/s 三条曲线来说,可以发现在给定透平压降下,系统的输出功率随着环境风速度的增大而增大,这和环境风速度小于 15m/s 时是截然不同的。因此,环境风对输出功率是有利的。此外,太阳能热气流发电系统的最大输出功率在环境风速度低于 15m/s 时可以在某一个透平压降下获得，然而当环境风速度大于 15m/s 时最大输出功率要在很大范围的透平压降中取得。例如，当环境风速度为 20m/s 时，系统的最大输出功率为 13～14kW，透平压降最佳范围为 60～160Pa。

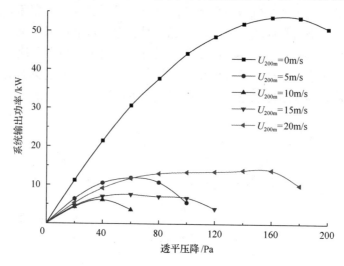

图 5-12　透平压降对系统输出功率的影响

5.4　环境风对大型太阳能热气流发电系统的整体影响分析

大型太阳能热气流发电系统在商业中具有更重要的意义，简化的西班牙实验电站的模拟结果表明，环境风对小型系统的运行具有较明显的影响。为了更好地设计大型太阳能热气流发电系统，本节用模拟软件对大型系统进行数值模拟分析。

5.4.1　物理模型

数值模拟采用了简化的大尺寸太阳能热气流发电系统，如图 5-13 所示，烟囱高为 500m，半径为 40m；集热棚半径为 1000m，高度由进口的 2.5m 增加到 15m。为了分别研究环境风对太阳能热气流发电系统的整体影响和对烟囱出口的局部影响，两种长方形的"盒子"设置在太阳能热气流发电系统的周围，盒子的作用是扮演环境计算区域。在图 5-13 中，x 轴沿着环境风的速度方向，z 轴是竖直方向。假设整个计算区域是对称的，对称面垂直于 y 轴方向，在模型中只显示了一半的系统。由于计算机的计算能力有限，在这个模型中，没有考虑蓄热层的影响，模型中不包含蓄热层结构。在如图 5-13 所示的模型 1 中，太阳能热气流发电系统被完整地包围在长方形的盒子中，环境风由速度进口面吹入。

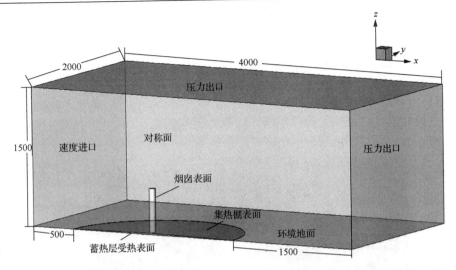

图 5-13　大型太阳能热气流发电系统(模型 1)的物理模型及有关边界条件(单位：m)

5.4.2　边界条件

用来研究环境风对整个系统影响的边界条件如表 5-1 所示。

表 5-1　边界条件(一)

面	边界条件类型	值
环境区域进口($x = 0$m)	速度进口	$0\sim30$m/s(通过 UDF 设置)
环境区域出口($x = 4000$m，$z = 1500$m，$y = 2000$m)	压力出口	$p = 0$Pa
透平面	逆向风扇	$0\sim1000$Pa
集热棚下面的地面	定热流	600W/m^2
集热棚四周的地面	定壁温	318K
集热棚和烟囱的壁面	绝热壁面	0W/m^2
对称面($y = 0$)	对称边界	

速度进口的用户自定义函数(user-defined function，UDF)可以表示为 $u = A\ln(z/0.01)$，其中 A 是一个常数，z 是所处的高度。

周围的"盒子"出口包括三个面——模型的顶面、平行于进口的面和平行于对称面的面。这些面的压力都设置为 0Pa。

5.4.3　数值模拟结果分析

研究环境风对整个系统的影响时，太阳能热气流发电系统运行特征的关键影响因素是太阳辐射、环境风和透平压降。本节主要讨论环境风的影响，太阳辐射设定为 857W/m^2，这个大小的太阳辐射可以代表普遍的加热情况。因此，集热棚下的地面上热流密度相应地设置为 600W/m^2。

图 5-14 显示了对称面的速度大小云图，U_{500m} 在 0～30m/s 范围内变化（U_{500m} 用来描述 500m 高的环境风速度大小，该高度正好位于烟囱的出口），透平压降为 300Pa。当 U_{500m} 为 0m/s、10m/s、15m/s、20m/s、25m/s、30m/s 时烟囱中的最大速度分别为 24m/s、19m/s、15.2m/s、14m/s、14.7m/s、16m/s。通过对比最大速度，可以知道小速度的环境风（0～20m/s）会降低最大速度，大速度的环境风（超过 25m/s）会增大最大速度。虽然大的环境风可以增大烟囱中的最大风速，但其最大风速永远无法超过 U_{500m} 为 0m/s 时的值。

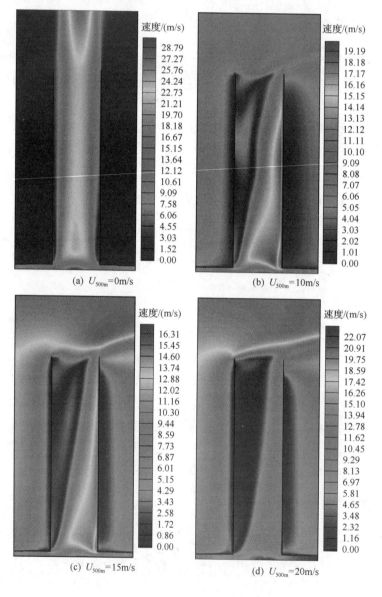

(a) $U_{500m}=0m/s$　　　　　　　(b) $U_{500m}=10m/s$

(c) $U_{500m}=15m/s$　　　　　　　(d) $U_{500m}=20m/s$

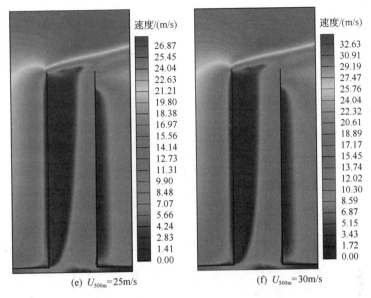

(e) U_{500m}=25m/s　　　　　　(f) U_{500m}=30m/s

图 5-14　透平压降设置为 300Pa，模型 1 中对称面上的速度分布

　　流动特征变化的原因可能有以下几点：弱的环境风会吹跑集热棚中的高温空气，同时环境风会将冷空气带进集热棚中，这将会削弱浮力驱动的流动；强的环境风可能在烟囱出口附近产生负压区，使得烟囱中的空气流动速度增大；弱的环境风可能也产生和强的环境风相似的负压区，但是只有当环境风足够大，负压区的积极影响足够明显时，才会使得最大速度比较小环境风的工况下大。

　　透平压降为 300Pa 时，对称面上的速度矢量图如图 5-15 所示。当 U_{500m} 为 0m/s时，速度矢量图基本是轴对称的。当 U_{500m}=10m/s、15m/s 或者 20m/s 时，流经烟囱出口的空气只有小部分具有相对较大的速度。然而，随着环境风速度的增加，当 U_{500m} 为 25m/s 或者 30m/s 时，流经烟囱出口的空气中接近一半的空气都具有较大速度。当环境风速度不为 0m/s 时，在烟囱左部有回流现象。烟囱中的大多数空气来源于集热棚并且被浮力所驱动。环境风作用于整个系统可能将集热棚中的空气吹跑，使得上升气流集中在烟囱的右边部位。除此之外，环境风可能还有另外一个影响空气流动的作用。当环境风吹过烟囱出口时，可能会形成一个负压区，这个负压区可能会吸引烟囱里面和外面的空气，从而使得在烟囱右部的气流流动加快，并且在左部形成回流。更大的环境风会形成更强的负压区，更强的负压区会扩大上升气流的集中区域，减弱回流气体的流速。所以，关于空气聚集，环境风有两个影响：一个是作用于集热棚使得流动的空气聚集在烟囱的右部；另一个是作用于烟囱出口扩大聚集的区域。当环境风速度在 0~20m/s 内时，第一个影响比第二个影响强烈，更大速度的环境风会产生更小的聚集区域，也就是空气被吹到更右边从而更加聚集。当环境风速度超过 25m/s 时，第二种影响足够明显，更大的环境风会将部分集中的气流往左边吸引,从而增大集中区域。

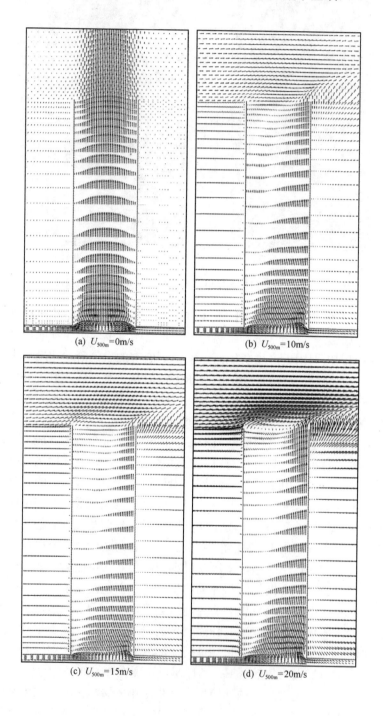

(a) U_{500m}=0m/s　　　　　　　　　　(b) U_{500m}=10m/s

(c) U_{500m}=15m/s　　　　　　　　　　(d) U_{500m}=20m/s

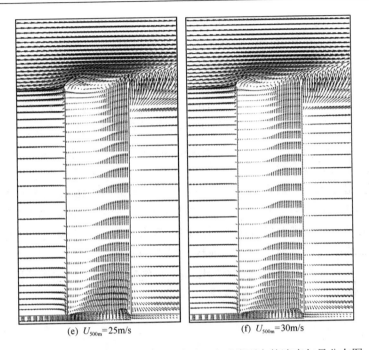

(e) $U_{500m}=25m/s$　　　　　　　(f) $U_{500m}=30m/s$

图 5-15　透平压降为 300Pa 时，模型 1 中对称面上的速度矢量分布图

图 5-16 显示了烟囱出口的平均速度。在固定的透平压降值下，烟囱出口平均

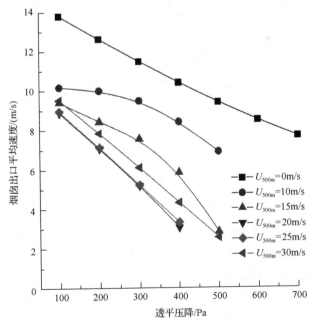

图 5-16　模型 1 中透平压降对烟囱出口平均速度的影响

速度随着环境风速度的变化和烟囱里面气流最大速度随着环境风速度的变化趋势一致。在某一个透平压降下，烟囱出口的平均速度随着环境风速度的增大先减小再增大，在 U_{500m} 为 20m/s 时取得最小值。

图 5-17 显示了不同环境风速度和透平压降下的系统输出功率。在某一个透平压降下，系统输出功率随着环境风速度的增大先减小后增大，在 U_{500m} 为 20m/s 时取得最小值，这些变化趋势和烟囱出口平均速度的变化趋势一致。从图中可以看出，速度介于 0m/s 和 30m/s 的环境风对太阳能热气流发电系统得到较高的系统输出功率是不利的。当没有环境风时，系统输出功率可以到达 20MW。然而，当环境风速度超过 15m/s 时，太阳能热气流发电系统的系统输出功率甚至不能到达 10MW（20MW 的一半）。对于不同速度的环境风，最大的系统输出功率对应于不同的透平压降，这个现象同样可以用烟囱中最大速度的变化原因来解释。烟囱中的最大速度的比较可以显示出在当前环境风下的驱动力的变化，驱动力大的可以更好地推动更大压降的风力透平，所以最大系统输出功率对应的透平压降变化情况与不同风速下烟囱中最大风速变化的情况基本一致。

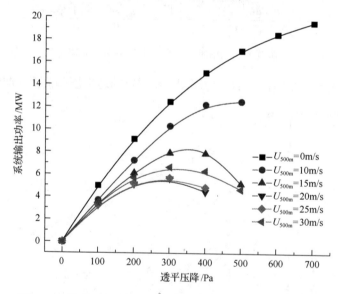

图 5-17　模型 1 中环境风和透平压降对系统输出功率的影响

当透平压降在一个合适的范围里取定值时，系统输出功率在该工况下总比没有环境风时小一些。模拟结果显示，任何大小的环境风对整个系统的发电都是不利的。当环境风的速度超过 25m/s 时，环境风的不利影响减小了。然而，这并不意味着速度超过 25m/s 的环境风比 20m/s 的环境风更好。当环境风太大时，如 30m/s，吹向集热棚的环境风对风力透平的稳定运行不利。

5.5　环境风对大型太阳能热气流发电系统烟囱出口的影响

前面的模拟结果已经显示出了环境风对于太阳能热气流发电系统的不利影响。这个结果和小型太阳能热气流发电系统中的影响有部分区别，在小型太阳能热气流发电系统中环境风存在着有利和不利两种影响，大型太阳能热气流发电系统中环境风是否存在有利影响还需要更深入的研究。为此，本节单独对烟囱出口进行分析。为了研究环境风对烟囱出口的影响，本节建立了另一个模型。

5.5.1　物理模型

本节太阳能热气流发电系统的结构和 5.4 节中的模型一样，但是在烟囱周围设置了不同的长方体"盒子"。整体物理模型(带有详细参数，模型 2)如图 5-18 所示。研究环境风对烟囱出口影响模拟计算中的边界条件如表 5-2 所示。

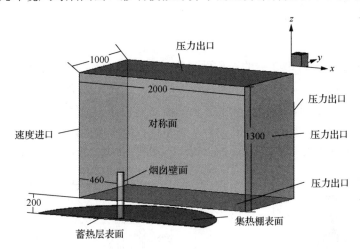

图 5-18　大型太阳能热气流发电系统的物理模型(模型 2)及有关边界条件(单位：m)

表 5-2　边界条件(二)

面	边界类型	值
环境进口($x=-500\text{m}$)	速度进口	$0\sim50\text{m/s}$(设置为常数)
环境出口($x=1500\text{m}$, $z=200\text{m}$ 和 1500m, $y=1000\text{m}$)	压力出口	$p=0\text{Pa}$
透平面	逆向风扇	$0\sim1000\text{Pa}$
集热棚下方地面	定热流	600W/m^2
集热棚周围地面	定壁温	318K
集热棚和烟囱壁面	绝热壁面	0W/m^2
对称面($y=0\text{m}$)	对称面	

5.5.2　边界条件

环境计算区域出口包括四个面：模型顶部的面($z = 1500$m)、环境计算区域的底部($z = 200$m)、平行于进口面的平面($x = 1500$m)以及平行于对称面的平面($y = 1000$m)。这些面的压力都设置为0Pa。

环境风的速度设为定值，因为当高度在100m以上时，环境风速度变化不大，将环境风设置为常数对模拟结果不会产生太大影响。

去掉 5.4 节中模型的环境区域下部分使建模较容易，并且有利于单独研究环境风对烟囱出口的影响。即使在高度 200m 以下环境风进口设置为 0m/s，其他的结构尺寸和 5.4 节中模型一样，上部的环境风仍然会对集热棚进口产生扰动。所以，将环境计算区域的下部分截去可以帮助实现单独研究环境风对烟囱出口的影响。使用这个模型还有一个好处，这个模型的整体体积更小，在同样的计算机限度内，可以适当提高网格密度从而提高计算精度。

5.5.3　结果分析

图 5-19 显示了模型 2 中的对称面速度矢量。图中集热棚上方的空白区域没有包含在计算区域中。如图所示，不管环境风多大，速度矢量几乎是轴对称的。即使当 $U_{500m} = 50$m/s 时，也只有一小部分烟囱出口旁边的空气具有水平方向上的速度分量。通过比较环境风作用于整个系统和只作用于烟囱出口的计算模拟结果，可以很容易发现上升气流集中在烟囱的右边是因为环境风吹进了集热棚。

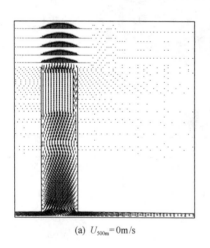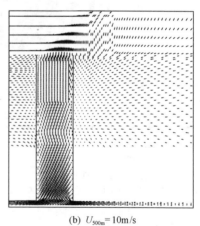

(a) $U_{500m} = 0$m/s　　　　　　　　　　(b) $U_{500m} = 10$m/s

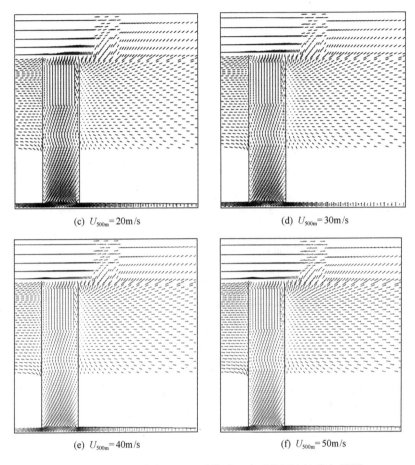

(c) $U_{500m}=20m/s$ 　　　　　　　　　(d) $U_{500m}=30m/s$

(e) $U_{500m}=40m/s$ 　　　　　　　　　(f) $U_{500m}=50m/s$

图 5-19　透平压降为 300Pa 时模型 2 中对称面上速度矢量图

　　图 5-20 显示了环境风只作用于烟囱出口时不同环境风速度和不同透平压降下烟囱出口的平均速度。从图中可以看出，当环境风速度低于 20m/s 时，烟囱出口的平均速度基本上是一样的，由此可以推断出，速度低于 20m/s 的环境风对烟囱中的流动影响很小。烟囱出口的平均速度在环境风速度高于 20m/s 时随着环境风速度的上升而迅速增大。这个趋势表明，速度超过 20m/s 的环境风通过形成负压区，可以对流动特性产生很大的积极影响。与 5.4 节模型中的模拟结果相比较（该模型表明任何大小的环境风都对产生更强的流动不利），很明显环境风的负面影响是由作用在集热棚上的环境风造成的，并且这个负面影响比形成负压区带来的正面影响更强。

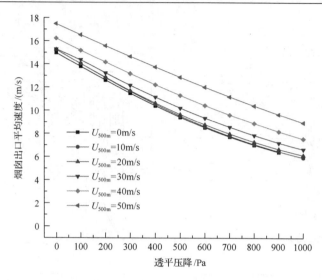

图 5-20　烟囱出口不同环境风速度下的平均速度

在本模型结果中，环境风速度只直接影响烟囱出口的气流，由此可以推断出环境风只作用于集热棚进口时的影响。根据前一段的分析，环境风只作用于集热棚进口会比作用于整个太阳能热气流发电系统有更大的弊端。

图 5-21 显示了在不同环境风速度下系统输出功率随着透平压降的改变。在 0～1000Pa 范围内，对于任意环境风速度，系统输出功率都会随着透平压降的增大而持续增大。图 5-21 中的 $U_{500m} = 0m/s$ 曲线和图 5-17 中的 $U_{500m} = 0m/s$ 基本吻合，证明了本模型的可行性。

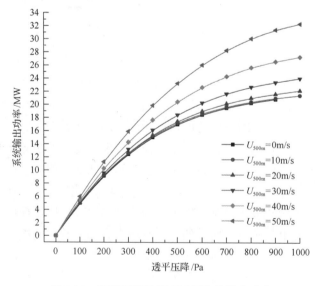

图 5-21　不同环境风速度下系统的输出功率

　　从系统输出功率计算公式可以得知，系统输出功率是一个常数、透平压降和体积流量的乘积。烟囱出口的体积流量可以从烟囱出口的平均速度算出，因为烟囱出口的平均速度与体积流量呈线性关系，所以烟囱出口的体积流量和图 5-20 中的变化趋势是一样的。当透平压降增大时，烟囱出口的体积流量减小，因为透平会产生较大的流动阻力。然而体积流量变化速度较低，这使得体积流量和透平压降的乘积随着透平压降的升高而增大，因此系统输出功率也不断增大。

　　在透平压降取为某一个值时，太阳能热气流发电系统的系统输出功率随着环境风速度的增大而增大。由式 (5-9) 可知，这个趋势同样可以由图 5-21 得到。当环境风的速度小于 20m/s 时，系统输出功率随着环境风速度的增大而增大的趋势不明显，然而当环境风速度在 20～50m/s 的范围内时系统输出功率随着环境风速度的增加而显著增大。

　　透平压降为 300Pa 时对称面上的速度分布如图 5-22 所示。对称面上烟囱部分的速度大小基本是对称的。从图中同样可以得到烟囱里面的速度最大值。当环境风速度大小为 0m/s、10m/s、20m/s、30m/s、40m/s、50m/s 时，最大速度分别为 23m/s、22.4m/s、20.5m/s、24.5m/s、26.5m/s、29.3m/s。烟囱出口的平均速度、烟囱里面的最大速度、系统的输出功率以及烟囱出口的体积流量都显示出相同的变化趋势。

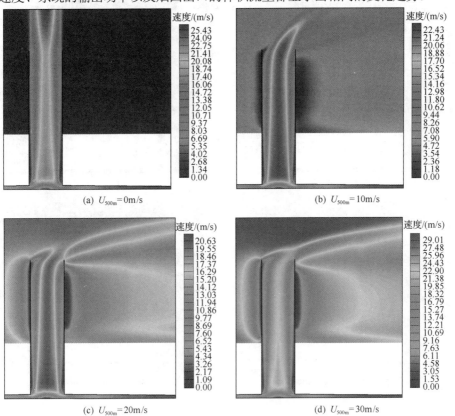

(a) $U_{500m}=0m/s$　　　　　　　　　　(b) $U_{500m}=10m/s$

(c) $U_{500m}=20m/s$　　　　　　　　　　(d) $U_{500m}=30m/s$

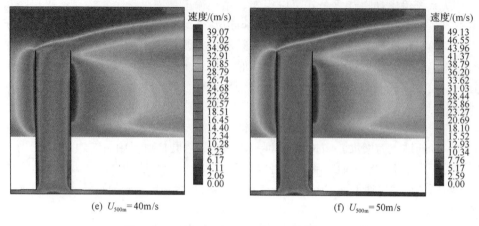

(e) U_{500m}=40m/s   (f) U_{500m}=50m/s

图 5-22 透平压降为 300Pa 时对称面速度分布

为了研究流动特征，一定要考虑系统的驱动力。透平压降为 300Pa 时对称面的压力分布图如图 5-23 所示。烟囱底部最小的压力可以反映出系统的运行驱动力。

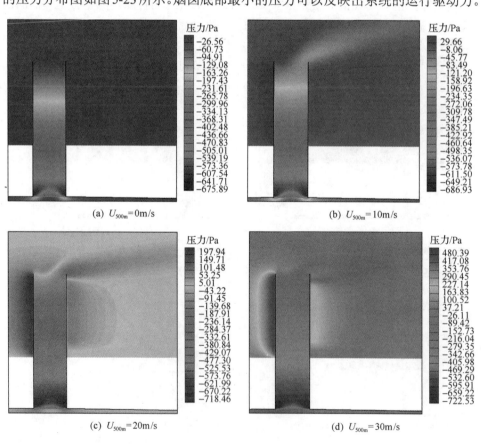

(a) U_{500m}=0m/s   (b) U_{500m}=10m/s

(c) U_{500m}=20m/s   (d) U_{500m}=30m/s

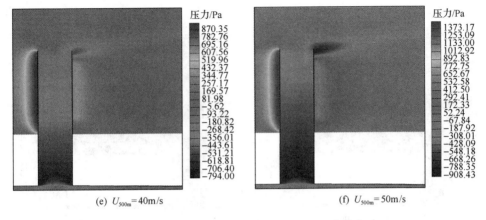

(e) $U_{500m}=40m/s$　　　　　　　　　　(f) $U_{500m}=50m/s$

图 5-23　透平压降为 300Pa 时对称面压力分布

当环境风速度以 10m/s 的幅度从 0m/s 增大到 50m/s 时，烟囱底部最小的压力分别为 –675.89Pa、–686.93Pa、–718.46Pa、–722.53Pa、–794.00Pa、–908.43Pa。烟囱底部的最小压力随着环境风速度的增大而逐渐减小，当环境风速度超过 20m/s 时，最小压力发生显著变化。由于结果中没有显示出类似于 5.4 节模型中出现的空气聚集现象，烟囱出口的平均速度、烟囱里面的最大速度、系统输出功率、烟囱出口的体积流量的变化都可以由烟囱底部的最小压力来解释，这是影响流动的重要因素。

当没有环境风作用于集热棚进口时，驱动力改变的主要影响因素是烟囱出口产生的负压区，负压区可以抽出更多的空气。烟囱出口的平均压力在环境风速度为 0m/s、10m/s、20m/s、30m/s、40m/s、50m/s 时分别为 –6.4Pa、–45.0Pa、–49.2Pa、–84.0Pa、–162.3Pa、–276.7Pa。更强的环境风能形成更强的负压区，当环境风速度比 20m/s 大时这个规则更加明显。根据明廷臻等的分析，烟囱底部最小压力可以用来描述发电系统的驱动力。烟囱底部最小压力的变化很可能是由于烟囱出口的负压区，更强的负压区导致烟囱底部产生更小的压力从而产生更大的驱动力。因此，烟囱出口的负压区也可以作为一种驱动力。

图 5-24 显示了模型中对称面的温度分布(当透平压降取值为 300Pa 时)。当环境风速度从 0m/s 增大到 50m/s 时,烟囱出口的平均温度从 319.3K 减小到 312.9K。烟囱中空气具有更高温度对于形成更强的气流是有好处的，因为这样会产生更强的浮力。吹出烟囱的热空气很快被环境风冷却，环境风的存在会加强烟囱里面热空气和烟囱外面的环境空气之间的换热。虽然较低温度的空气对于空气流动不利，但是负压区产生的正面影响比较低温度的空气产生的负面影响更大。在此系统中烟囱较高，由环境风产生的烟囱出口的更强的换热可能对离烟囱出口较远的空气的影响很不明显。

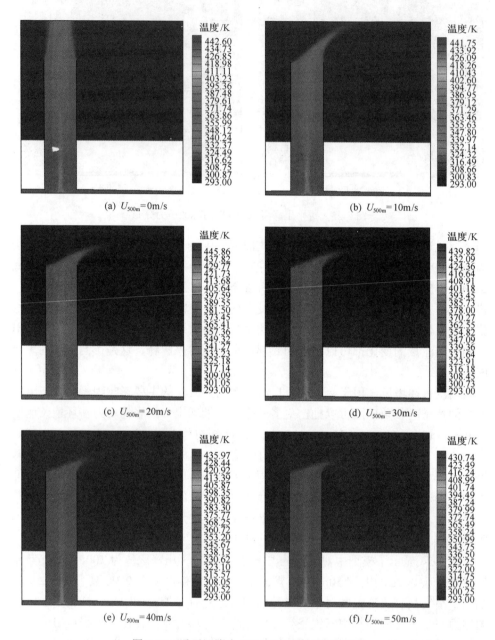

图 5-24　透平压降为 300Pa 时对称面温度分布

　　对于 5.4 节中的模型，烟囱中的空气被吹到右边，在烟囱的左边还有回流的现象。可能有两个原因导致回流：一是烟囱底部的空气被吹到右边，环境风在烟囱顶部形成一个"盖子"，使得部分上升气流反流到烟囱左边；二是环境风形成的负压使外部的空气流入烟囱。图 5-22 显示了本模型中对称面的速度大小分布。通过本模型的模拟可以知道环境风在烟囱出口的作用主要是提供一个负压区，这可能导致更高速度的上升气流流出烟囱。图 5-25 显示了 5.4 节模型中的对称面上

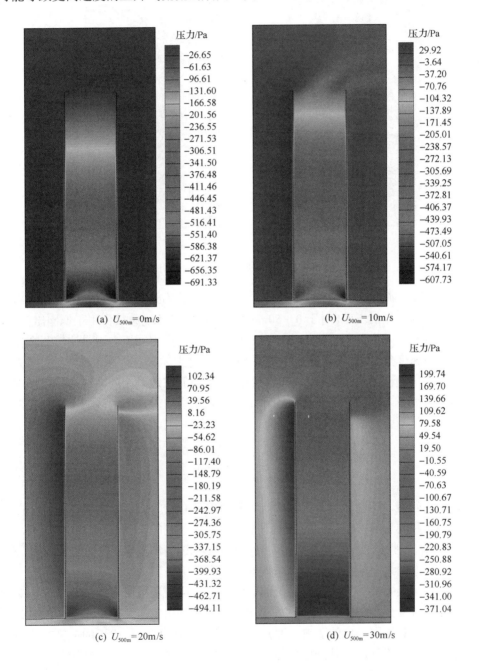

(a) U_{500m}=0m/s (b) U_{500m}=10m/s
(c) U_{500m}=20m/s (d) U_{500m}=30m/s

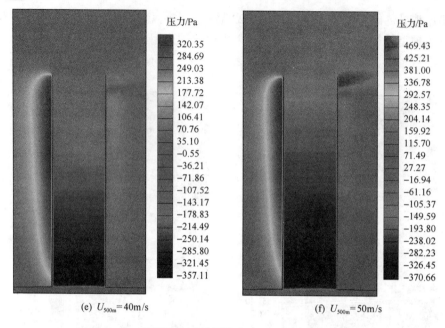

(e) $U_{500m}=40m/s$　　　　　　　　　(f) $U_{500m}=50m/s$

图 5-25　5.4 节模型中透平压降为 300Pa 时对称面压力分布

的压力分布。在图 5-25 中，烟囱出口左边的压力比右边相对高些，但是烟囱出口附近并没有明显的压差。对于 0～50m/s 的环境风，当环境风只作用于烟囱出口时，没有回流现象发生。所以烟囱出口左右压差不足以产生回流。通过比较两个模型的对称面速度矢量图，5.4 节模型中的回流可能是上述第二种原因产生的，因为大多数来自集热棚的空气被带到烟囱的右边，烟囱的左边是空的，这会使得烟囱外面的空气被吸入烟囱。当环境风不作用于集热棚进口时，空的区域不再存在，烟囱里面也就不会有明显的回流现象。

5.6　本 章 小 结

　　研究表明，环境风对简化的西班牙实验电站有较为明显的影响，并且存在着有利和不利的影响，小风速的情况下整体影响是不利的，风速越大影响越大，大风速的情况下整体影响也是不利的，但是不利影响随着环境风速度的增大有所缓解。

　　由于大型太阳能热气流发电系统的商业应用价值较大，本章也主要研究了环境风对大型太阳能热气流发电系统的影响。通过比较环境风对整体系统的影响和只作用于烟囱出口的影响，很容易得到环境风对烟囱出口和集热棚进口的单独影响。

　　环境风对烟囱出口的影响主要是有利的。虽然烟囱出口附近的温度在环境风存在时会有所降低，但是烟囱里面的流动随着环境风的增大而不断增强，系统输出功率也逐渐增大。这个现象主要是由于环境风在烟囱出口产生了负压区。

　　环境风对集热棚进口的影响主要是不利的。冷的环境风会吹走集热棚中的热空气，使得烟囱中的流动减弱。同时，由于烟囱中上升气流会因为来自集热棚进口的环境风而集中在右边，烟囱出口负压区的存在使得烟囱左部产生回流。

　　环境风同时作用于烟囱出口和集热棚进口时，风速低于 20m/s 时对系统发电是不利的，风速高于 25m/s 时对系统的不利影响逐渐缓解。然而对于低于 30m/s 的环境风，系统的发电性能不会超过没有环境风的情况。

参 考 文 献

[1] Serag-Eldin M. Mitigating adverse wind effects on flow in solar chimney plants. Proceedings of the 4th International Engineering Conference, Sharm El-Sheikh, 2004.

[2] Niemann H J, Lupi F, Hoeffer R. The solar updraft power plant: Design and optimization of the tower for wind effects. Proceedings of the 5th European and African Conference on Wind Engineering EACWE5, Florence, 2009.

[3] Zhou X P, Yang J K, Ochieng R M, et al. Numerical investigation of a plume from a power generating solar chimney in an atmospheric cross flow. Atmospheric Research, 2009, 91(1): 26-35.

[4] 吕晓东, 袁行飞. 太阳能热气流发电烟囱的合理形体研究. 空间结构, 2010, 16(3): 79-85.

[5] 袁行飞, 吕晓东. 兆瓦级太阳能热气流发电站风荷载的数值模拟. 浙江大学学报(工学版), 2011, 45(1): 99-105.

[6] Ming T Z, Gong T R, de Richter R K, et al. A moist air condensing device for sustainable energy production and water generation. Energy Conversion and Management, 2017, 138: 638-650.

[7] Ming T Z, Wang X J, de Richter R K, et al. Numerical analysis on the influence of ambient crosswind on the performance of solar updraft power plant system. Renewable and Sustainable Energy Reviews, 2012, 16(8): 5567-5583.

[8] Ming T Z, Gui J L, de Richter R K, et al. Numerical analysis on the solar updraft power plant system with a blockage. Solar Energy, 2013, 98: 58-69.

[9] Shen W Q, Ming T Z, Ding Y, et al. Numerical analysis on an industrial-scaled solar updraft power plant system with ambient crosswind. Renewable Energy, 2014, 68: 662-676.

[10] Ming T, Wu Y, de Richter R K, et al. Solar updraft power plant system: A brief review and a case study on a new system with radial partition walls in its collector. Renewable and Sustainable Energy Reviews, 2017, 69: 472-487.

[11] Sangi R. Performance evaluation of solar chimney power plants in Iran. Renewable and Sustainable Energy Reviews, 2012, 16(1): 704-710.

[12] Ming T Z, Liu W, Xu G L, et al. Numerical simulation of the solar chimney power plant systems coupled with turbine. Renewable Energy, 2008, 33(5): 897-905.

[13] Pastohr H, Kornadt O, Gurlebeck K. Numerical and analytical calculations of the temperature and flow field in the upwind power plant. International Journal of Energy Research, 2004, 28(6): 495-510.

[14] Xu G L, Ming T Z, Pan Y A, et al. Numerical analysis on the performance of solar chimney power plant system. Energy Conversion and Management, 2011, 52(2): 876-883.

[15] Ming T Z, de Richter R K, Meng F, et al. Chimney shape numerical study for solar chimney power generating systems. International Journal of Energy Research, 2013, 37(4): 310-322.

[16] Ming T Z, Liu W, Xu G L. Analytical and numerical investigation of the solar chimney power plant systems. International Journal of Energy Research, 2006, 30(11): 861-873.

第 6 章　太阳能热气流发电系统的储能性能

6.1　概　　述

由于风能与太阳能的波动性和间歇性，现有的风力发电、太阳能光伏发电及太阳能高温热发电的发电功率呈现波动性和间歇性的特点，这是现有可再生能源发电系统的共同特征。实践表明，发电功率波动大对电力系统的发电备用容量和输电网络备用容量提出了较高的要求，不利于可再生能源发电的并网以实现商业应用。为了降低可再生能源发电系统的发电波动性，需配备相应的储能系统，但这些储能系统往往容量小且非常昂贵。太阳能热气流发电系统是一种发电功率连续、波动性相对较小的可再生能源发电系统。该系统由于蓄热层能够储存大量的太阳辐射在阴天或夜间也会不断释放能量，从而继续稳定发电。

关于系统发电功率的连续性和波动性，许多研究人员开展了细致的研究。Kreetz[1]以西班牙实验电站为原型，对包含水蓄热的系统进行了数值模拟。Bernardes 等 [2-5]计算了以水和土壤分别作为蓄热层对于系统发电功率的影响。Pretorius 和 Kroger [6-8]计算了不同类型蓄热材料对发电功率的影响。Ming 等模拟计算了多孔蓄热材料对系统连续发电能力的影响[9-11]。Pretorius 和 Kroger[6, 8]的计算结果表明，对于一座典型的 100MW 太阳能热气流发电系统，采用砂岩作为蓄热层的主要材料，系统一天内的发电功率峰谷值之比甚至超过了 6，这一数值仍然太大。本书在 Pretorius 和 Kroger[8]、Bernardes 和 Zhou[3, 4]计算模型的基础上，建立大尺寸水-砂岩联合蓄热的太阳能热气流发电系统数学模型，并分析蓄热材料，水层厚度、面积和位置对系统发电功率波动特性的影响。

朱丽等[12]设计了密闭水体和开放水体两种不同蓄热方式的太阳能热气流发电实验系统，分析不同应用背景下的太阳能热气流发电系统内部的温度分布及温升性能。实验结果发现，密闭水体蓄热方式的温升最大，开放水体系统的温升效果最差，多孔材料的加入使集热后的空气温度进一步降低。左潞等[13]搭建了 3 台带有不同石块蓄热层的太阳能热气流发电系统对比试验装置，并在实际天气条件下对其蓄热性能进行了对比，结果表明：随着蓄热层深度的增加，石块蓄热层内温度受外界的影响减小，系统内热气流的温升主要在集热棚的中前段，不同时间热气流温升幅度不同。石块蓄热材料的热容量和导热系数对蓄热层的平均温度与蓄热量影响较大，热容量大，则蓄热层的平均温度日夜变化幅度相对较小，对于太阳能热气流发电系统的发电峰谷差的调整有利。刘晓惠[14]和刘峰[15]对立式太阳能热气流发电系统的相变蓄热层的蓄热特性开展了实验和计算研究，建立数学模型时考虑了石蜡固液相变时产生的微自然对流的流动及传热过程，综合考虑换热速率和石蜡的蓄热量，确定了蓄热装置中隔板数量的最佳值。汪明君[16]提出了以100MW的太阳能热气流发电系统和6.87km²的太阳池为蓄热的太阳能气流综合储能发电系统，分析了不同太阳辐射条件下系统的出力特征。结果表明：当考虑太阳池的蓄热效果时，太阳池在太阳下山后给太阳能集热棚供热，太阳能热气流发电系统能在之后的一段时间内连续发电，总效率会有所增加。而且太阳辐射越大，结合太阳池后，太阳能热气流发电系统的效率增加得越多。

　　本章首先建立蓄热层动态储热释热过程的数学模型，分析不同材料和不同厚度及不同外部条件下的蓄热层的动态特征，然后建立蓄热材料对太阳能热气流发电系统的出力特征的影响，考虑不同的蓄热材料综合应用下太阳能热气流发电系统的发电平稳性。

6.2　不同蓄热层的动态储热性能

6.2.1　物理数学模型

　　为分析蓄热层物性、环境因素对发电稳定性的影响，这里设计蓄热层为长 $a = 20\text{m}$、厚度 $d = 5\text{m}$ 的二维模型。

　　蓄热层内能量传递可用导热微分方程为

$$\rho c_p \frac{\partial T}{\partial t} = \frac{\partial}{\partial x}\left(\lambda \frac{\partial T}{\partial x}\right) + \frac{\partial}{\partial y}\left(\lambda \frac{\partial T}{\partial y}\right) \tag{6-1}$$

　　蓄热层表面的热平衡条件可表示为

$$Q_{\text{stor,air}} + Q_{\text{stor,down}} + Q_{\text{solar}} = 0 \tag{6-2}$$

　　蓄热层的底部条件为

$$T = 常数 \tag{6-3}$$

　　蓄热层两侧的条件为

$$\frac{\partial T}{\partial y} = 0 \tag{6-4}$$

式中，ρ 为蓄热层密度；λ 为蓄热层的导热系数；$Q_{\text{stor,air}}$ 为蓄热层与集热棚内的空气之间的总换热量，$Q_{\text{stor,air}} = A_{\text{stor}} h_{\text{stor,air}} (T_{\text{stor}} - T_{\text{air}})$，其中 A_{stor} 为蓄热层表面的换热面积，$h_{\text{stor,air}}$ 为蓄热层表面与棚内空气的折算对流换热系数，$h_{\text{stor,air}} = h + \sigma(T_{\text{stor}} + T_{\text{air}})(T_{\text{stor}}^2 + T_{\text{air}}^2)$，此处 h 为蓄热层表面与棚内空气的对流换热系数；$Q_{\text{stor,down}}$ 为蓄热层的蓄热量；Q_{solar} 为太阳辐射。

6.2.2　蓄热层的物性对系统的影响

以土壤为蓄热层为例，由于在不同的地区土壤物性存在较为明显的差异，其中土壤的导热系数是影响蓄热层与棚内空气换热过程的重要物性之一，下面通过具有不同导热系数的土壤蓄热层模型对系统进行分析。

为了方便地得到蓄热层的物性对系统的影响情况，设定计算模型条件如下：①计算时间为 1 天，初始时刻为 6:00。②太阳辐射。当 $0 < t \leqslant 43200\text{s}$，$Q_{\text{solar}} = Q_{\text{solar,max}} \sin\left(\dfrac{\pi}{2} \cdot \dfrac{t}{21600}\right)$；当 $43200\text{s} < t \leqslant 86400\text{s}$，$Q_{\text{solar}} = 0\text{W/m}^2$，$Q_{\text{solar,max}} = 1000\text{W/m}^2$；③棚内空气流速为定值，$v = 2\text{m/s}$，温度为 293K。④蓄热层介质为土壤，土壤密度为 1700kg/m^3，比定压热容为 2016J/(kg·K)。⑤蓄热层底部温度为 288K。得到的蓄热层表面温度随时间变化的分布情况如图 6-1 所示。

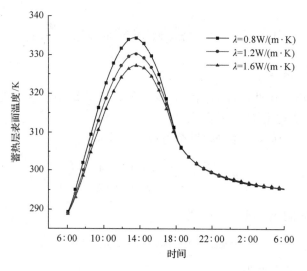

图 6-1　不同导热系数的蓄热层表面温度随时间的变化情况

从图 6-1 中可以看到，蓄热层表面的温度随时间有较大的波动。在白天，蓄热层积蓄能量的同时与棚内空气进行对流换热，蓄热层吸收到的太阳辐射与其传递给空气的热量的总效果即蓄热层的吸热量。太阳辐射的最大值应出现在 12:00 左右，而从图中可以明显看到，蓄热层表面温度在 14:00 之前保持迅速上升，在 14:00 左右达到最高。这是因为蓄热层蓄热的热惯性造成的温度峰值滞后现象，使得其表面温度的变化滞后于太阳辐射的变化。在 14:00 以后，蓄热层表面温度下降，一方面是由于太阳辐射逐渐减弱，另一方面由于蓄热层与空气进行换热。到了夜间，太阳辐射为零，此时蓄热层温度仍然高于空气温度，所以蓄热层与空气继续进行换热，蓄热层表面温度下降，并逐渐与棚内空气达到热平衡状态。此外，还可看到，随着土壤导热系数的提高，其表面温度逐渐降低，蓄热层表面随时间波动的幅度减小，即利于保持系统的稳定。

为进一步分析导热系数对蓄热层温度分布的影响，取不同导热系数，在蓄热层上同一位置、同一时刻，即 $x=10\text{m}$ 处、$t=14:00$ 时，得到温度沿蓄热层厚度方向的变化如图 6-2 所示。

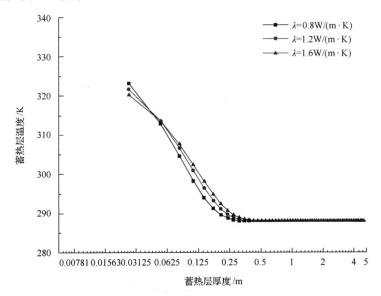

图 6-2 14:00 不同导热系数的蓄热层温度沿蓄热层厚度的分布情况

由图 6-2 不难发现，从蓄热层表面到距离蓄热层表面 0.5m 处这段温度变化最为剧烈。而从蓄热层表面 0.5m 处至蓄热层底部，温度基本保持不变。另外，随着蓄热层导热系数的增加，蓄热层表面的温度降低，同时，温度沿蓄热层厚度的变化幅度减小，而温度变化的影响范围增加，即导热系数越大，蓄热层内部温度分布越均匀，这一现象与导热系数的物理含义相符。

6.2.3 空气流速对蓄热层性能的影响

蓄热层的温度分布除了受其物性的影响，还与棚内空气的流速存在密切的关系，棚内空气流速不同，则蓄热层的温度分布不同，蓄热层表现出的温度波动情况不同，继而影响到系统的稳定性。图 6-3 为不同的空气流速的情况下蓄热层表面的温度分布情况。

计算模型条件如下：①计算时间为 1 天，初始时刻为 6:00。②太阳辐射。当 $0<t\leqslant43200\text{s}$ 时，$Q_{\text{solar}}=Q_{\text{solar,max}}\sin\left(\dfrac{\pi}{2}\dfrac{t}{21600}\right)$；当 $43200<t\leqslant86400\text{s}$ 时，$Q_{\text{solar}}=0\text{W/m}^2$，$Q_{\text{solar,max}}=1000\text{W/m}^2$。③棚内空气温度为 293K。④蓄热层为土壤，

土壤密度为 1700kg/m^3，比定压热容为 2016J/(kg·K)，导热系数为 1.2W/(m·K)。
⑤蓄热层底部温度为 288K。

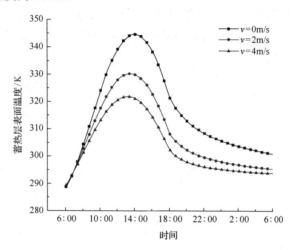

图 6-3　空气流速对蓄热层表面温度的影响

　　从图 6-3 中可以得到，在相同时刻，随着空气流速的增加，蓄热层表面温度
降低，这是因为随着流速的提高，空气与蓄热层的对流换热系数提高，加强了
蓄热层与空气的换热，降低了蓄热层的净吸热量，从而使表面温度降低。同时
还可以看到，随着空气流速的提高，蓄热层表面的最高温度出现的时间提前。
这是因为蓄热层本身的蓄热特性使得其表面最高温度出现的时间滞后于最强的
太阳辐射出现的时间，而在较大空气流速的情况下，蓄热层的蓄热能力减弱，
其温度变化的滞后情况得以缓解，因此，蓄热层表面的最高温度出现的时间越
来越接近于最大太阳辐射出现的时间。另外，从图中还可以得到，随着空气流
速的提高，蓄热层与空气的换热加强，其表面温度的波动幅度减小，这将利于
系统的稳定运行。

　　以上计算模型中认为蓄热层与空气在进行热交换时的对流换热系数是恒定
的，但考虑到实际情况，对流换热系数受到太阳辐射、空气流速、时间等因素
的影响，其在系统发电的过程中是变化的。另外，在蓄热层与空气进行换热的
过程中，空气风速并非恒定的，而是存在一定波动的，此波动反映在对流换热
过程中则表现为对流换热系数的波动。为研究在非恒定对流换热系数的对流换
热过程中蓄热层的温度分布情况，设定以下 4 个计算模型，条件如下：①计算
时间为 10 天，初始时刻为 6:00。②太阳辐射。当 $0 < t \leqslant 43200n$s 时，$Q_{\text{solar}} = Q_{\text{solar,max}} \sin\left(\dfrac{\pi}{2}\dfrac{t}{21600}\right)$；当 $43200n < t \leqslant 86400n$s，$Q_{\text{solar}} = 0$，$Q_{\text{solar,max}} = 1000\text{W/m}^2$，其中，$n = 1,2,3,4,5,6,7,8,9,10$。③对流换热系数设定为 $h = 20.9 + 9.5 \sin\left[\dfrac{(t-7200)}{21600}\dfrac{\pi}{2}\right]$，

其中 $0 < t \leqslant 86400ns$。④棚内空气温度为 293K，对流换热系数设定为 $h = 17.2 + 8.74 \sin \left[\dfrac{(t-7200)}{21600} \dfrac{\pi}{2} \right]$，$0 < t \leqslant 28800ns$；$h = 13.2 + 6.84 \sin \left[\dfrac{(t-7200)}{21600} \dfrac{\pi}{2} \right]$，$28800ns < t \leqslant 57600ns$；$h = 9.5 + 0.95 \sin \left[\dfrac{(t-7200)}{21600} \dfrac{\pi}{2} \right]$，$57600ns < t \leqslant 86400ns$。⑤蓄热层为土壤，土壤密度为 1700kg/m³，比定压热容为 2016J/(kg·K)，土壤的导热系数为 1.2W/(m·K)。⑥蓄热层底部温度为 288K。

每天都是从 6:00 开始计算，一共计算 10 天的数值，计算结果如图 6-4 所示。

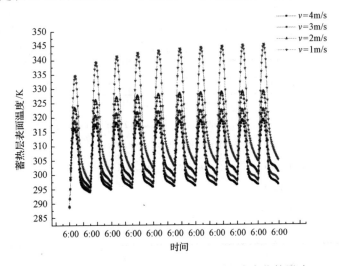

图 6-4　4 种模型下风速对蓄热层表面温度变化的影响

由图 6-4 可以明显看到，同一时刻蓄热层表面的温度随着空气流速的增加而降低。同时，4 种模型中同一时刻的温差随着时间的推进而逐步增加，这是由于随着时间的推进，蓄热层逐步积蓄能量，在相同的外界条件下，流速越小的模型中，蓄热层与空气的对流换热强度越低，蓄热层储存的能量越多，蓄热层表面的温度越高。这种蓄热层积蓄热量导致温度变化的滞后效应，使得不同模型的蓄热层在同一时刻的温差越来越大。

6.3　太阳能热气流发电系统的储热性能及其发电特性

6.3.1　物理模型

本节研究带有蓄热层的 100MW 级商用太阳能热气流发电系统的储热性能及其发电特性，基本参数如表 6-1 所示。蓄热层可选用砂岩和水两种材料。在砂岩蓄热模型中，单纯采用砂岩进行蓄热；在水-砂岩联合蓄热模型中(图 6-5)，在砂岩中挖一定深度的环形水池，用塑料垫底以防止水泄漏，将水池蓄满水，水面用透明薄膜覆盖，以利于水吸收太阳能蓄热并防止水蒸发。

表 6-1　100MW 级太阳能热气流发电系统基本参数

集热棚顶棚（玻璃）		水	
参数	参数值	参数	参数值
发射率	$\varepsilon_r = 0.87$	发射率	$\varepsilon_w = 0.9$
顶棚形状系数	$b = 1$	吸收率	$\beta_w = 0.4$
进口高度	$H_i = 5m$	消光系数	$\alpha_w = 0.5$
棚外直径	$d_o = 5000m$	密度	$\rho_w = 995kg/m^3$
棚内直径	$d_i = 189m$	比定压热容	$c_{pw} = 4174J/(kg \cdot K)$
		导热系数	$\lambda_w = 0.63W/(m \cdot K)$

蓄热层		烟囱和透平		环境	
参数	参数值	参数	参数值	参数	参数值
材料	砂岩	烟囱高度	$H_c = 1000m$	环境大气压	$p_a = 90000N/m^2$
发射率	$\varepsilon_g = 0.9$	烟囱内径	$d_c = 210m$	10m 高处环境风速	$u_a = 3m/s$
吸收率	$\beta_g = 0.9$	透平发电机组效率	$\eta_g = 80\%$		
密度	$\rho_g = 2160kg/m^3$	透平进口损失系数	$\eta_{turb,i} = 14\%$		
比定压热容	$c_{pg} = 710J/(kg \cdot K)$				
导热系数	$\lambda_g = 1.83W/(m \cdot K)$				
厚度	$y_g = 5m$				

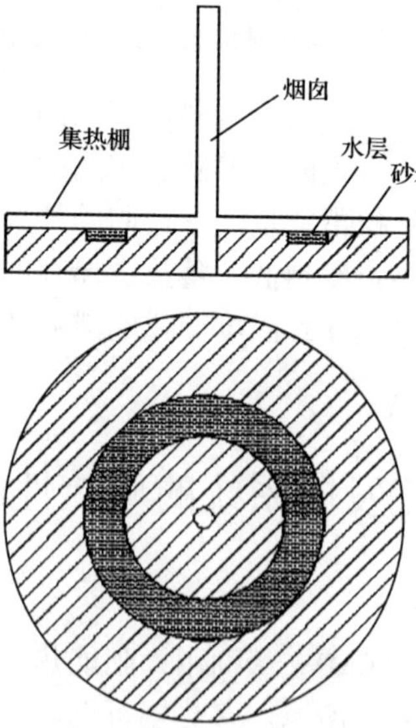

图 6-5　100MW 级太阳能热气流发电系统模型图

6.3.2 数学模型

下面依据 100MW 级太阳能热气流发电系统的物理模型在一定的基本假设下给出数学模型，数学模型包括集热棚、蓄热层、烟囱以及透平和发电机。数学模型的基本假设如下。

(1)集热棚和烟囱中的空气流动过程都处于准静过程。

(2)集热棚和烟囱中的空气流动都属于可压缩流动。

(3)集热棚中的空气流动为轴对称流动。

(4)集热棚中的空气被加热的过程是轴对称过程。

(5)太阳能热气流发电系统位于平面上。

(6)集热棚中的空气流动处在两不相关的平板之中。

1)集热棚

将集热棚沿半径方向分为若干个等长度单元，假定每个单元内空气温度线性变化，前一单元的出口温度为后一单元的进口温度，沿半径方向由集热棚进口向出口进行迭代计算，可得集热棚出口处空气温度。每个单元内空气的连续性方程为

$$\frac{\partial}{\partial r}\left(\rho v r H_{\text{coll}}\right) = 0 \tag{6-5}$$

式中，ρ、v 分别为集热棚内空气密度和流速；集热棚顶部高度 H_{coll} 随集热棚半径变化：

$$H_{\text{coll}} = H\left(\frac{r}{R}\right)^b \tag{6-6}$$

式中，H 和 R 分别为集热棚的高度和半径；b 为顶棚形状系数。

每个单元内空气的动量方程为

$$\frac{\partial(mv)}{\partial t} = -\dot{m}v_2 + \dot{m}v_1 + p_1 A_1 - p_2 A_2 - 2\pi r R\tau \tag{6-7}$$

式中，$\dot{m}$ 为质量流量；t 为时间；v_1、v_2、A_1、A_2、p_1、p_2 分别为每个单元进出口速度、进出口截面积、进出口压力；τ 为空气的切应力。

实际集热棚内的压力变化较小，因此在计算中忽略集热棚内的压力变化。

式(6-7)中，τ 为集热棚表面对于集热棚内空气的切应力，可由式(6-8)和式(6-9)确定：

$$\frac{c_{\text{w}}}{2} = \frac{0.664}{\sqrt{Re_{\text{L}}}}, \qquad \text{层流} \tag{6-8}$$

$$\frac{c_{\mathrm{w}}}{2} = \frac{0.0592}{Re_{\mathrm{L}}^{1/5}}, \qquad 10^5 \leqslant Re_{\mathrm{L}} < 10^7 \tag{6-9}$$

式中，c_{w} 为阻力系数；Re_{L} 为局部雷诺数。

每个单元中顶棚玻璃、地表蓄热层、棚内空气的热平衡方程如式 (6-10) ～式 (6-12) 所示：

$$U_{\mathrm{ra}}(T_a - T_r) + h_{\mathrm{rf}}(T_f - T_r) + h_r(T_g - T_r) = 0 \tag{6-10}$$

$$h_{\mathrm{gf}}(T_g - T_f) + h_{\mathrm{rf}}(T_r - T_f) = \frac{\dot{m}_f c_{pf}(T_f - T_{f,\mathrm{o}})}{\pi r L} \tag{6-11}$$

$$S + h_{\mathrm{gf}}(T_f - T_g) + h_r(T_r - T_g) + \frac{\lambda}{\frac{1}{2}\mathrm{d}y}\left(T_s^k - T_f\right) = 0 \tag{6-12}$$

式中，T_a、T_r、T_f、T_g 分别为该计算单元外界环境空气温度、玻璃温度、内部空气温度、蓄热层表面温度；T_s^k 为 k 时刻与蓄热层表面相邻的蓄热介质节点的温度；$\dot{m}_f$ 为内部空气质量流量；c_{pf} 为内部空气比定压热容；$T_{f,\mathrm{o}}$ 为前一单元空气出口温度；h_{gf}、h_{rf} 分别为空气与集热棚顶棚、空气与蓄热层表面之间的对流换热系数；砂岩蓄热模型计算条件下 λ 取 λ_g，水-砂岩联合蓄热模型中 λ 取 λ_{w}；$\mathrm{d}y$ 为计算单元的棚高度；S 为蓄热层表面吸收的太阳辐射：

$$S = \beta S_{\mathrm{sun}} \tag{6-13}$$

式中，对于砂岩表面，$\beta = \beta_g$，对于水面 $\beta = \beta_{\mathrm{w}}$；$S_{\mathrm{sun}}$ 为太阳辐射量。

U_{ra} 为集热棚顶棚与环境空气之间的换热系数，可由以下公式得到[17]

$$U_{\mathrm{ra}} = 5.7 + 3.8u_{\mathrm{a}} \tag{6-14}$$

式中，u_{a} 为环境风速。

集热棚顶棚与蓄热层表面可视为两个相对的平行平面，h_r 为它们之间的辐射换热系数：

$$h_r = \frac{\sigma(T_r^2 + T_g^2)(T_r + T_g)}{1/\varepsilon_r + 1/\varepsilon_g - 1} \tag{6-15}$$

式中，σ 为斯特藩-玻尔兹曼常数；ε_r、ε_g 分别为集热棚顶棚和蓄热层表面的发射率。

在不考虑表面粗糙度的情况下，集热棚顶棚及蓄热层表面与集热棚内空气的对流换热系数可由式 (6-16) ～式 (6-20) 确定：

$$Nu_n = \begin{cases} 0.54Ra^{1/4}, & 10^4 \leqslant Ra < 10^7 \\ 0.15Ra^{1/4}, & 10^7 \leqslant Ra < 10^{10} \end{cases} \qquad (6\text{-}16)$$

$$\begin{cases} Nu_x = \dfrac{1}{\sqrt{\pi}} \sqrt{Re_L} \dfrac{Pr}{(1+1.7Pr^{1/4}+21.36Pr)^{1/6}}, & Re_L < 5 \times 10^5 \qquad (6\text{-}17) \\ Nu_{f,\text{lam}} = 2Nu_x \end{cases}$$

$$Nu_{f,\text{tur}} = \frac{0.037Re^{0.8}Pr}{1+2.443Re^{-0.1}(Pr^{2/3}-1)}, \ 5 \times 10^5 < Re < 10^7, \ 0.6 < Pr < 2000 \ (6\text{-}18)$$

$$Nu_f = \sqrt{Nu_{f,\text{lam}}^2 + Nu_{f,\text{tur}}^2} \qquad (6\text{-}19)$$

$$Nu^3 = Nu_f^3 + Nu_n^3 \qquad (6\text{-}20)$$

式中，Nu_n、Nu_x、$Nu_{f,\text{lam}}$、$Nu_{f,\text{tur}}$ 分别为自然对流、x 处局部、层流、紊流的努塞特数；Pr 为普朗特数。

2) 砂岩蓄热模型

砂岩蓄热模型采用砂岩作为蓄热介质，可将蓄热层沿深度方向与半径方向分为若干个有限单元，为了简化计算，设其沿半径方向有限单元数与集热棚内沿半径方向的有限单元数相等，蓄热层中每个单元的能量平衡方程为

$$\frac{\rho_g c_{pg}}{\Delta \tau}(T^{k+1} - T^k)A\Delta y = U_N(T_N^{k+1} - T^{k+1})A_N + U_S(T_S^{k+1} - T^{k+1})A_S \\ + U_W(T_W^{k+1} - T^{k+1})A_W + U_E(T_E^{k+1} - T^{k+1})A_E \qquad (6\text{-}21)$$

式中，T^k、T^{k+1} 分别为 k 节点和 $k+1$ 节点的温度；T_N^{k+1}、T_S^{k+1}、T_W^{k+1}、T_E^{k+1} 分别为单元的北、南、西、东四个相邻节点 $k+1$ 时刻的温度；U_N、U_S、U_W、U_E 分别为单元的北、南、西、东四个相邻节点的传热系数；A_N、A_S、A_W、A_E 分别为单元与相邻节点的接触面积。

对于与蓄热层表面相接触的单元，式(6-21)中 T_N^{k+1} 为蓄热层表面温度，U_N 为蓄热层表面与该单元间的传热系数。蓄热层底部在计算中可视为定温。蓄热层内外边界视为绝热。

3) 水-砂岩联合蓄热模型

若采用水-砂岩联合蓄热模型，则将水蓄热层沿深度方向与半径方向分为若干个有限单元，为了简化计算，设其沿半径方向有限单元数与集热棚内沿半径方向的有限单元数相等，每个单元的能量平衡方程为

$$\frac{\rho_{\mathrm{w}} c_{p\mathrm{w}}}{\Delta \tau}(T^{k+1} - T^k)A\Delta y = U_{\mathrm{N}}(T_{\mathrm{N}}^{k+1} - T^{k+1})A_{\mathrm{N}} + U_{\mathrm{S}}(T_{\mathrm{S}}^{k+1} - T^{k+1})A_{\mathrm{S}}$$
$$+ U_{\mathrm{W}}(T_{\mathrm{W}}^{k+1} - T^{k+1})A_{\mathrm{W}} + U_{\mathrm{E}}(T_{\mathrm{E}}^{k+1} - T^{k+1})A_{\mathrm{E}} + SA \qquad (6\text{-}22)$$

式中，ρ_{w}、$c_{p\mathrm{w}}$ 为水的密度和比定压热容；A 为单位截面积。与水蓄热层表面相接触的单元的能量平衡方程中，T_{N}^{k+1} 为蓄热层表面 $k+1$ 时刻的温度；U_{N} 为蓄热层表面与该单元间的传热系数。对于与砂岩表面相接触的单元，式 (6-22) 中 T_{S}^{k+1} 为与水蓄热层相邻的砂岩蓄热单元温度，U_{S} 为水和砂岩联合表面的传热系数。水蓄热层内外边界视为绝热。S 为水蓄热层内节点吸收的太阳辐射并随水蓄热层厚度变化：

$$S = S_{\mathrm{sun}} \alpha_{\mathrm{w}} (1 - \beta_{\mathrm{w}}) \mathrm{e}^{-\alpha_{\mathrm{w}} y} \Delta y \qquad (6\text{-}23)$$

与水蓄热层相邻的砂岩蓄热节点的能量方程为

$$\frac{\rho_{\mathrm{g}} c_{p\mathrm{g}}}{\Delta \tau}(T^{k+1} - T^k)A\Delta y = U_{\mathrm{N}}(T_{\mathrm{N}}^{k+1} - T^{k+1})A_{\mathrm{N}} + U_{\mathrm{S}}(T_{\mathrm{S}}^{k+1} - T^{k+1})A_{\mathrm{S}}$$
$$+ U_{\mathrm{W}}(T_{\mathrm{W}}^{k+1} - T^{k+1})A_{\mathrm{W}} + U_{\mathrm{E}}(T_{\mathrm{E}}^{k+1} - T^{k+1})A_{\mathrm{E}} + SA \qquad (6\text{-}24)$$

式中，ρ_{g} 和 $c_{p\mathrm{g}}$ 为砂岩的密度和比定压热容。S' 为与水蓄热层相邻的砂岩节点吸收的太阳辐射：

$$S' = S_{\mathrm{sun}} (1 - \beta_{\mathrm{w}}) \mathrm{e}^{-\alpha_{\mathrm{w}} y} \qquad (6\text{-}25)$$

其他各砂岩蓄热节点的能量平衡方程满足式 (6-21)，砂岩底部在计算中可视为定温。水和砂岩蓄热层内外边界均为绝热。

4) 烟囱

忽略烟囱壁面的热损失，将空气在烟囱内的流动视为绝热膨胀过程，烟囱内空气密度随高度的变化遵循如下公式：

$$\rho_{\mathrm{c}}(z) = \rho_{\mathrm{c}}(0)\left(1 - \frac{k-1}{k}\frac{z}{H_0}\right)^{1/k-1} \qquad (6\text{-}26)$$

式中，$\rho_{\mathrm{c}}(0)$ 为烟囱进口空气密度；z 为沿高度方向坐标；$H_0 = \dfrac{R_{\mathrm{l}} T_{\mathrm{c,i}}}{g}$，$R_{\mathrm{l}}$ 为理想气体常数，$T_{\mathrm{c,i}}$ 为烟囱进口空气温度；k 取 1.4005。

烟囱外空气密度的变化随高度的变化如下：

$$\rho_{\mathrm{a}}(z) = \rho_{\mathrm{a}}(0)\left(1 - \frac{k-1}{k}\frac{z}{H_0}\right)^{1/k-1} \qquad (6\text{-}27)$$

式中，$H_0 = \dfrac{R_1 T_a(0)}{g}$，$T_a(0)$ 为烟囱进口空气温度，k 取 1.235。

5)透平与发电机

系统的动力是由于自然对流而在烟囱抽吸作用下形成的总抽力，烟囱提供的抽力用来克服空气流动的阻力，并对透平做功以输出电能。根据力平衡条件，有

$$\Delta p_{\text{tot}} = \Delta p_{\text{sys,res}} + \Delta p_{\text{turb}} \tag{6-28}$$

式中，Δp_{tot} 为系统抽力；Δp_{turb} 为提供给透平的压头；$\Delta p_{\text{sys,res}}$ 为系统总阻力：

$$\Delta p_{\text{tot}} = \left(1 - \eta_{\text{turb,i}}\right) \int_0^H (\rho_0 - \rho_t) g \mathrm{d}z \tag{6-29}$$

$$\Delta p_{\text{sys,res}} = \Delta p_{\text{dyn}} + \Sigma \Delta p_c + \Delta p_{c,i} + \Sigma \Delta p_{\text{coll}} + \Delta p_{\text{coll,i}} \tag{6-30}$$

式中，$\eta_{\text{turb,i}}$ 为透平理想效率；ρ_0、ρ_t 为系统内外空气的密度。

空气从烟囱出口进入大气存在动能压降损失 Δp_{dyn}，这个出口动能压降损失为

$$\Delta p_{\text{dyn}} = \frac{\rho_{c,o} v_{c,o}^2}{2} \tag{6-31}$$

式中，$\rho_{c,o}$、$v_{c,o}$ 分别为烟囱出口空气密度和速度。

烟囱中的压降 Δp_c 包括烟囱中空气加速的阻力损失以及烟囱中的沿程阻力损失：

$$\Delta p_c = \tau_c \frac{\pi d_c}{A_c} \Delta H + \rho_c v_c \Delta v_c \tag{6-32}$$

式中，A_c、d_c 为烟囱的截面积和直径；H 为高度；τ_c 为切应力；ρ_c 和 v_c 分别为烟囱内空气密度和速度。

烟囱进口的压降损失 $\Delta p_{c,i}$ 满足：

$$\Delta p_{c,i} = k_{c,i} \frac{\rho_{c,i} v_{c,i}^2}{2} \tag{6-33}$$

式中，$k_{c,i}$ 为烟囱内部局部阻力损失系数，$k_{c,i} = 0.5$；$\rho_{c,i}$、$v_{c,i}$ 分别为烟囱进口空气密度和速度。

集热棚中的压降 Δp_{coll} 包括集热棚中空气加速的阻力损失以及集热棚中的沿程阻力损失：

$$\Delta p_{\text{coll}} = (\tau_r + \tau_g) \frac{\Delta r}{H} + \rho_{\text{coll}} v_{\text{coll}} \Delta v_{\text{coll}} \tag{6-34}$$

式中，ρ_{coll}、v_{coll} 分别为集热棚内空气密度和速度；τ_r、τ_g 为加速和沿程阻力。

集热棚入口局部阻力损失 $\Delta p_{coll,i}$ 满足式(6-35)：

$$\Delta p_{coll,i} = \frac{\rho_a v_{coll,i}^2}{2} \tag{6-35}$$

式中，ρ_a 为空气密度；$v_{coll,i}$ 为集热棚入口空气速度。

定义透平压降因子 x 为提供给透平的压头与系统总抽力的比值，计算时取为 0.85。根据系统力平衡方程(6-28)可计算出烟囱出口空气速度：

$$v_{c,o} = \sqrt{\frac{2}{\rho}(1-x)\left(\Delta p_{tot} - \Sigma\Delta p_c - \Delta p_{c,i} - \Sigma\Delta p_{coll} - \Delta p_{coll,i}\right)} \tag{6-36}$$

式中，ρ 为烟囱内空气平均密度。

太阳能热气流发电系统的透平为轴流式风力透平，根据式(6-37)计算其对外输出的轴功率：

$$P = x\Delta p_{tot} V \tag{6-37}$$

式中，V 为体积流量。

输出的电功率与轴功率之间的关系为

$$P_{elec} = \eta_g P \tag{6-38}$$

式中，η_g 为发电效率。

6) 波动因子

如前面所述，可再生能源的波动性和间歇性导致输出功率的波动性与间歇性，这导致了电网连接的困难。为了实现良好的输出功率的电网连接，在评估可再生能源发电系统的表现时应该考虑到它们的稳定性和连续性。因此，波动因子是指系统在一天不同时间的输出功率与其最低输出功率之比：

$$F_{elec} = \frac{P_{elec}}{P_{elec,min}} \tag{6-39}$$

式中，F_{elec} 为波动因子；$P_{elec,min}$ 为一天中最低的输出功率。显然，随着最低输出功率 $P_{elec,min}$ 的增大，F_{elec} 的最大值将降低，波动因子的曲线将变得平缓，这将产生较为稳定的系统输出功率。反之，最低输出功率的减小将导致更大的 F_{elec} 的最大值和一个陡峭的波动因子曲线，从而使系统的输出功率更为不稳定。如果偶尔出现在一天内最低的输出功率为零，则该系统输出功率将是不连续的。

6.4　计 算 方 法

确定了材料物性参数、系统结构尺寸、初始计算条件及系统设定值后开始进行计算，计算流程图如图 6-6 所示。首先确定初始时刻、初始蓄热层温度，并给定空气速度，由式(6-10)～式(6-12)计算单位时间内节点空气温度，通过迭代计算得到集热棚中所有节点的空气温度，再由式(6-36)计算烟囱出口空气速度，当计算速度与给定速度不相等时，对速度进行迭代运算，可得到相应初始条件及蓄热温度下对应的系统空气速度、温度及蓄热层表面温度。然后在给定的时间常数

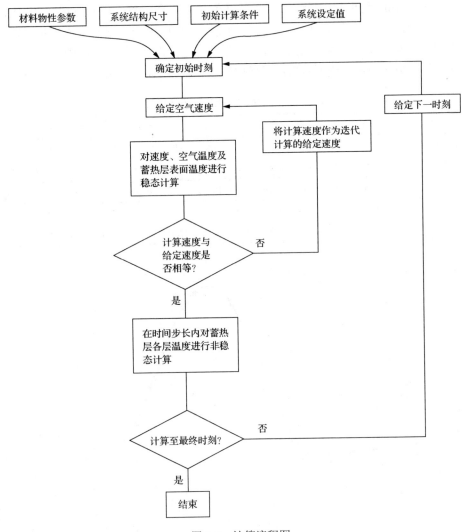

图 6-6　计算流程图

下，解蓄热层内的节点方程，得到蓄热区域内各部分的温度分布。计算结束后将蓄热层温度作为下一时刻的初始蓄热温度，并对下一时刻进行求解。当计算至最终时刻时程序结束。

6.5　验　证

为了验证本书所采用数学模型的可靠性，本节选用的参数，如环境温度和太阳辐射等均取自文献[8]中的 12 月某一天的逐时参数（表 6-2），蓄热层底部温度为313.15K。将本书计算结果与文献结果进行对比，如图 6-7 所示。显然，本书计算结果与 Pretorius 结果相当接近，二者的峰值基本重合，谷值相差不超过 4MW，峰谷值出现的时间基本相同。两者的差异是由集热棚内空气强制对流换热系数、集热棚与外界空气对流换热系数以及透平压降因子的取值不同等造成的。另外，本书在建立蓄热层的数学模型时考虑了横向导热。综上所述，本书计算模型是可行的。

表 6-2　计算采用的太阳辐射与环境温度

时间	1:00	2:00	3:00	4:00	5:00	6:00	7:00	8:00	9:00	10:00	11:00	12:00
太阳辐射/(W/m²)	0	0	0	0	0	138	357	572	762	909	1003	1035
环境温度/℃	24.92	24.49	24.06	23.63	23.20	22.77	22.34	21.91	24.00	25.80	27.40	28.60

时间	13:00	14:00	15:00	16:00	17:00	18:00	19:00	20:00	21:00	22:00	23:00	24:00
太阳辐射/(W/m²)	1009	917	773	587	375	157	0	0	0	0	0	0
环境温度/℃	29.70	30.10	30.40	30.30	29.70	28.90	27.50	27.07	26.64	26.21	25.78	25.35

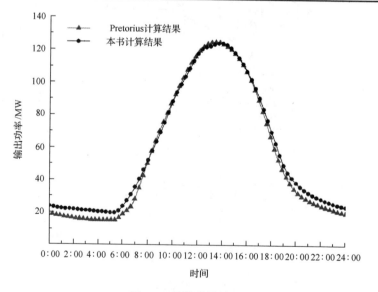

图 6-7　计算结果对比

6.6　计算结果与分析

6.6.1　蓄热材料对系统发电性能的影响

　　白天，太阳辐射透过集热棚顶部的玻璃材料照射到蓄热介质表面上，表面接收到的太阳辐射使其温度升高，蓄热表面与集热棚内空气进行对流换热，其余部分均向蓄热层内部传递，蓄积起来。蓄热层的温度随蓄热层深度的增加逐渐降低。晚上，太阳辐射为零，蓄热层将白天储存的能量向地表传递，加热集热棚内的空气，从而维持稳定的空气流，驱动透平发电。由于晚上系统发电量与蓄热层提供的热能有关，蓄热材料的蓄热特性对系统昼夜电力输出特征具有重要影响。

　　图 6-8 为不同蓄热材料对太阳能热气流发电系统一天内的发电功率曲线的影响。图中，D_w=10cm 表示水-砂岩联合蓄热，蓄热层上层全部为水层，水层厚度为10cm，水层下方的蓄热材料为砂岩；D_w=0cm 表示蓄热材料仅为砂岩。由图可见，水-砂岩联合蓄热情况下，系统一天内的发电功率峰谷差与采用砂岩蓄热相比显著减小。采用砂岩蓄热的系统发电功率峰值为 124.10MW，而采用水-砂岩联合蓄热的系统发电功率峰值为 87.19MW。后者的系统发电功率峰值较前者降低了约37MW。相反，采用水-砂岩联合蓄热的系统发电功率极小值为 41.78MW，比砂岩蓄热高约 22MW，很大程度上提高了系统在没有太阳辐射情况下的发电能力，并且前者相应的系统发电功率的峰值与谷值均比后者滞后约 1h。此外，采用水-砂岩联合蓄热时，系统一天内的总发电量与砂岩蓄热相比提高了 5%。这是因为水蓄热

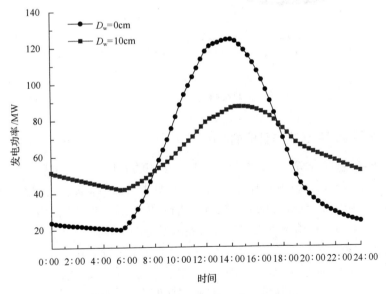

图 6-8　蓄热材料对系统发电功率的影响

表面的吸热特征与砂岩表面有所不同。砂岩表面吸收大部分的太阳辐射，剩余部分全部被反射。而对于水蓄热表面，大约有 40%的太阳辐射被水表面接受，另外有一部分太阳辐射对整个水蓄热层沿程加热，剩余的太阳辐射全部用于加热水蓄热层下方的砂岩表面。由此可见，白天水-砂岩联合蓄热系统储存的能量比砂岩蓄热层多，表面温度低，传给集热棚内空气的能量少，导致发电量减少；相反，前者由于晚上储存的能量多，能够向集热棚内空气提供的能量多，从而使得发电量增加。

　　图 6-9 为两种不同蓄热条件下系统一天内的波动因子变化曲线。采用砂岩蓄热，系统的波动因子最大值达 6.26，而采用水-砂岩联合蓄热后，系统的波动因子峰值显著降低，仅为 2.08，这说明采用水-砂岩联合蓄热可使系统发电功率的波动幅度显著减小，保证了太阳能热气流发电系统的发电稳定性。

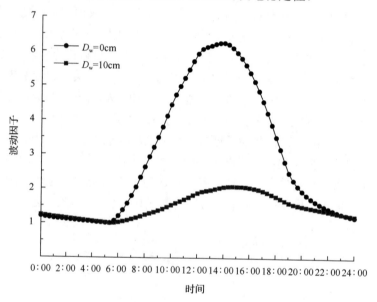

图 6-9　蓄热材料对系统波动因子的影响

6.6.2　水层厚度对系统发电性能的影响

　　采用水-砂岩联合蓄热时，水层面积与集热棚的面积相等，即水层覆盖整个蓄热层表面，本节分析不同水层厚度对系统发电性能的影响。计算时取水层厚度 D_w 分别为 5cm、10cm、15cm、20cm、30cm、40cm 和 50cm，水层下面为砂岩。图 6-10 和图 6-11 为上述七种情况下水层厚度对系统发电功率和波动因子的影响。表 6-3 为水层厚度对系统性能参数的影响。可见，水层对系统发电功率的影响十分显著。白天蓄热层表面传递给空气流的能量随着水层厚度的增加迅速减小，导致系统发电功率减小，发电峰值也持续下降。在水层厚度小于 20cm 的条件下，由于砂岩表面对于水层的加热能力随水层的增厚逐渐减弱，系统白天发电功率的峰值随水层的增厚逐渐减小，晚上，由于水层本身的蓄热能力随水层的增厚而增强，系统发电功率的谷值逐渐增大，系统发电功率的波动因子随水层的增厚明显变平缓。当水层厚度大于 20cm 后，系统发电功率的峰值和谷值均随水层的增厚逐渐下降，

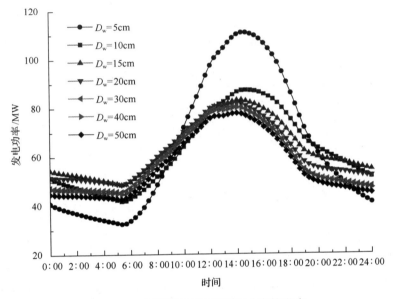

图 6-10　水层厚度对系统发电功率的影响

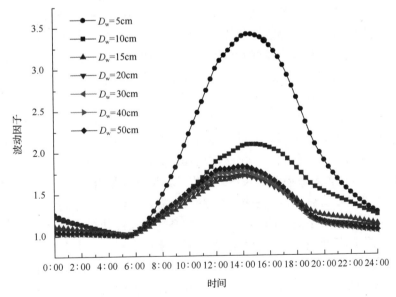

图 6-11　水层厚度对波动因子影响

这是因为当水层较浅时，水层底部的砂岩在有太阳辐射时可以储存足够的能量，晚上还可以逆向向水层传递，从而为系统晚上发电做贡献；反之，当水层太深时，水层下面的砂岩蓄热层接收到的能量减少，晚上也难以逆向传递给上面的水层，从而无法增加系统晚上的发电功率。据此，采用水-砂岩联合蓄热时，水层厚度有一个最优值。根据本书采用的 100MW 级太阳能热气流发电系统计算模型及相应的蓄热材料组合，一天的总发电量最大时所对应的最优水深为 5cm，一天的波动因子峰值降到最低时所对应的最优水深为 20cm。

表 6-3　　水层厚度对系统性能参数的影响

水层厚度	功率 $P/(\text{GW} \cdot \text{h/d})$	一天内最大 发电功率 $P_{elec, max}$/MW	一天内最小 发电功率 $P_{elec, min}$/MW	发电功率 波动因子 F_{elec}
D_w=0cm	1.48	124.10	19.80	6.27
D_w=5cm	1.61	110.79	32.46	3.41
D_w=10cm	1.55	87.19	41.78	2.09
D_w=15cm	1.58	83.10	48.49	1.71
D_w=20cm	1.54	81.79	48.71	1.68
D_w=30cm	1.48	80.47	45.67	1.76
D_w=40cm	1.46	79.97	44.72	1.79
D_w=50cm	1.41	77.72	42.69	1.82

　　还有一个非常有趣的现象需要说明，随着水层厚度的变化，系统发电功率和波动因子出现了峰值回旋现象，即当水层厚度小于 10cm 时，随着水层厚度的增加，系统发电功率和波动因子峰值逐渐滞后，而当水层厚度大于 10cm 时，随着水层厚度的增加，系统发电功率和波动因子峰值提前，并且再增加水层厚度，系统发电功率和波动因子峰值基本稳定，变化非常小。与前面的分析类似，这一现象与水层沿程蓄热以及水层下砂岩蓄热层的蓄热特征有关。当水层较浅，下方的砂岩蓄热层白天能够储存更多的能量时，水层及其下方的砂岩蓄热层不断蓄热，温度不断升高，虽然太阳辐射已过了峰值，但此时蓄热层向集热棚内空气流传递的能量尚未达到峰值，系统功率仍然在增加，导致系统的发电功率峰值后移；反之，当水层较深时，太阳辐射进入下方砂岩蓄热层的能量直接向更深层地底散失，当太阳辐射过了峰值后，蓄热系统无法继续升温，无法给集热棚内空气流提供更多的能量，使系统产生更多的驱动力，因此系统的发电功率峰值反而前移。这种峰值回旋现象在其他的文献中也有出现，但尚未做出解释。本书认为这种现象可以有效地预测水蓄热层的适宜深度，如果系统的发电功率和波动因子开始出现回旋迁移现象，就说明水深已经接近了最优值，表 6-3 中的计算结果与这一预测基本吻合。

6.6.3　水层面积对系统发电性能的影响

本节采用水-砂岩联合蓄热模型，探索水层面积对系统发电性能的影响。假设水层厚度为 10cm，取水层面积与蓄热层总面积的比值 A_W 分别为 25%、50%、75% 与 100%。水层从外向内布置，如 $A_W = 25\%$ 表示蓄热层外侧 25% 的总面积布置 10cm 深的水层，内侧 75% 的总面积均布置砂岩材料。图 6-12 为水层面积对系统发电功率的影响，图中，$A_W = 0\%$ 即纯砂岩蓄热。图 6-13 为水层面积对系统波动因子的影响。显而易见，随着水层面积的增大，系统发电功率峰值逐渐减小，谷值逐渐增大，稳定性逐渐提高；系统波动因子峰值逐渐减小。计算结果再一次说明增加水层面积可以有效降低系统的波动因子，提高系统的稳定性。

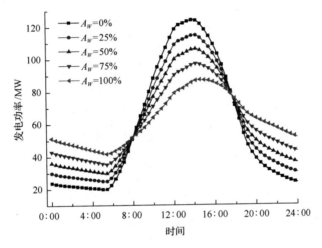

图 6-12　水层面积对系统发电功率的影响

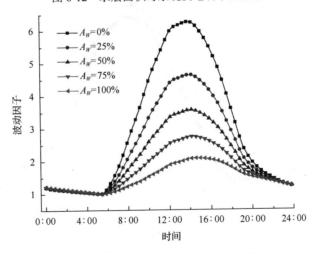

图 6-13　水层面积对系统波动因子的影响

6.6.4　水层位置对系统发电性能的影响

本节采用水-砂岩联合蓄热模型,探索水层位置对于系统发电性能的影响。假设水层厚度为 10cm,水层占总蓄热层面积的份额 A_w 为 25%,考虑如图 6-14 所示的 A、B、C 和 D 四种布置方案。从图 6-15 中的计算结果可以看到,A、B、C 三种布置方案所对应的波动因子曲线几乎重合,D 布置方案所对应的波动因子则相对于上述三种情况略小。但总体来说,只要水层厚度确定,水层所占的面积一定,则其位置对系统发电功率和波动因子影响并不显著。

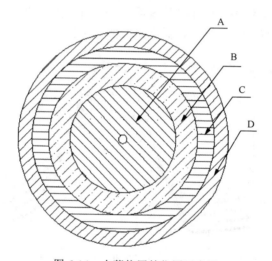

图 6-14　水蓄热层的位置示意图

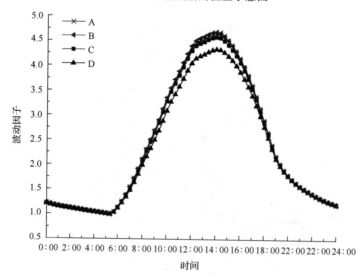

图 6-15　水层位置对系统波动因子影响曲线

6.7　本章小结

本章首先单独对太阳能热气流发电系统的蓄热层的储热和释热特性进行了理论建模与数值模拟，然后针对太阳能热气流发电系统整体的出力展开理论分析，提出了可再生能源系统发电波动因子的概念并以减小波动因子为目标展开分析，提出采用水-砂岩联合蓄热的方法以平滑太阳能热气流发电系统的发电功率峰谷值，对 100MW 级太阳能热气流发电系统采用不同蓄热模型进行计算。水蓄热层可显著降低太阳能热气流发电系统的发电功率峰谷差，并有效降低系统波动因子峰值。根据系统发电功率和波动因子的峰值回旋现象可以预测水层布置的最佳厚度。水层布置位置对系统发电波动因子的影响较小。

参 考 文 献

[1] Kreetz H. Theoretische Untersuchungen und Auslegung eines temporären Wasserspeichers für das Aufwindkraftwerk. Berlin: Technical University Berlin, 1997.

[2] Bernardes M A D. On the heat storage in Solar Updraft Tower collectors-influence of soil thermal properties. Solar Energy, 2013, 98(3): 49-57.

[3] Bernardes M A D, Zhou X P. Strategies for solar updraft tower power plants control subject to adverse solar radiance conditions. Solar Energy, 2013, 98(4): 34-41.

[4] Bernardes M A D, Zhou X P. On the heat storage in Solar Updraft Tower collectors-water bags. Solar Energy, 2013, 91: 22-31.

[5] Bernardes M A D, Voss A, Weinrebe G. Thermal and technical analyses of solar chimneys. Solar Energy, 2003, 75(6): 511-524.

[6] Pretorius J P. Optimization and control of a large-scale solar chimney power plant. Cape Town: University of Stellenbosch, 2007.

[7] Pretorius J P, Kroger D G. Sensitivity analysis of the operating and technical specifications of a solar chimney power plant. Journal of Solar Energy Engineering-Transactions of the ASME, 2007, 129(2): 171-178.

[8] Pretorius J P, Kroger D G. Solar chimney power plant performance. Journal of Solar Energy Engineering-Transactions of the ASME, 2006, 128: 302-311.

[9] Ming T Z, Liu W, Pan Y. Numerical analysis of the solar chimney power plant with energy storage layer. Proceedings of Ises Solar World Congress 2007: Solar Energy and Human Settlement, Beijing, 2007: 1800-1805.

[10] Ming T Z, Liu W, Pan Y, et al. Numerical analysis of flow and heat transfer characteristics in solar chimney power plants with energy storage layer. Energy Conversion and Management, 2008(49): 2872-2879.

[11] Zheng Y, Ming T Z, Zhou Z, et al. Unsteady numerical simulation of solar chimney power plant system with energy storage layer. Journal of the Energy Institute, 2010(83): 86-92.

[12] 朱丽, 王一平, 胡彤宇, 等. 不同蓄热方式下太阳能烟囱的温升性能. 太阳能学报, 2008(3): 290-294.

[13] 左潞, 郑源, 沙玉俊, 等. 太阳能烟囱发电系统蓄热层的试验研究. 河海大学学报(自然科学版), 2011(2): 181-185.

[14] 刘晓惠. 相变蓄热对立式集热板太阳能热气流系统运行性能的影响研究. 青岛: 青岛科技大学, 2011.

[15] 刘峰. 立式太阳能热气流电站蓄热层的结构设计及蓄放热性能研究. 青岛: 青岛科技大学, 2015.

[16] 汪明君. 100MW 太阳能烟囱发电系统数值模拟和蓄热层优化研究. 武汉: 华中科技大学, 2013.

[17] Xu G L, Ming T Z, Pan Y, et al. Numerical analysis on the performance of solar chimney power plant system. Energy Conversion and Management, 2011, 52: 876-883.

第7章　风能-太阳能热气流综合集成发电系统

7.1　我国风电特点

大规模发展风电是我国的国家战略与重大需求。但我国风电与欧洲风力资源存在显著的不同,主要表现在如下两个方面:一是我国的风能资源十分丰富且分布不均,较丰富的地区主要集中在北部(东北、华北、西北)地区、东南沿海及其岛屿以及内陆个别风能丰富点,因此我国风能发电必须从西北部向东南部进行大规模、长距离传输;二是风功率密度十分不稳定,随机性强。欧洲属于海洋性气候,风功率密度十分稳定,而我国西北部属于典型的大陆性季风气候,能流密度波动大、间歇性强,具体表现为:冬春风大,夏秋风小;晚上风大,白天风小;瞬时波动幅度大,稳定时间短。这为大规模风电融入大电网带来了极大的困难,成为我国大规模风力发电的最大技术瓶颈。

7.2　我国大规模风力发电面临的问题

我国风电发展迅速,但也还存在许多问题,如风机核心技术问题、制造质量问题、风电成本问题等。其中最关键的问题则是大规模风电并网问题,风电并网主要包括以下两个方面问题。

7.2.1　电网稳定性问题

风电的随机性特点使其容量可信度低,给电网有功、无功平衡调度带来了困难。在风电容量比较高的电网中,会产生电压波动和闪变、频率偏差、谐波等质量问题。更重要的是,系统静态稳定、动态稳定、暂态稳定、电压稳定等都需要验证。对于由异步风力发电机组成的风电场,由于需要大量的无功支持,应特别考虑其接入电网后对系统电压稳定性的影响。一些大型风电场接在电网的末端时,往往容易造成电网电压过低而使机组不能并网或者因为机组保护动作而使已并网的机组频繁地从电网解列。

我国风能资源丰富的三北地区(东北、华北、西北)和东南沿海等距离负荷中心都比较远,而且大多是电网的薄弱环节,尤其是我国大规模风电场居多,连片集中。2020 年将会形成 5~6 个千万千瓦级的超大型风电基地,如此规模的风电场接入电网将面临大规模远距离输电以及对接收端电网造成巨大冲击的困境，如何保证电网的稳定性将是我国电网建设和风电场并网面临的突出问题。

7.2.2　风电场可调度性

风力发电机组的出力和风速的三次方成正比，因此机组的出力将随风速的变化而随机波动。虽然由多台机组在一个地区组成风电场的出力能够平滑一部分波动，但是一小时到另一小时的波动仍然可能十分剧烈。在我国，从各月负荷需求来看，每年的 7、8 月正是电网负荷最大的时期。而一般情况下这时的风电场出力最小，风电场的出力和电网负荷需求完全相反，当用户负荷需求大时，风电场没有办法实现更大的出力。另外，在一天之内，电网晚上的负荷需求在半夜之后下降，但晚上的风速比白天大，所以风电场的出力反而增加，这又是一个时间段上的矛盾。从电力公司自身来说，其希望在风电大规模发展之时能够从技术上解决这个矛盾，特别希望风电也能够像常规能源电厂那样具有良好的可调度性。否则，他们会对风电有比较多的负面评价，在没有解决相关的矛盾之前，他们本身并没有积极性去发展风电，这对风电的大规模发展是不利的。但是，风电的这个缺点是天然形成的，单靠风电场本身没办法克服。也就是说，单一的风电场不可能具有良好的可调度性。

按照《风电场接入电力系统技术规定》(GB/T19963—2011)的要求，风电场应限制输出功率的最大变化率。最大功率变化率包括 1min 功率变化量和 10min 功率变化量，具体限值参考值如表 7-1 所示，也可根据风电场所接入系统的电网状况、风力发电机组运行特性及其技术性能指标等，由电网管理部门和风电场开发商共同确定。

表 7-1　风电场最大功率变化率推荐值　　　　　　　　（单位：MW）

风电场装机容量	10min 最大变化量	1min 最大变化量
<30	20	6
30~150	装机容量/1.5	装机容量/5
>150	100	30

在风电场启动过程中以及在风速增长过程中，功率变化率应当满足以上要求。这也适用于风电场的正常停机，以及由于风速降低而引起的超出最大变化量的情况。

在风电并网的问题上，中国面临与欧美国家完全不一样的局面。在欧洲国家，除了现在正大力发展的海上风电场，极少有像我国现在那样由上百台风电机组在一个小区域内组成一个容量为几十万千瓦甚至有可能像一些地方规划的上百万千瓦的风电场，大部分的风电设备都安装在私人农场附近，数量一般为几台或几十台。在一个广大地区安装风电设备，大地区多机组出力将会产生互补作用，这样的风电模式对电网稳定性的影响要比我国小得多。在美国，其东西部沿海及中部的经济发展都比较均衡，中部风电接入电网也不存在远距离传输的突出问题。而在我国，大规模风电场与负荷中心之间的远距离、大容量传输问题不可避免，如何使得电网的建设和延伸适应风电快速发展的要求，以及如何适应大规模、远距离的风电并网输送问题，是摆在中国风电发展面前的最大难题。

7.3　解决大规模风电并网的技术途径

为了降低风电大规模开发对电网稳定性所带来的不良影响，可采用两种方式以克服风电波动性和间歇性：一种是采用风电与其他发电方式互补的综合系统，如风-水互补发电、风-光互补发电、风-气互补发电等；另一种是采用储能系统，如各种物理、化学储能系统等。风-光互补发电、风-气互补发电等只适合小型风电场，风-水互补发电虽有许多优势，但我国北部大型风电场地理条件特殊，水资源相当少，不具备风-水互补发电的条件。

7.3.1　互补发电技术

由于风电的不连续性和不稳定性，其并入常规电网时，极易对现有电网产生巨大的冲击。因此，不得不限制风电的并网容量，这制约了风电的大规模开发和利用。

风-水互补发电指风电与水电的结合和调度，当风电对电网随机波动时，水电可快速调节水电出力，对风电进行补偿[1-5]。由于我国北部大型风电场地理条件特殊，水资源相当少，风-水互补发电的条件不成立，不是最佳选择。风-柴互补发电指柴油发电和风电的结合与调度[6-9]。由于石油本身就是化石能源，且我国石油资源十分匮乏，柴油发电和风电的结合只能用于解决孤立岛屿与村落的供电。风-光互补发电指光伏与风力的互补发电，其互补方式有昼夜互补和季节性互补[10-14]。与风电类似，光伏发电同样具有不稳定、不连续的缺点，同样不具备储能功能，且晚上不能发电，无法与风电互补配合。

7.3.2　大规模储能技术

为解决风电大规模开发及并网的波动性和间歇性问题，储能系统也是一种选择。目前，国外进行了一些风能储能方面的研究与试验工程，包括抽水蓄能、压缩空气储能、化学储能、飞轮储能等。抽水蓄能电站是迄今最常用的大规模储能方法之一[15-18]，容量可达百万千瓦以上，转换效率在 70%左右，循环寿命长，运行费用低。但是，抽水蓄能电站有其局限性：①要有合适的场地和水源修建水库；②一次投入的建造费用较高，建设周期较长；③响应速度慢。中国西北部本身就严重缺水，根本就没有抽水蓄能的资源条件。压缩空气储能指利用地下空穴储存压缩空气进行储能[19-21]。其前提条件是有可利用的地下空穴，特别是天然溶洞，具有密闭性好、抗高压、成本低廉等特点。所需的足够大的地下空气密封室最少也得 150m 深。此类天然溶洞在沿海一带分布较多，在内陆地区特别是华北和新疆则很少，且必须进行先期地质调查。化学储能主要包括各种蓄电池、可再生燃料电池(电解水制氢-储氢-燃料电池发电)和液流电池[22-24]。蓄电池储能存在的问题是：①电池容量较小，单位储能的价格较高，不能满足大规模储能的需要；②电池的充放电寿命相对较短，如典型的锂电池充电次数约为 1000 次，铅酸电池的充电次数仅为 400～500 次；③存在二次污染且运行维护费高等。所以蓄电池储能大规模应用的前景还不明朗。飞轮储能指带飞轮储能的电动发电机组[25]。飞轮储能具有储能效率高、建设周期短、功率密度高、使用寿命长、充放电快捷、充放电次数高以及无污染等优点，适用于电网调频和保障电能质量。将飞轮并联于风力发电系统直流侧，能够改善风电场输出电能的质量。但是若要达到平衡风电场出力波动的目的，则还有赖于飞轮储能在大规模工业应用技术方面的突破(如磁悬浮技术)以及成本的下降。

　　上述互补发电技术有的效果并不显著，有的受到自然条件的限制与制约，有的仍然需要大量化石能源。现有的储能系统，如抽水蓄能和压缩空气储能均受自然条件限制，特别是我国风能资源丰富的华北和西北地区，几乎不具备这类储能系统的选址条件。而人们寄希望甚高的电化学储能，由于现有技术还难以克服其寿命短、成本高和极易产生二次污染等固有缺点，距实用化还相当远。

7.4　风能-太阳能热气流集成储能发电技术

7.4.1　方案的提出

　　本节提出一种风能和太阳能热气流的综合集成发电系统，如图 7-1 所示。该系统可解决现有风力发电互补系统的互补能力差、对地理和资源条件要求苛刻的问题。系统包括风力发电子系统、太阳能热气流发电子系统和控制子系统，其主要组成特点如下。

　　(1)风力发电子系统和太阳能热气流发电子系统的输出并联进入控制子系统，由控制子系统输入外部电网，风力发电子系统由外风场中的风力机和发电机构成。

　　(2)太阳能热气流发电子系统包括集热棚、蓄热层、导流筒、热气流透平[16, 17]。集热棚下对应各气流透平设置有风道，风道中设置控制风门，如图 7-2 所示。

　　(3)控制子系统包括控制器、变压器和直流输电器。

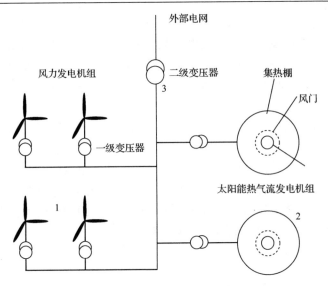

图 7-1 风能-太阳能热气流综合集成发电系统图

1-风力发电子系统；2-太阳能热气流发电子系统；3-控制子系统

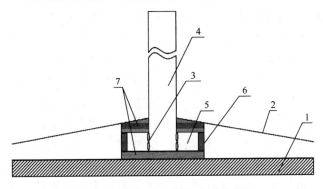

图 7-2 太阳能热气流发电子系统图

1-蓄热层；2-集热棚；3-热气流透平；4-导流筒；5-风道；6-风门；7-导流筒底座基础及风道支撑

7.4.2 基本结构组合

根据综合集成发电系统规模的大小，太阳能热气流发电子系统的集热棚为半径 $500\sim4000m$ 的圆形或者长和宽为 $500\sim5000m$ 的矩形，面积为 $2\sim50km^2$，集热棚材料为玻璃或者透明塑料薄膜中的一种或它们的组合。蓄热层材料为土壤、砂石、鹅卵石、水或者卤水中的一种或几种的组合，蓄热层厚度为 $0.2\sim2m$，固体材料蓄热层表面涂成深色。导流筒半径为 $20\sim180m$，高为 $200\sim1500m$，导流筒壁与集热棚密封连接。热气流透平数量为 $4\sim40$ 个，每台热气流透平容量为 $0.5\sim6.25MW$。

将太阳能热气流发电子系统作为风力发电子系统的储能和功率调节系统，根据风力发电子系统的变化调节风门的个数和风门的大小，从而控制太阳能热气流发电子系统的出力，使其能够高效、迅速地响应风力发电子系统的瞬时、短期、中期、长期发电功率的变化，克服风力发电模式中固有的间歇性和波动性弱点，实现发电功率的填谷平滑，避免对电网造成冲击。

太阳能热气流发电子系统出力和风力发电子系统出力的调节与配合通过控制子系统实现。当风力发电子系统输送给控制器的电压发生变化时，控制器能够迅速通过其自动切换开关向太阳能热气流发电子系统发出风门开关控制信号，风门开启的个数以及风门的开度均由风力发电子系统向控制器输出的电压来决定。控制器则将太阳能热气流发电子系统和风力发电子系统的联合出力输送到变压器，再经直流输电系统输送到大电网，实现并网。

7.4.3　系统特点

与现有风力发电互补系统相比，风能和太阳能热气流的综合集成发电系统具有以下优点。

(1)大容量低成本储能[17]。太阳能热气流发电子系统的蓄热层能够吸收大量的太阳能，系统可根据风能和太阳能热气流综合系统的规模选择蓄热层的材料及厚度，一般来说，蓄热量越大、蓄热成本越低，则蓄热效率越高、散热损失越小。

(2)系统出力可控。作为风能发电的调节阀，太阳能热气流发电子系统中的风门的开关，可以方便快捷地控制综合系统的总出力。开门发电、关门储能，从小的角度来讲，关门储能储存的就是太阳能，从大的角度来讲，关门储能储存的就是风能或电能，这种调节分为瞬时调节、短时调节、昼夜调节和季节调节。通过控制器探测风力发电的输出功率，当其输出功率或输出电流小于一定值时，迅速启动太阳能热气流发电子系统的风门，使其部分发电，以维持系统整体发电功率的值在一定的范围内。在某一段时间内，风力减小，风力发电功率随之减小，此时可控制风门稳定在一定状态下，实现短时调节。晚上可根据当地气象特征，依据风力的强弱，调整太阳能热气流发电子系统的夜晚发电功率。在夏秋季节，若风力整体较弱，则可以主要利用太阳能热气流发电子系统向电网稳定供电。

(3)昼夜发电稳定。风能有间歇性和波动性的弱点。充分利用太阳能热气流发电子系统大容量储能及系统出力可控的特性，让太阳能热气流发电子系统的出力配合风能发电的出力，可使综合系统的总出力的短时波动和昼夜波动范围大幅度减小，克服了风力发电有风就有电、没风就没电的缺点。

(4)可大规模联合并网。综合系统可以稳定地对外供电，解决了风能作为单个系统的电力上网问题，使得综合系统的电能的波动性大大减小，从而为大规模风电上网和风能发电提供了可行性。

7.5　数学物理模型

7.5.1　物理模型

本节建立 10MW 级太阳能热气流发电系统的二维轴对称物理模型，烟囱高度为 800m，直径为 60m，集热棚半径为 1000m，集热棚自周围进口至中心采用斜坡设计，且其棚高为 2.5～10m，集热棚顶棚采用透明玻璃，底部以多孔土壤床作为蓄热层，其厚度为 2m。为减少阻力损失，集热棚和烟囱光滑连接，且在棚出口底部采用收缩流道设计。此外，在烟囱底部布置风力透平。由于这是二维问题，透平结构可采用简化模型，无须给出详细的结构尺寸。

7.5.2　集热棚和烟囱内流动与传热数学模型

经分析，集热棚和烟囱内的流体流动应当为旺盛的湍流。相应的连续性方程、纳维-斯托克斯方程、能量方程和湍流方程的二维轴对称形式如下：

$$\frac{\partial u}{\partial x}+\frac{1}{r}\frac{\partial (rv)}{\partial r}=0 \tag{7-1}$$

$$\rho\left[\frac{\partial (uu)}{\partial x}+\frac{1}{r}\frac{\partial (rvu)}{\partial r}\right]=-\frac{\partial p}{\partial x}+\frac{\partial}{\partial x}\left[(\mu+\mu_t)\frac{\partial u}{\partial x}\right]+\frac{1}{r}\frac{\partial}{\partial r}\left[(\mu+\mu_t)r\frac{\partial u}{\partial r}\right] \tag{7-2}$$

$$\rho\left[\frac{\partial (uv)}{\partial x}+\frac{1}{r}\frac{\partial (rvv)}{\partial r}\right]=\frac{\partial}{\partial x}\left[(\mu+\mu_t)\frac{\partial v}{\partial x}\right]+\frac{1}{r}\frac{\partial}{\partial r}\left[(\mu+\mu_t)r\frac{\partial v}{\partial r}\right] \tag{7-3}$$

$$\rho\left[\frac{\partial (uT)}{\partial x}+\frac{1}{r}\frac{\partial (rvT)}{\partial r}\right]=\frac{\partial}{\partial x}\left[\left(\frac{\mu}{Pr}+\frac{\mu_t}{\sigma_T}\right)\frac{\partial T}{\partial x}\right]+\frac{1}{r}\frac{\partial}{\partial r}\left[r\left(\frac{\mu}{Pr}+\frac{\mu_t}{\sigma_T}\right)\frac{\partial T}{\partial r}\right] \tag{7-4}$$

$$\rho\left[\frac{\partial (ku)}{\partial x}+\frac{1}{r}\frac{\partial (rvk)}{\partial r}\right]=\frac{\partial}{\partial x}\left[\left(\mu+\frac{\mu_t}{\sigma_k}\right)\frac{\partial k}{\partial x}\right]+\frac{1}{r}\frac{\partial}{\partial r}\left[\left(\mu+\frac{\mu_t}{\sigma_k}\right)r\frac{\partial k}{\partial r}\right]+G_k-\rho\varepsilon \tag{7-5}$$

$$\rho\left[\frac{\partial (\varepsilon u)}{\partial x}+\frac{1}{r}\frac{\partial (rv\varepsilon)}{\partial r}\right]=\frac{\partial}{\partial x}\left[\left(\mu+\frac{\mu_t}{\sigma_\varepsilon}\right)\frac{\partial \varepsilon}{\partial x}\right]+\frac{1}{r}\frac{\partial}{\partial r}\left[\left(\mu+\frac{\mu_t}{\sigma_\varepsilon}\right)r\frac{\partial \varepsilon}{\partial r}\right]+\frac{\varepsilon}{k}(c_1 G_k-c_2\rho\varepsilon)$$

$$\tag{7-6}$$

式中，ρ 为蓄热层的有效密度；u、v 分别为两个方向的蓄热层的速度；μ 为蓄热层固体材料的动力黏度；μ_t 为湍流黏度；T 为温度；k 为湍流动能；ρ 为流体密度；c_1、c_2 为常数，分别为 1.44 和 1.92；G_k 为由平均速度梯度引起的湍流动能产生项，$G_k = -\rho \overline{u_i' u_j'} \dfrac{\partial u_j}{\partial x_i}$；$\sigma_k$ 和 σ_ε 分别为 k-ε 方程常数。

7.5.3　蓄热系统流动与传热数学模型

蓄热层内气体与集热棚和烟囱内空气的流动相互影响，在研究蓄热层内气体的传热与流动特性时，需将集热棚、烟囱与蓄热层内的流体作为一个整体来考虑。由于太阳能热气流发电系统蓄热层的材料为土壤、砾石、砂等，可视其为多孔介质。与集热棚和烟囱内气体的流动相比，多孔介质内的流动非常微弱，一般为层流，因此数值模拟时拟采用 Brinkman-Forchheimer Extended Darcy 模型[26]：

$$\frac{\partial u}{\partial x} + \frac{1}{r}\frac{\partial (rv)}{\partial r} = 0 \tag{7-7}$$

$$\begin{aligned}
\frac{\rho}{\varphi^2}\left[\frac{\partial (uu)}{\partial x} + \frac{1}{r}\frac{\partial (rvu)}{\partial r} \right] &= -\frac{\partial p}{\partial x} + \frac{\partial}{\partial x}\left(\mu_m \frac{\partial u}{\partial x} \right) + \frac{1}{r}\frac{\partial}{\partial r}\left(r\mu_m \frac{\partial u}{\partial r} \right) \\
&\quad -\frac{\mu u}{K} - \frac{\rho C}{\sqrt{K}}\sqrt{u^2+v^2}\,u + \rho g\beta(T - T_e)
\end{aligned} \tag{7-8}$$

$$\frac{\rho}{\varphi^2}\left[\frac{\partial (uv)}{\partial x} + \frac{1}{r}\frac{\partial (rvv)}{\partial r} \right] = \frac{\partial}{\partial x}\left(\mu_m \frac{\partial v}{\partial x} \right) + \frac{1}{r}\frac{\partial}{\partial r}\left(r\mu_m \frac{\partial v}{\partial r} \right) - \mu_m \frac{v}{r^2} - \frac{\mu u}{K} - \frac{\rho C}{\sqrt{K}}\sqrt{u^2+v^2}\,v$$

$$\tag{7-9}$$

$$\rho_m c_{p,m}\left[\frac{\partial (uT)}{\partial x} + \frac{1}{r}\frac{\partial (rvT)}{\partial r} \right] = \frac{\partial}{\partial z}\left(\lambda_m \frac{\partial T}{\partial x} \right) + \frac{1}{r}\frac{\partial}{\partial r}\left(r\lambda_m \frac{\partial T}{\partial r} \right) \tag{7-10}$$

式中，φ 为蓄热层的孔隙率；λ_m 为蓄热层的表观导热系数，$\lambda_m = (1-\varphi)\lambda_s + \varphi\lambda_a$，其中 λ_s 和 λ_a 分别为蓄热层中固体材料的导热系数和空气的导热系数；μ_m 为蓄热层的有效黏度，$\mu_m = \mu/\varphi$；ρ_m 为蓄热层固体材料密度；$c_{p,m}$ 为蓄热层的比定压热容；K、C 分别为蓄热层的渗透率、惯性系数：

$$K = d_b^{\,2}\varphi^3 \Big/ \left[175(1-\varphi)^2 \right] \tag{7-11}$$

$$C = 1.75\varphi^{-1.5} / \sqrt{175} \tag{7-12}$$

式中，d_b 为多孔介质材料的粒径。

7.5.4　定解条件与求解

集热棚进口条件、集热棚顶部玻璃表面的热平衡条件等与 4.2.2 节中的 1)～6)相同，其他条件如下。

1）烟囱出口条件

文献[27]认为在出口处压力与外界环境相等，可设置出口压力条件：

$$p_{r,\text{outlet}} = 0 \tag{7-13}$$

2）透平条件

文献[28]考虑三维透平模型使计算十分复杂，本书将透平结构简化为二维模型，给定轴流透平的压头，根据式(7-21)即可计算系统输出的电能：

$$W_t = \eta_t \Delta p V \tag{7-14}$$

式中，W_t 为系统通过透平向外输出的电能；η_t 为透平及电机的总效率，取为 72%；Δp 为透平压降；V 为系统体积流量。

数值求解计算集热棚和烟囱内的流动时采用标准 $k\text{-}\varepsilon$ 模型，蓄热介质内部的流动采用多孔区层流模型，土壤物性参数的选取可参见文献[26]，壁面处理采用标准壁面函数法，压力-速度的耦合采用 SIMPLE 算法，动量方程和能量方程及其他方程均采用 QUICK 格式。模型常数的取值参见文献[26]。

7.6　计算结果与分析

7.6.1　系统出力控制方法

如图 7-1 所示，风力发电子系统和太阳能热气流发电子系统的输出通过输电线并联进入控制子系统，由控制子系统输入外部电网。控制器为现有技术，具有如下几个重要特征：双电源自动切换，根据一个子系统的输入可以迅速对另一子系统的出力进行控制。将风力发电子系统和太阳能热气流发电子系统并联接入控制子系统中的控制器有双电源切换与控制开关，风力发电子系统和太阳能热气流发电子系统各自连接一个电源切换与控制开关。当风力发电子系统中的出力变化时，其向控制器输入的电压相应发生变化，从而产生需要补偿或截断互补系统出力的信号。该信号随即可通过太阳能热气流发电子系统中的机房来控制风门的开启与关闭个数以及风门的开度。因此，太阳能热气流发电子系统在白天与晚上均可控制风门关闭和开启的个数，此外，还可以根据风电场出力的状况实时控制风门的开度，从而调节综合系统的出力波动使其处在某一个可以接受的范围内。

风能的间歇性波动有如下四种情况：瞬时波动、短时波动、昼夜波动、季节波动，风能波动使风电出力也呈现出上述四种波动形式。除了瞬时波动可用直流输电器予以稳定和控制，其他三种波动形式都采用太阳能热气流发电子系统进行控制和补偿。通过调节太阳能热气流发电子系统的风门个数或开度，控制气流透平的出力，可使风能-太阳能热气流综合集成发电系统的总出力在电网可承受的范围内波动，从而实现对风电出力的补偿。当风电出力充足时，可关小或关闭太阳能热气流发电子系统的风门以减少出力，与此同时，热气流流量减少，蓄热层以热能形式储存更多的太阳能；当风电出力不足时，可开大太阳能热气流发电子系统的风门以对风电出力进行补偿，使综合系统总出力维持在一定的功率输出水平，此时，太阳能热气流发电子系统流量增加，出力增加，蓄热层蓄积的能量最终转换为电能。

太阳能热气流发电子系统的风门控制方法如下：①当风电场风力较弱而低于切入风速 V_m 或者风力较强而高于切断风速 V_M 时，开大风门；②当风电场风力高于切入风速 V_m 但显著低于额定风速 V_N 时，开中风门；③当风电场风力高于额定风速 V_N 但低于切断风速 V_M 时，开小风门；④阴雨天气，或需要增加储热量时，可关闭风门以加强储能。

7.6.2　10MW 级综合发电系统计算结果

本节选择一个已有一座 10MW 风电场且太阳能比较丰富的地区，在该地区地势平缓的区域建一座 5MW 的太阳能热气流发电子系统。5MW 太阳能热气流发电子系统的基本尺寸为：集热棚半径为 500m，自集热棚进口至导流筒底部高度为 2～12m；导流筒高 400m，直径为 40m。蓄热层下层为可自然储热的土壤，在土壤上表面铺上一层厚度为 0.1m 的砂石，其密度为 2160kg/m^3，比定压热容为 710J/(kg·K)，导热系数为 1.83W/(m·K)，粗糙度为 0.05m。集热棚中央布置 5 个机房、5 个风道、5 个风门和 5 个气流透平，每个风门后面布置一个额定功率为 1MW 的气流透平，透平和发电机组的总效率取为 67%；外界环境风速为 3m/s；太阳辐射取 500W/m^2 进行计算。

图 7-3 为 5MW 太阳能热气流发电子系统在白天从 6：00 开始至 17：00 控制风门开启个数、晚上风门全部开启的计算结果。显然，对于太阳能热气流发电子系统，由于作为蓄热层的土壤和砂石具有良好的蓄热性能，一天 24h 可以不间断发电。同时，为了与风电场相配合，可以随时调节太阳能热气流发电子系统中风门的开度，从全开到全关。由图可见，若保持太阳能热气流发电子系统风门全开，其白天在 14：00～15：00 最高发电功率可达 5.5MW 左右。

图 7-4 为 5MW 太阳能热气流发电子系统和 10MW 风力发电子系统综合的计算结果。其中，太阳能热气流发电子系统根据风力发电出力情况实时控制其出力，使其总出力不超过 10MW，但尽可能使其总出力随时间变化的幅度减小。由图可见，未经调节的 10MW 风力发电子系统的昼夜出力从 1MW 波动到 10MW，其波动范围约为 9MW，同时其短时间内可从 4MW 以下波动到接近 9MW，这为其并网带来了困难。通过调节 5MW 太阳能热气流发电子系统的风门开度，可使得风能-太阳能热气流综合集成发电系统的短时波动不超过 1MW，昼夜波动不超过

4MW。太阳能热气流发电子系统起到了能量储存的作用,同时对风电出力的波动进行了控制。显然,平滑以后的综合系统的出力并网时,对电网冲击很小。

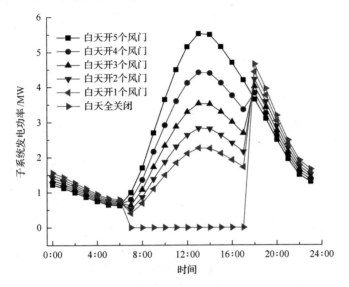

图 7-3　5MW 太阳能热气流发电子系统风门控制结果

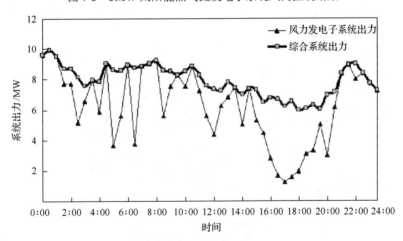

图 7-4　5MW 太阳能热气流发电子系统与 10MW 风力发电子系统综合发电结果

7.6.3　100MW 级大规模综合发电系统计算结果

假设在青海格尔木附近风能资源比较丰富的某地建一个 100MW 的风力发电场,同时在风电场附近的地势平缓区域建一个适当规模的太阳能热气流发电子系统。由于风能品质较差,其风电场的波动范围为 0～100MW。为了减小它的波动性,所建的太阳能热气流发电子系统发电功率规模定为 50MW,使风能-太阳能热气流综合集成发电系统的发电功率范围为 50～100MW，也就是使太阳能热气流发电子系统的发电峰值达到 50MW，谷值为 0MW。这一点通过调节太阳能热气流发电子系统中的风力透平压降以及通往烟囱内的风门已实现。

100MW 风力发电厂所需要的 50MW 太阳能热气流发电子系统的基本尺寸为：集热棚半径为 2035m，烟囱高 800m、直径为 120m。蓄热层采用表面经过处理的砂石，其密度为 2160kg/m³，比定压热容为 710J/(kg·K)，导热系数为 1.83W/(m·K)，粗糙度为 0.05m，发射率和吸收率均为 0.9。系统设置 8 个风门，每个风门后面布置一个额定功率为 6.25MW 的风力透平，透平和发电机组的总效率取为 70%；外界环境风速为 3m/s；太阳辐射取夏天典型的一天为依据进行计算。

图 7-5 为 50MW 太阳能热气流发电子系统在白天从 6：00 开始至 17：00 开关风门调节计算结果。显然，对于太阳能热气流发电子系统，由于作为蓄热层的砂石具有良好的蓄热性能，其一天 24h 可以不间断发电。同时，为了与风电场相配合，可以随时调节太阳能热气流发电子系统中风门的开度，从全开到全关。由图可见，若保持太阳能热气流发电子系统风门全开，其白天在 14：00～15：00 最高发电功率可达 55MW 左右，一天之内在 6：00 最小发电功率为 6.25MW。而若适当关闭几个风门，如关闭 2 个风门，则子系统发电波动范围为 7.76～42.3MW。这个量级范围使得太阳能热气流发电子系统不仅具有独立运行的能力，而且具有快速、敏捷调节风电场波动的能力。

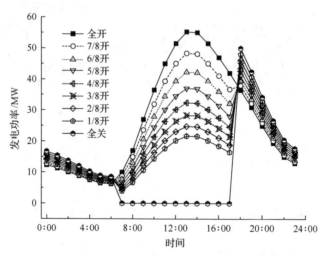

图 7-5　50MW 太阳能热气流发电子系统风门调节计算结果

为了对风电场的波动进行调节，图 7-6 显示了相应的结果。若白天用电处于高峰期，而此时风电场不足以发出大量的电能，则可以使太阳能热气流发电子系统全开；对于季节调节，如在夏秋季节，太阳能较强而风能较差，则可以使太阳能热气流发电子系统在白天关两个风门，白天和晚上都能够在较小的波动范围内独立于风电场发电，此时，该系统的波动范围较小；对于系统白天风大，晚上耗电较大的情况，可以采用图 7-6 中的昼夜调节模式。

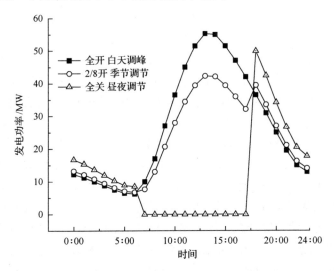

图 7-6　对风电场的波动调节计算结果

表 7-2 为白天从 6∶00～17∶00 关风门后太阳能热气流发电子系统一天的发电总量计算结果。由表可见，在系统全开和 6/8 开时，系统一天的发电总量相差不大，为 13.4%，说明系统具有较高的自调节能力。这个差别通过三个途径损失掉了，一部分是通过蓄热层底部的损失，一部分是通过集热棚顶棚的损失，还有一部分是通过烟囱出口的损失。其中，通过蓄热层底部的损失可以采用具有隔热性能的材料作为垫层；采用双层玻璃可以减少通过集热棚顶棚的损失；而通过烟囱出口的损失则难以实现回收，因为它主要是以焓的形式损失的。

表 7-2　6∶00～17∶00 关风门发电总量

风门调节模式	全开	6/8 开	4/8 开	2/8 开	全关
发电总量/(万 kW·h)	64.0	55.4	49.3	45.3	27.7

7.6.4　400MW 级大规模综合发电系统计算结果

风能资源比较丰富的某地已建成一座 400MW 的大规模风电场，为了补偿风电场的波动性和间歇性，可在风电场附近的地势平缓区域建一座 200MW 级大规模太阳能热气流发电子系统。由于风能品质较差，其风电场的最大波动范围为 0～400MW。为减小它的波动性，所建的太阳能热气流发电子系统发电功率规模定为 200MW，使风能-太阳能热气流综合集成发电系统的发电功率波动范围减小到 200～400MW，也就是使太阳能热气流发电子系统的发电峰值达到 200MW，谷值为 0MW。这通过调节太阳能热气流发电子系统中的气流透平压降以及通往导流风道内的风门已实现。

400MW 风力发电厂所需要的 200MW 太阳能热气流发电子系统的基本尺寸为：集热棚半径为 3500m，自进口至中央高为 3～25m；导流筒高和直径可以分别为 1000m 和 170m，也可分别为 1500m 和 120m；蓄热层采用水，用直径约为 50mm 的水管装水并直接铺在地面上，水管与水管紧密铺设。水的密度为 1000kg/m³，比定压热容为 4183J/(kg·K)，导热系数为 0.599W/(m·K)，水管表面涂黑，集热棚中央布置 32 个机房、32 个风道、32 个风门、32 个额定功率为 6.25MW 的气流透平，机房内可以布置发电机、控制系统等设备。透平和发电机的总效率取为 70%；气流通过进风孔进入导流筒。外界环境风速为 3m/s；太阳辐射取 500W/m²。

图 7-7 为 200MW 太阳能热气流发电子系统和 400MW 风力发电子系统综合互补发电的计算结果。其中，太阳能热气流发电子系统也是根据风力发电出力情况实时控制其出力，使其综合系统的总出力不超过 420MW，同时减小了综合系统总出力随时间的波动幅度。由图可见，未经调节的 400MW 风力发电子系统的昼夜出力从 50MW 波动到 400MW，其波动范围约为 350MW，最大出力是最小出力的 8 倍，同时其短时波动幅度达 200MW，这对于电网来说是一个巨大的冲击，为其并网带来了极大的困难，必须采用互补方式以平滑其短时波动和昼夜波动。现有的风能和太阳能光伏互补模式不可能实现这一目标，因为光伏发电具有"有光就有电、没光就没电"的特点；风能和柴油发电、风能和汽油发电等由于存在巨大的环境污染，要想实现对 400MW 风力发电子系统的互补，对环境实在是一个巨大的挑战；但是，具有超大储能特征和超稳定的 200MW 太阳能热气流发电子系统完全可以克服 400MW 风力发电子系统的短时波动和昼夜波动，这是因为太阳能热气流发电子系统的集热棚很大，半径达 3500m，集热面积非常大，同时蓄热介质为水，其比定压热容和密度均非常大，具有很大的热容，使太阳能热气流发电子系统的热惯性非常大，从而使系统具有超稳定的特点。显然，由图 7-7 可见，通过适时调节 200MW 太阳能热气流发电子系统的风门，可使风能-太阳能热气流综合集成发电系统的短时波动不超过 50MW，减小到原来的四分之一；昼夜波动不超过 170MW，与原来相比减小了一半。由于短时波动得到了极大的抑制，综合系统的出力曲线表现出非常好的平稳性，可以融入电网。太阳能热气流发电子系统起到了能量储存的作用，同时对风电出力的波动进行了控制。

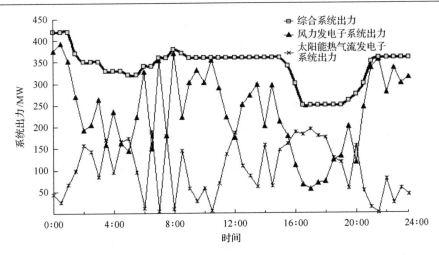

图 7-7　200MW 太阳能热气流发电子系统与 400MW 风力发电子系统综合发电结果

7.6.5　不同类型风力发电互补或储能模式比较

表 7-3 为风电场与不同系统综合互补模式的比较，显然，由表 7-3 可见，风能与太阳能热气流发电系统综合集成后具有独特的优点，效果好，地理条件要求低，对资源要求也较低，成本低，是目前最好的互补模式，也是未来风能发电最好的互补与集成系统之一。表 7-4 为不同类型风力发电储能系统的技术特点比较，由表 7-4 可知，风能和热气流发电系统互补也具有较高的成本优势及较好的互补能力。

表 7-3　不同类型风力发电互补模式的技术特点比较

互补模式	效果	地理条件	资源要求	规模应用	互补能力	成本
风-水	好，快速	苛刻	高	受限制	短时波动	中
风-柴	好，快速	一般	高	受限制	短时波动	高
风-光	差	苛刻	高	受限制	短时波动	高
风-气	好，快速	一般	高	受限制	短时波动	高
风能-太阳能热气流	好，快速	一般	低	无限制	短时波动	低

表 7-4　不同类型风力发电储能系统的技术特点比较

储能方式	效果	地理条件	资源要求	规模应用	互补能力	成本
抽水蓄能电站	好，快速	苛刻	高	受限制	短时波动	高
压缩空气储能	好，快速	苛刻	高	受限制	短时波动	高
化学储能	好，快速	一般	高	受限制	瞬时波动	很高
飞轮储能	好，快速	一般	高	受限制	瞬时波动	中
风能-太阳能热气流	好，快速	一般	低	无限制	短时波动	低

7.7　本　章　小　结

　　新型太阳能热气流与风力互补发电系统可以解决大规模风力发电的并网问题、削峰填谷问题、储能问题和电力调节问题。同时太阳能热气流发电系统可以独立运行，且稳定、高效、持续。如果在中国大规模开发风力发电时将太阳能热气流发电系统作为其协调阀，则可以实现太阳能与风能的有机结合，实现可再生能源对化石能源的大规模替代，使太阳能与风能成为替代能源和主流能源的时间大大缩短。

参　考　文　献

[1] Kaldellis J K, Kavadias K, Christinakis E. Evaluation of the wind-hydro energy solution for remote islands. Energy Conversion and Management, 2001, 42(9): 1105-1120.

[2] Vieira F, Ramos H M. Optimization of operational planning for wind/hydro hybrid water supply systems. Renewable Energy, 2009, 34(3): 928-936.

[3] Dursun B, Alboyaci B, Gokcol C. Optimal wind-hydro solution for the Marmara region of Turkey to meet electricity demand. Energy, 2011, 36(2): 864-872.

[4] Serban I, Marinescu C. Aggregate load-frequency control of a wind-hydro autonomous microgrid. Renewable Energy, 2011, 36(12): 3345-3354.

[5] de la Nieta A A S, Contreras J, Munoz J I. Optimal coordinated wind-hydro bidding strategies in day-ahead markets. IEEE Transactions on Power Systems, 2013, 28(2): 798-809.

[6] Sharma P, Sulkowski W, Hoff B. Dynamic stability study of an isolated wind-diesel hybrid power system with wind power generation using IG, PMIG and PMSG: A comparison. International Journal of Electrical Power & Energy Systems, 2013, 53: 857-866.

[7] Sharma P, Bhatti T S. Performance investigation of isolated wind-diesel hybrid power systems with WECS having PMIG. IEEE Transactions on Industrial Electronics, 2013, 60(4): 1630-1637.

[8] Shaahid S M. Impact of battery storage on economics of hybrid wind-diesel power systems in commercial applications in hot regions. International Journal of Energy Research, 2013, 37(11): 1405-1414.

[9] Aghaebrahimi M R, Mehdizadeh M, Heshmati A, et al. Introducing well-being analysis for wind-diesel islanded grid. European Transactions on Electrical Power, 2013, 23(8): 1490-1503.

[10] Askarzadeh A. Developing a discrete harmony search algorithm for size optimization of wind-photovoltaic hybrid energy system. Solar Energy, 2013, 98: 190-195.

[11] Niknam T, Golestaneh F, Malekpour A. Probabilistic energy and operation management of a microgrid containing wind/photovoltaic/fuel cell generation and energy storage devices based on point estimate method and self-adaptive gravitational search algorithm. Energy, 2012, 43(1): 427-437.

[12] Niknam T, Fard A K, Seifi A. Distribution feeder reconfiguration considering fuel cell/wind/photovoltaic power plants. Renewable Energy, 2012, 37(1): 213-225.

[13] Kaldellis J K, Zafirakis D, Kavadias K. Minimum cost solution of wind-photovoltaic based stand-alone power systems for remote consumers. Energy Policy, 2012, 42: 105-117.

[14] Ghoddami H, Delghavi M B, Yazdani A. An integrated wind-photovoltaic-battery system with reduced power-electronic interface and fast control for grid-tied and off-grid applications. Renewable Energy, 2012, 45: 128-137.

[15] Yuan B, Zhou M, Zhang X P, et al. A joint smart generation scheduling approach for wind thermal pumped storage systems. Electric Machines & Power Systems, 2014, 42(3-4): 372-385.

[16] Papaefthymiou S V, Papathanassiou S A. Optimum sizing of wind-pumped-storage hybrid power stations in island systems. Renewable Energy, 2014, 64: 187-196.

[17] Helseth A, Gjelsvik A, Mo B, et al. A model for optimal scheduling of hydro thermal systems including pumped-storage and wind power. IET Generation, Transmission & Distribution, 2013, 7(12): 1426-1434.

[18] Papaefthimiou S, Karamanou E, Papathanassiou S, et al. Operating policies for wind-pumped storage hybrid power stations in island grids. IET Renewable Power Generation, 2009, 3(3): 293-307.

[19] Marano V, Rizzo G, Tiano F A. Application of dynamic programming to the optimal management of a hybrid power plant with wind turbines, photovoltaic panels and compressed air energy storage. Applied Energy, 2012, 97: 849-859.

[20] Ji W, Zhou Y, Sun Y, et al. Thermodynamic analysis of a novel hybrid wind-solar-compressed air energy storage system. Energy Conversion and Management, 2017, 142: 176-187.

[21] Krupke C, Wang J H, Clarke J, et al. Modeling and experimental study of a wind turbine system in hybrid connection with compressed air energy storage. IEEE Transactions on Energy Conversion, 2017, 32(1): 137-145.

[22] Khaitan S K, Raju M. Discharge dynamics of coupled fuel cell and metal hydride hydrogen storage bed for small wind hybrid systems. International Journal of Hydrogen Energy, 2012, 37(3): 2344-2352.

[23] Raju M, Khaitan S K. System simulation of compressed hydrogen storage based residential wind hybrid power systems. Journal of Power Sources, 2012, 210: 303-320.

[24] Bayod-Rujula A A, Haro-Larrode M E, Martinez-Gracia A. Sizing criteria of hybrid photovoltaic-wind systems with battery storage and self-consumption considering interaction with the grid. Solar Energy, 2013, 98: 582-591.

[25] Li X J, Anvari B, Palazzolo A, et al. A wtility-scale flywheel energy storage system with a shaftless, hubless, high-strength steel rotor. IEEE Transactions on Industrial Electronics, 2018, 65(8): 6667-6675.

[26] Ming T Z, Liu W, Pan Y, et al. Numerical analysis of flow and heat transfer characteristics in solar chimney power plants with energy storage layer. Energy Conversion and Management, 2008, 49(10): 2872-2879.

[27] Ming T Z, Wei L, Xu G L. Analytical and numerical investigation of the solar chimney power plant systems. International Journal of Energy Research, 2006, 30(11): 861-873.

[28] Ming T Z, Liu W, Xu G L, et al. Numerical simulation of the solar chimney power plant systems coupled with turbine. Renewable Energy, 2008, 33(5): 897-905.

第8章 基于太阳能热气流系统的空气取水技术

8.1 空气取水技术的基本原理

8.1.1 空气取水技术原型

Starr 等[1]提到,高空气象加速器的原型曾经以矿井的形式出现过。对此,Carte[2]和 Lambrechts[3]进行了详细描述。事实上,这些原型其实是在南非约翰内斯堡附近非常深的金矿内存在的通风井结构。

通风井的作用主要是通过产生向上气流从矿井底部移出热湿空气,但在这个过程中人们有一个重要发现:垂直上升的空气会出现冷凝并产生液态水。此外,这些矿井和之前提出的高空气象加速器主要有两个区别:①矿井壁面的相对面积较大,导致矿井较小的径深比就能显著增加流动摩擦;②使用了风扇来增强上升气流,并在一定程度上克服了这种摩擦。

矿井的尺寸如下所示:深度约为 1km,半径从 3.5m (底部)变化到 3.2m (顶部),矿井结构主要由混凝土构成。在这样的矿井中,排水量可以达到 2700～4000L/h。Carte[2]通过观测发现,当矿井的流速达到 50m/s 时就可以产出高达 4500L/h 的水量。因此,这些南非矿井可以从单位体积空气中产生与前述高空气象加速器相同数量级的液态水。

特别地,矿井中经常使用 $CaCl_2$ 或 LiBr 等吸湿溶液从空气中提取含水量。当湿空气通过吸收剂的表面时,空气中的水蒸气被吸收,并在吸收过程中释放蒸发潜热加热空气。因此,图 8-1 中右通道(③—④)中的空气密度比左通道(①—②)中的空气密度小,空气在右通道中上升,在左通道中下降。同时,稀释的吸收溶液可以用太阳能蒸发器重新浓缩,使得系统可以进行连续操作。而在浓缩过程中从太阳能蒸发器释放出的水蒸气不应该被浪费,可以将水蒸气与矿井进气混合提高其露点以达到更高的温度,从而可以提高系统的效率。空气在左通道中向下流动,在右通道中膨胀上升,整个空气压缩通过流体静压力变化实现,最后通过安装在矿井顶部开口处的透平发电输出电能。该循环过程在一定程度上类似于太阳能热气流系统中的自然对流过程。

Lambrechts 指出[3],这种直接从空气中提取水分的方式正是人工降雨的实际案例,产出的水随后可以用作农业灌溉。

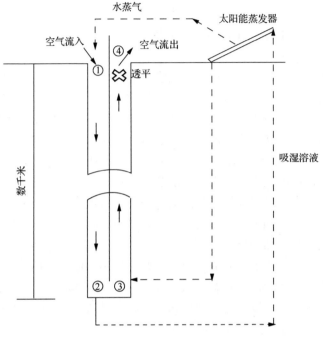

图 8-1　深矿井中的通风井结构

8.1.2　空气取水机理分析

虽然一座 200MW 的商业规模太阳能热气流系统(烟囱高度为 1000m)可以产生具有投资成本竞争力的电力，但是它的初始投资是相当高的，在 10 亿美元的数量级。一般来说，太阳能热气流系统的建造成本的比例通常如下：25%用于烟囱，5%用于透平，70%用于集热棚(蓄热层包括在集热棚内)[4, 5]。

考虑到这一点，为了使建造成本尽可能减少，Bonnelle[6]提出了没有用于温室作用的集热棚的太阳能热气流系统，如能量塔[7, 8]、下降气流冷凝潜热塔。Bonnelle 的博士学位论文[6]中，设计了一种空气和暖水混合的装置，用来确保两种流体之间达到充分的热力学接触，可以设想它漂浮在温暖海水的表面上。海水的表面温度一年四季都很热(>25℃)，并且如果装备有风帆，则可以被风牵引。而烟囱本身是可以在风中漂浮的薄的柔管，并且在其顶部设有透平，通过内部超压保持它的刚性。这些热带太阳能热气流系统的驱动力是水蒸气凝结的潜热，因此这些没有集热棚的装置也可以称为上升气流冷凝潜热塔。

Papageorgiou 等[9]也研究了不加入集热棚时的太阳能热气流系统。他们认为，太阳能集热棚其实主要是用于接收来自太阳辐射的热量来加热空气的。显而易见，集热棚对整个太阳能热气流系统的运行是非常重要的。但是，从他们的研究结果中发现，每千克空气中如果有 1g 的水蒸气凝结，就将导致气流温度升高 2.25K，这在一定程度上可以替代集热棚的温室效应，那么集热棚的作用便可以忽略。另外，他们建议将太阳能热气流系统建在潮湿的地区，如沿海地区，这样可能产生更高的输出功率。

Starr 和 Anati[10, 11]提出通过在高空气象加速器内部局部复制自然暖湿对流过程，从大气中得到液态水。如图 8-2 所示，当局部气流上升(可以加一个泵)穿过温暖的海水表面时，就产生了一种增湿增热的效果。烟囱内部的空气密度小于外部的空气密度，那么在烟囱中将会产生上升气流。在足够高的烟囱中绝热上升的湿空气将逐渐冷却，直到达到抬升凝结高度或者等熵冷凝高度，类似于积云对流活动。在冷凝过程中，释放的水蒸气潜热将加热向上流动的湿空气并导致密度降低，这将增加系统的浮力并最终加速空气流动。但是，烟囱内部引导的对流不完全与外部的自然对流相同，烟囱内部不会出现具有较小含水量或不同温度的外界空气所导致的稀释或夹带。高空气象加速器的管式结构使摩擦损失达到最小，并对空气团的侧面夹带作用产生了抑制的效果。因此，烟囱内湿空气的冷凝以及潜热的释放将变得更有效，基于此，就有了从上升气流中回收和收集液态水的可能性。同时，这种潜在能量便可以通过浮力(由管内部空气的密度小于外部密度产生)转换成垂直方向上的动能、势能及电能。

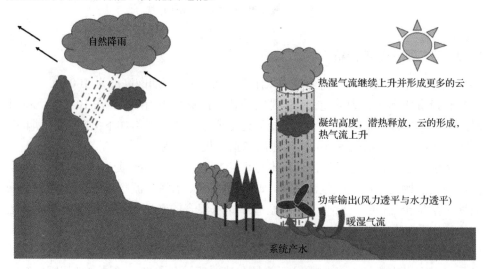

图 8-2　海面暖湿空气中的水蒸气在烟囱内部的凝结过程

在这个过程中，重要的一点是进入烟囱的湿空气温度应该高于环境的温度，这样才会产生浮力驱动湿空气在烟囱内上升。一种有效的技术方法是在进入烟囱之前增加湿空气的湿度。湿空气流经暴露的海水，海水和流动的湿空气通过太阳辐射预热以增强蒸发过程，同时增加了湿空气的温度和湿度。这种海水的蒸发也称为蒸馏。与常规海水淡化技术相比，该装置需要更高的成本。然而，幸运的是，可以通过在烟囱的底部安装风力透平和水力透平来进行补偿，其中上升气流与下降的冷凝水由不同的流道分开。总体来说，烟囱内的湿空气通过冷凝相变从空气中提取淡水，同时将上升气流以及下降水流的能量最终转换成电能以提高太阳能热气流发电系统的整体性能。

Starr 和 Anati 在 1971 年提出以尽可能直的山坡作为建造位置的设想[10]。实验模型需要锚定在一个陡峭的山坡上。在其底部应该有一处水面，可以是人造的，用来提供湿润的进口空气。美国境内的夏威夷群岛的 Molokai 岛北部海岸是建造的有利位置，在那里存在从供水表面陡峭上升的悬崖。在那个地方有足够的 1000m 高度，类似的位置也存在于其他国家，如阿拉伯半岛的阿曼。

为了缩减建造成本，Starr 和 Anati[10]通过纳入设计特征考虑了几种减少高空气象加速器最小必要尺寸的方法。实际上，该方法可以被看作通过人工手段生成的可控的微型暴雨。在某些特殊设置中，它也可以被认为是海水淡化的手段。根据 Starr 和 Anati[10]的研究，如果出现以下情况，烟囱的高度和直径可能会大大降低：①通过特别的装置使得烟囱进口的湿空气接近饱和状态；②通过引入海风或信风来增强烟囱中的上升气流等。

本书后续进行的研究中提出：在入口处增加相对湿度，且增加空气温度，以加强烟囱效应，并且尽量将烟囱的高度减小，降低用于建造烟囱的成本以及技术难度。

8.1.3　环境和经济效益分析

尽管矿井中的通风井结构最开始是为实现其他功能(通风)而建造的，但在通风井内气流上升过程中意外发现了产生的冷凝水，表明这种方法确实可能从空气中提取淡水。但是也许会引发这样一个问题：如果在全球大量分布这种高空气象加速器，会不会导致自然降雨的减少，从而出现相关的负面效应？

读者可能会注意到，这种情况与通过灌溉以及引水渠这些几千年前就开始出现的人工改造对天然贮水池造成的损害情况类似。但是，系统如果可以进行人工优化，使得进入烟囱的空气几乎达到饱和，那么高空气象加速器将不再从自然环境的空气中提取水分，而是从人类制造的饱和人造空气中提取水分，如海水淡化。

另外，这种高空气象加速器类型的装置可能也会如 Bonnelle [6]和 Hagg[12]提到的，会起到飓风预防的作用。飓风的出现是因为海水表面水温较高，那么这些水就具有润湿周围空气的能力，就像是由热机进行湿度冷凝，以及在科里奥利力的作用下使受热的上升空气流入巨大的漩涡，在这里，高空气象加速器利用了这三种现象建立了一个竞争机制系统，通过限制上升的空气的旋转能力控制了第四种现象的发生，并将其送入透平发电产生电能。

因此，面临飓风风险的保险公司可能对这种机制感兴趣，并且会赞同这样低廉的初始投资成本以及使用成本结构，如用于建造这种烟囱的新纺织围护结构。保险公司的这种额外收入，对一些能源部门的投资者来说确实是必要的，可以补偿由该技术引入的技术不确定性：①在风中漂浮并且在内部充满大量饱和空气的系统；②浮力气球或透平位于该系统的顶部；③风帆表面设备必须足够宽，可以从海洋去除大部分的过热以降低飓风的风险；④在热水与几乎饱和的湿空气(冷凝萌芽)之间产生热接触；⑤变换或传输电能输出；⑥水的输运等。

考虑到纽约州桑迪(2012 年的经济损失为 714 亿美元)或新奥尔良和墨西哥湾沿岸的卡特里娜(2005 年的经济损失为 1080 亿美元)等因飓风带来的损失为十亿美元左右[13]，高空气象加速器的提案值得研究。

除此之外，冷却海洋的上层表面(特别地，如果蒸发可以调整，冷却水可以在更佳的深度被注入)有助于抵抗温室效应带来的作用——海平面上升。读者也许会感到困惑，但是当认真考虑这两种效果时，可能会发现它是可以实现的。首先，尽管太阳能热气流系统可以使地球环境疏散更多的太阳能，但是它也可以通过冷却地表并在低海拔地形成云而防止温室效应。具有高发射率的云是冷却地表的有效方法。其次，从大气下层和海水表面到高层大气和外太空之间存在一种热消除机制(红外辐射)，这也是另一种冷却地表的方式。本书主要是提出增强另一种热传递机制(热对流)来达到这一目的。

在经济方面，传统的太阳能热气流系统的集热棚(玻璃或塑料)成本占据了系统总成本的主要部分[14]。如果使用黑色管道来替代集热棚，那么系统总成本将会显著减少。假设国内塑料聚乙烯管道 $\Phi100mm$ (厚度为 5.3mm，压力为 0.8MPa)的成本约为 17 元/m(约 2.4 欧元/m 或 2.6 美元/m)，那么修建 500km 这样的管道将花费 850 万元。如果每隔 50km 分为一个区段，再将各个区段的管道连接起来。在烟囱的入口处设置泵送喷淋器(增加湿空气的湿度和温度)，总计将会花费2125000 元。管道如果间隔开，则占地面积为 $3\sim5km^2$，在管道间隙处，还可以将地面漆成黑色(柏油)，以便地下储存热能。在中国，每年的太阳辐射为 4200～6700MJ/m^2，5km^2 的集热区域可以获得足够的能量来加热所需的湿空气。这些土方工程大约将花费 1060 万元，集热棚总计花费 2100 万元左右，与 Krätzig[15]曾经估计的集热棚成本为 35 亿～46 亿元相比，成本显然可以得到大幅度的削减。

8.2　模　型　描　述

8.2.1　物理模型

本节中所提出的新型太阳能热气流系统如图 8-3 所示，该系统使用黑色的管道来代替集热棚的作用。海水可以在暴露于光照下的黑色管道中被加热。如果空气和水处于相近的温度，那么空气的加湿过程将冷却海水。通过对比，安装的黑色长塑料管比建造集热棚便宜，并且如果水泵(从海水到淋浴)不会因为非常长的管道摩擦而导致压降过多，那么用于温室的集热棚就可以省略。这些黑色管道不仅充当了集热棚加热的作用，并且有储热的作用。在白天，这些装满水的管道暴露在阳光下，吸收太阳辐射加热管道中的水。到晚上，当空气开始降温时，管道中的水将会释放白天储存的热量，此外，由于水的比定压热容较高，它储存热量的效率也更高。在图 8-3 中，另一个实质性的改进则是烟囱内的两条独立流道：烟囱内部的流道与传统烟囱相同，湿空气在这里上升，并且在烟囱底部设置有风力透平耦合发电机组；烟囱的外部流道主要用于凝结产生的淡水向下流动，在出口附近设置有水力透平耦合发电机组。在烟囱内，具有固体多孔表面的冷凝系统安装在凝结高度以上的位置，因此，湿空气冷凝的液态水滴可以黏附在这些固体多孔表面上。这些聚集的液态水滴形成水流，并最终进入水通道的入口。考虑到液态水的重力势能，在底部设置的水力透平耦合发电机组可以将能量转换成电能，从而有助于提高系统的太阳能总体利用效率。

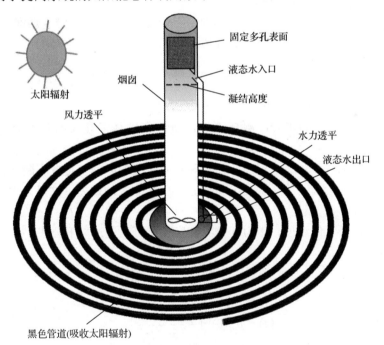

图 8-3　新型太阳能热气流系统示意图

　　考虑到盛行风区、湿度、日照及大气环境递减率等因素的影响，建造新型太阳能热气流系统的最佳场地可能是赤道附近的海边区域。在本节中为了简化计算，湿空气在黑色管道中的增温增湿过程暂不考虑。

图 8-4　烟囱结构

8.2.2　数学模型

　　新型太阳能热气流系统的性能主要取决于烟囱结构(图 8-4)和环境条件，图 8-4 中 v_H 为烟囱出口处的热气流速度，v_0 为烟囱进口处的热气流速度。前者主要包括烟囱高度和半径，而后者包括环境温度、环境湿度、太阳辐射和风速。在本书中，由于太阳辐射和风速等时变因素相对复杂，计算中直接给定热湿空气的入口温度和相对湿度作为初参数，环境风速被忽略。

　　为简化计算，做出以下假设。

　　(1)烟囱顶部的压强 p_H 与相同高度处的相邻环境压强相等。

　　(2)烟囱的半径足够大，参数仅沿着烟囱高度改变。

　　(3)环境条件稳定。

　　(4)烟囱为圆柱体。

　　(5)烟囱壁面绝热。

　　(6)没有过饱和现象发生。

　　(7)当湿空气中的水分冷凝成液滴，沉降在固体多孔表面时不会引起气流扰动。

　　由于环境条件，如大气温度、压力和相对湿度随时间及位置不断变化，问题变得较为复杂。因此，为了简化分析而且不引起太大的偏差，这里采用标准大气作为工作条件。

　　烟囱外部环境的温度、压力和空气密度变化可以通过以下公式[16]进行计算：

$$T_\infty(z) = T_\infty(0)\left(1 - \frac{\kappa-1}{\kappa}\frac{z}{H_0}\right) \tag{8-1}$$

$$p_\infty(z) = p_\infty(0)\left(1 - \frac{\kappa-1}{\kappa}\frac{z}{H_0}\right)^{\kappa/(\kappa-1)} \tag{8-2}$$

$$\rho_\infty(z) = \rho_\infty(0)\left(1 - \frac{\kappa-1}{\kappa}\frac{z}{H_0}\right)^{1/(\kappa-1)} \tag{8-3}$$

式中，T_∞ 为环境温度；p_∞ 为环境压力；ρ_∞ 为环境空气密度；H_0 为大气标高；z 为

距离地面的高度；κ 为比定压热容比，标准大气下为 1.235。

此外，式 (8-1)～式 (8-3) 中的 H_0 表示大气标高。对于行星大气层，大气标高表示当大气压力减少时在高度方向上的距离。大气标高在特定温度下保持为常数，可以通过以下公式进行计算：

$$H_0 = \frac{R_1 T_\infty(0)}{g} \tag{8-4}$$

式中，R_1 为理想气体常数，取值为 287.05J/(kg·K)；g 为重力加速度，取值为 9.8m/s^2。

烟囱内的驱动势，即浮升力可以表示为

$$\Delta p = g \int_0^H \left[\rho_\infty(z) - \rho(z) \right] \mathrm{d}z \tag{8-5}$$

式中，H 为烟囱高度；$\rho_\infty(z)$ 和 $\rho(z)$ 分别为任意高度 z 处烟囱外部环境的空气密度和内部气流的密度。

能量守恒方程可以写成

$$c_p(T_0 - T_z) + \dot{m}\gamma = gz + \frac{1}{2}(1 - \dot{m})v_z^2 + \frac{1}{2}\dot{m}v_1^2 - \frac{1}{2}v_0^2 \tag{8-6}$$

式中，c_p 为空气的比定压热容，并且 c_p=1005 J/(kg·K)；V_0 为地面的烟囱入口空气流速；T_z 和 v_z 分别为高度 z 处的空气温度和速度；v_1 为相对于空气流动的液体速度。由于烟囱的形状为圆柱体，v_z 和 v_0 之间的变化不大（也表示烟囱顶部的喷嘴形状设计将有效地降低空气流温度，有助于形成云或降水）；$\dot{m}$ 为质量流量。$\dot{m}$ 十分小，因此又可以将式 (8-6) 表示为

$$T_z = T_0 - \frac{(gz - \dot{m}\gamma)}{c_p} \tag{8-7}$$

一般来说，湿空气的总压力为相对较低的大气压力，因此干空气和水蒸气的分压也较低，湿空气可以认为是理想气体混合物，而理想气体状态方程为

$$pv = R_1 T \tag{8-8}$$

式中，p 为湿空气压力；T 为湿空气温度；v 为比体积，指单位质量工质所占有的体积，数值是密度的倒数。

系统中的温差较小（在大多数情况下小于 50K），因此水蒸气冷凝的潜热可以认为是常数（γ =2257000J/kg）。

饱和湿空气的分压力是温度 T（以 ℃ 为单位）的函数，可以通过 Arden Buck 近

似方程进行计算：

$$p_s = 611.21 \times \exp\left[\frac{(18.678 - T/234.5)T}{257.14 + T}\right], \quad -80℃ < T < 50℃ \tag{8-9}$$

空气的相对湿度被定义为

$$RH = \frac{p_v}{p_s} \tag{8-10}$$

式中，p_v 为空气中水蒸气的分压力；p_s 为饱和湿空气的分压力。

单位质量干空气含湿量被定义为

$$d_s = 0.622 \frac{p_v}{p_z - p_v} \tag{8-11}$$

式中，p_z 为烟囱出口处湿空气的压力。

单位质量湿空气含湿量被定义为

$$s = 0.622 \frac{p_v}{p_z - 0.378 p_v} \tag{8-12}$$

假设烟囱内的空气密度随高度线性变化，那么烟囱中的空气密度为

$$\rho(z) = \rho_0 - (\rho_0 - \rho_H)\frac{z}{H} \tag{8-13}$$

式中，ρ_0 为烟囱进口处湿空气密度。

由于上升气流的势能会有一部分用于克服墙壁的摩擦，并且在这个烟囱内部流动过程中还存在一些着其他的损失，在烟囱高度方向上热气流流动的动量守恒方程为

$$\Delta p(1 - n) = \frac{1}{2}\left(\varepsilon + e^{H/H_0} + \frac{fH}{d}\right)\rho_0 v_0^2 \tag{8-14}$$

式中，Δp 为压降；n 为热气流在风力透平中所产生的压降因子(本书中压降因子都表示风力透平的压降因子)；v_0 为热气流在烟囱进口处沿高度方向上的流动速度；小括号里的系数分别表示出口损失(单位系数)、其他损失及墙壁摩擦损失；H_0 为大气标高。损失因子 ε 包含了以下能量损失：①透平中的能量损失；②由流动面积变化引起的能量损失；③湍流损失；④凝结现象发生时的能量损失。由于墙壁并不是很粗糙，所以在管道高 Re 流动中取摩擦因子 $f = 0.01$ 是合理的。

烟囱中湿空气(热气流)的总质量流量为

$$m_{\mathrm{f}} = \rho_0 v_0 A = \rho_H v_H A + m_{\mathrm{f}} s \tag{8-15}$$

式中，ρ_0 与 A 分别为湿空气密度与烟囱的横截面积；ρ_H 和 v_H 为烟囱出口湿空气密度和流速；m_{f} 为湿空气总质量流量。

整个系统的输出功率为 P_{e}，其中一部分来自安装在烟囱底部的风力透平将热气流动能转换为电能的功率 P_{e1}，还有一部分来自同样安装在烟囱底部的水力透平将凝结水的势能收集起来并最终转换为电能的功率 P_{e2}，即

$$P_{\mathrm{e}} = P_{\mathrm{e1}} + P_{\mathrm{e2}} \tag{8-16}$$

这里的 P_{e1} 与 P_{e2} 又可以由以下公式给出：

$$P_{\mathrm{e1}} = \eta_1 n V \Delta p \tag{8-17}$$

$$P_{\mathrm{e2}} = \eta_2 m_{\mathrm{w}} g H \tag{8-18}$$

式中，η_1 为从热能到电能的总能量转换效率，设为 0.72，通过从热能到风力透平轴功与从风力透平轴功到电能的转换效率乘积得到，前者 Schlaich 等[17]建议为 0.8，而后者的转换效率很容易达到 0.9；V 为烟囱底部热空气的入口体积流量；η_2 为水力透平的效率，假定为 0.9[18]；m_{w} 为凝结水的质量。

当将充满水的黑色管道作为太阳能热气流系统的集热棚时，进入系统的太阳辐射可以分为三部分：①管内气流吸收的热能；②白天水储存的太阳辐射；③水分蒸发时的潜热。如前所述，充满水的管道可以充当蓄热装置，因此第二部分的能量可以用于在夜间加热空气。同时，由于潜热被定义为常数，当空气在烟囱内部上升时，冷凝潜热的释放可以在一定程度上抵消黑色管道中蒸发潜热的损失。系统效率可以按如下公式获得

$$\eta_{\mathrm{sys}} = \frac{P_{\mathrm{e}}}{Q_{\mathrm{air}}} \tag{8-19}$$

式中，η_{sys} 为系统效率；Q_{air} 为管内气流吸收的热能，可以通过以下公式进行计算：

$$Q_{\mathrm{air}} = c_p m_{\mathrm{f}} \Delta T \tag{8-20}$$

式中，ΔT 为烟囱进口处空气温度相对环境温度的增量。

迭代计算流程图如图 8-5 所示，通过输入初始参数，如环境参数和操作参数等，在 MATLAB 中对数学模型进行迭代求解。

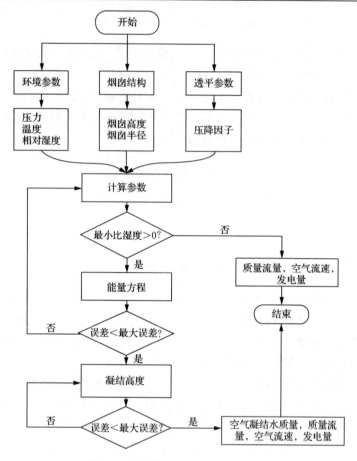

图 8-5　数学模型的迭代计算流程图

8.2.3　模型验证

为了测试数学模型的有效性,本书将计算结果与从西班牙实验电站收集的实验数据进行比较[19]。当没有透平负载时($\varepsilon = 0.1, f = 0.01, n = 0$),烟囱入口处通过模型计算出的上升气流速度为 12.22m/s,与实验值偏差约为 1.7%。当透平压降因子设为 $n=0.67$ 时,烟囱入口处计算的上升气流速度为 7.02m/s,与实验值偏差约为 6.7%。如表 8-1 所示,两种计算结果与实验数据吻合度较好。两种结果之间的差异可归因于数学模型所选择的传热系数、流动阻力模型及一些经验公式。另外,研究中使用的数学模型包括大气的可压缩性质,而实验结果是从高度较低的烟囱获得的。因此,当烟囱足够高,达到可以发生冷凝现象的抬升凝结高度时,计算结果可能会受到影响。为了解决这个问题,本书还比较了不同环境相对湿度下的情况[20],参数如下:$h =1500$m; $d =160$m; $\Delta T / T_0 =20/303.2$; $f = 0.008428$; $\varepsilon = 0.5$。

计算结果表明，上升气流速度值偏差在 10% 以内。因此，通过与文献中的数据进行对比，验证了本书使用的数学模型是有效且可行的。

表 8-1　烟囱入口处上升气流速度计算值与西班牙实验电站数据比较

参数	案例 1 (ε=0.1, f=0.01, n=0)		案例 2 (ε=0.1, f=0.01, n=0.67)	
	计算值	实验数据	计算值	实验数据
烟囱进口处上升气流速度/(m/s)	12.22	12	7.02	7.5
误差/%	1.7		6.7	

8.3　空气取水特性分析

8.3.1　可行性分析

本节主要从原理上对该新型太阳能热气流系统进行可行性分析，将中国的九个城市站点的当地降雨量与计算出的系统产水量进行对比。由于九个城市站点的降雨量区别较大，在不施加任何人工增湿措施的情况下，在较干旱地区如果烟囱高度不够高，可能会导致系统产水量为零。因此，计算中给定的烟囱高度为 3000m，烟囱半径为 50m。在不同案例计算中所使用的初始条件包括九个站点的月平均环境温度和月平均环境湿度[①]。

图 8-6(a) 表示成都站点的计算情况。从图中很明显可以看出，降雨主要发生在夏季，也就是 6~9 月份。一方面，在 7 月份观测到一个峰值，当月自然降雨量达到了 525.5mm。但是，除了这个月，其他月份中最大自然降雨量仅有 228.3mm。也就是说，自然降雨量在夏季的变化十分显著。相反，其他季节的自然降雨量较少，变化也相对小得多。另一方面，可以发现太阳能热气流系统产水量的最大值与自然降雨量最大值同时出现在 7 月份。两条曲线的变化趋势也十分相似，唯一的区别是，太阳能热气流系统的产水量曲线更加平滑。从整个曲线图来看，系统产水量与自然降雨量之间存在某种正相关关系。

这里定义正相关关系为两条曲线具有相同的趋势：同时上升或下降，同一时间达到最大值或最小值。图 8-6(b) 表示上海站点的计算情况。可以看出，前八个月份，两条曲线的变化趋势几乎一致，而 8~12 月份，两条曲线随着季节变化波动的幅度较大，自然降雨量曲线的变化尤为剧烈。在 10 月份，自然降雨量曲线达到峰值，高达 291.7mm，而在 11 月份的自然降雨量达到了低谷，仅为 20.4mm。从图中仍然可以看出，太阳能热气流系统的产水量与自然降雨量之间存在正相关关系。

---

① 研究中所使用的气象数据来源于国家统计局(http://www.stats.gov.cn)。

图 8-6(c)和图 8-6(d)分别表示石家庄与郑州的系统产水量曲线和自然降雨量曲线。2013 年石家庄的年降雨量为 508.3mm,郑州的年降雨量仅为 353.2mm,显然,这两个城市站点代表了干旱的地区。在石家庄站点的案例中,两条曲线之间的正相关关系比较明显,并且太阳能热气流系统产水量曲线比自然降雨量曲线更加平滑,在 1 月份、2 月份、3 月份、10 月份、11 月份以及 12 月份的自然降雨量较少,系统产水量较多。结果证明,即使在自然降雨量较少的月份,新型太阳能热气流系统仍然可以有效地进行产水。而在郑州站点的案例中,可以看出两条曲线的趋势不太一致。在 5 月份有一个自然降雨量峰值,而系统的产水量则在 7 月份达到峰值。在自然降雨量较低的月份:1 月份、2 月份、3 月份、12 月份,该系统仍然有一些产水量。这两个城市站点的计算结果在一定程度上反映出,新型太阳能热气流系统即使在干旱地区也能够有效地进行产水。

图 8-6(e)和图 8-6(f)显示出了武汉站点与重庆站点的计算情况。在武汉站点的曲线图中,自然降雨主要发生在夏季,新型太阳能热气流系统的产水量在这段时间相比其他季节较多。在夏季这段时间中,可以发现两条曲线都具有两个峰值点。在重庆站点,1 月份和 3 月份几乎没有降雨,每月自然降雨量甚至小于 10mm。但是在夏季,自然降雨量曲线中有两个峰值点。总体来说,系统产水量曲线更加平滑,一年中曲线变化较小。系统产水量曲线和自然降雨量曲线的峰值点在两个城市案例中是不同的。但除了 6 月份,两条曲线之间仍然十分相似。

图 8-6(g)和图 8-6(h)分布显示了北京站点与乌鲁木齐站点的自然降雨量与系统产水量的对比关系。在两个案例中,两条曲线的趋势都比较一致。在北京站点,系统产水量曲线的峰值与自然降雨量峰值一致,并且趋于更加平滑。在乌鲁木齐站点案例中,可以看出在 4 月份自然降雨量曲线存在一个峰值点,而其他月份的自然降雨量较少。从系统产水量曲线可以看出,系统产水量随季节的变化很小,产水量比较均匀。

图 8-6(i)为广州站点的产水量与自然降雨量情况。广州市位于中国南部,是一个沿海城市,夏季炎热,冬季干燥,自然降雨量和系统产水量都主要分布在夏季。从图中可以看出,两条曲线的变化趋势也十分相似。但是在 10~12 月份,两条曲线之间似乎存在着某种负相关关系。值得一提的是,广州冬季干燥,这三个月份的平均相对湿度都较低。

从上述曲线图可以明显看出,新型太阳能热气流系统产水量与当地自然降雨量之间多呈正相关关系。然而,仍然也存在一些不容忽视的负相关现象。还可以注意到,这种负相关常常出现在相对湿度较低且自然降雨量较少的地区或季节,如在郑州,2013 年的年平均相对湿度仅为 53%,负相关性的出现是因为系统产水量曲线相对自然降雨量曲线更加平滑，不会快速增加或减少，而是缓慢地随时间变化。也就是说，在自然降雨量稀缺的期间，负相关的出现在一定程度上反映了太阳能热气流系统的产水能力。因此，即使在干旱地区，新型太阳能热气流系统在自然降雨量稀缺的地区或季节也可以有效地产水。而对于系统产水量与自然降雨量所呈现出的正相关关系，可以验证出两者在降雨原理上是类似的，这也证实了该新型太阳能热气流系统在原理上进行产水的可行性。在某种程度上，该系统更像是能够提高当地降雨量的人工降雨装置。

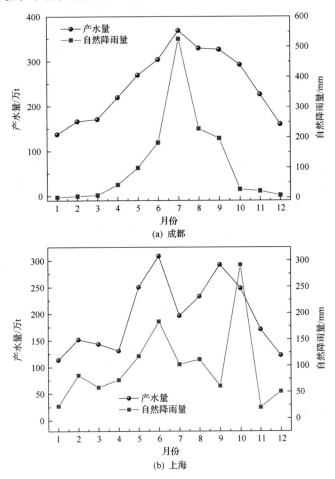

(a) 成都

(b) 上海

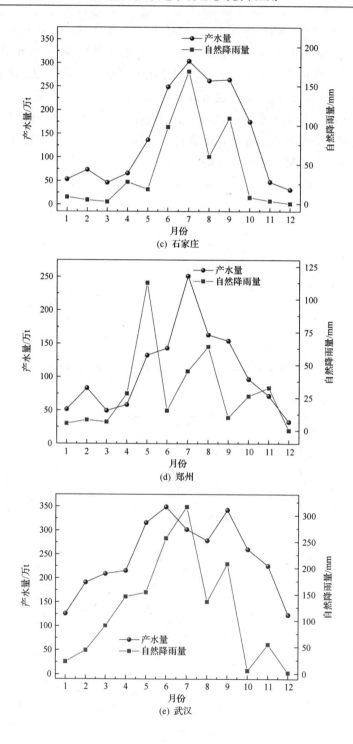

(c) 石家庄

(d) 郑州

(e) 武汉

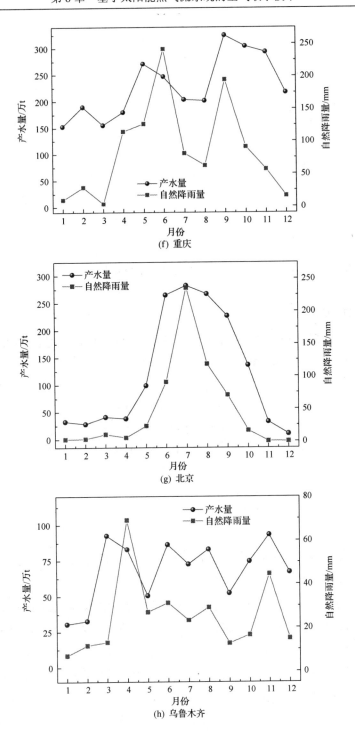

(f) 重庆

(g) 北京

(h) 乌鲁木齐

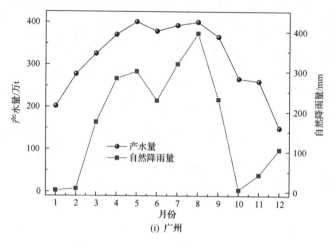

(i) 广州

图 8-6　2013 年九个城市站点的自然降雨量与太阳能热气流系统产水量

8.3.2　有效性分析

为了更加准确地描述前面所提到的正相关关系，本节对九个城市站点降雨产水曲线的 Pearson 相关系数进行了计算：

$$r = \frac{\sum_{i=1}^{12}(x_i - \overline{x})(y_i - \overline{y})}{\sqrt{\sum_{i=1}^{12}(x_i - \overline{x})^2}\sqrt{\sum_{i=1}^{12}(y_i - \overline{y})^2}} \tag{8-21}$$

$$\overline{x} = \frac{1}{12}\sum_{i=1}^{12}x_i, \qquad \overline{y} = \frac{1}{12}\sum_{i=1}^{12}y_i \tag{8-22}$$

式中，x_i 为系统产水量的第 i 月平均值；y_i 为自然降雨量的第 i 月平均值；$\overline{x}$ 与 $\overline{y}$ 为 x_i、y_i 数据平均值。

表 8-2 为九个城市站点的年自然降雨量与相关系数。可以看出，石家庄站点的相关系数最大，甚至达到了 0.875，在 2013 年的年自然降雨量为 508.3mm。除此之外，还有三个城市站点的相关系数超过了 0.8。相关系数越接近 1，表示两条曲线之间越接近线性关系；相关系数为 0.6～1 表示两条曲线之间具有较强的相关性；相关系数为 0.4～0.6 表示两条曲线之间具有中等相关性。也就是说，在大部分站点，两条曲线之间也经常表现为高度相关。这也证明了烟囱内的人工降雨过程与自然降雨之间的密切关系。

表 8-2　2013 年九个城市站点的年自然降雨量与相关系数

参数	成都	上海	石家庄	郑州	武汉	重庆	北京	乌鲁木齐	广州
自然降雨量/mm	1343.3	1173.4	508.3	353.2	1434.2	1026.9	579.1	300.9	2095.4
相关系数	0.816	0.598	0.875	0.455	0.778	0.578	0.862	0.542	0.827

但是，读者可能会发现，系统产水量的单位与自然降雨量的单位不同，前者是万吨，后者是毫米。因此，需要选择扩散面积使得太阳能热气流系统产水量可以在该面积上扩散，即将单位与自然降雨量统一。为便于比较，本书将水的密度取为 1000kg/m³，扩散面积取为 500 万 m²。表 8-3 显示出了九个城市站点的年自然降雨量以及系统产水量，两者单位都为毫米。因此，使用上述的扩散面积，可以得到以毫米为单位的系统产水量，以及系统产水量与自然降雨量的比值。

表 8-3　2013 年九个城市站点的年自然降雨量、系统产水量和日照时间

站点	自然降雨量/mm	产水量/百万 t	产水量/mm	产水量/自然降雨量比值	日照时间/h
成都	1343.3	29.71	5942	4.42	1128.8
上海	1173.4	23.62	4724	4.03	1864.7
石家庄	508.3	17.08	3416	6.72	1716.8
郑州	353.2	12.87	2574	7.29	1925.6
武汉	1434.2	29.37	5874	4.10	2092.5
重庆	1026.9	27.40	5480	5.34	1213.7
北京	579.1	14.59	2918	5.04	2371.1
乌鲁木齐	300.9	8.18	1636	5.44	3068.6
广州	2095.4	37.92	7584	3.62	1582.9

图 8-7 为降雨-比值图，该比值也可以表示系统产水量相比自然降雨量的效率。显然，郑州、石家庄、乌鲁木齐等干旱地区的产水效率较高。相反，广州等湿润地区的产水效率较低。干旱城市与多雨城市可以通过自然降雨量来区分。同时，从图中可以发现一个近似的线性分布，也就是说，九个城市站点的系统产水效率与自然降雨量成反比。

从一年中的日照时间可以看出，干旱地区，如乌鲁木齐、郑州等地方的年降雨量相对较少，但是太阳辐射十分丰富。相反，雨水城市的日照时间较少。温差是对流运动的驱动力，温差越大，自然对流运动越强。如果湿空气团易被稀释，则很难有降雨发生。在烟囱内部，如果没有附近的干燥空气来稀释上升的暖湿

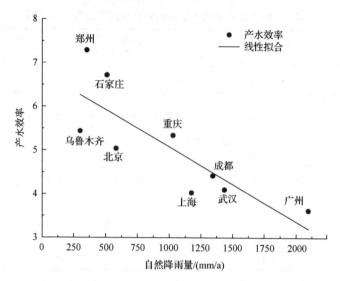

图 8-7　新型太阳能热气流系统的产水效率(将系统产水量分布在 500 万 m² 的扩散面积后与自然降雨量的比值)

气流,则暖湿气流可以在烟囱内不受干扰地沿程冷却,并达到露点。因此,干燥地区的新型太阳能热气流系统相比自然环境能够更加有效地冷凝湿空气中的水分。当然,自然降雨量还包括了很多时变因素,要想将这一原理进行深入的探索,可能还需要大量的统计数据。但至少可以得出,该太阳能热气流系统在原理上是可行、有效的,并且可以增加干旱地区的降雨产水量。

8.4　系统参数敏感性分析

本节对系统的关键参数进行敏感性分析,对一座烟囱高度为数千米,烟囱半径为 50m 的太阳能热气流系统基于上述数学模型在不同环境条件下进行性能评估。计算中使用的主要参数如表 8-4 所示。在本书中,由于使用充满水的黑色管道来吸收太阳辐射并且充当一个储能系统,对那些具有丰富的太阳能资源的地区来说,烟囱系统能够一天 24h 连续工作。因此,现假设烟囱能够运行 365×24h,并且通过烟囱内部的集水机制系统能够达到 100%的集水效率。为了将理论分析系统用于可持续能源生产的有效性分析,假定气流通过风力透平的压降恒定,因此可以通过主动调控风力透平的压降因子来调节参数。

表 8-4 计算中使用的系统基本参数

系数	
损失系数	$\varepsilon = 0.1$
壁面摩擦因子	$f = 0.01$
风力透平发电效率	$\eta_1 = 0.72$
水利透平发电效率	$\eta_2 = 0.9$
计算输入参数	
烟囱进口空气温差	$\Delta T = 5K$, $10K$, $15K$, $20K$, $25K$
烟囱高度	$H = 1000m$, $1500m$, $2000m$, $2500m$, $3000m$
烟囱直径	$D = 100m$
环境空气相对湿度	$RH = 0.70$, 0.75, 0.80, 0.85, 0.90
风力透平压降因子	$n = [0.1, 0.2, \cdots, 0.9]$

8.4.1 烟囱进气流速

在白天，充满水的黑色管道可以通过吸收太阳辐射来提高管道的温度。管道的一部分能量将通过热对流与热辐射转移到管内的气流中。在夜间，当空气开始冷却时，管内的水会释放在白天储存的热量，从而维持稳定的热气流，驱动风力透平稳定地输送电能。因此，发电容量主要是由烟囱入口处热气流的体积流量以及风力透平压降共同决定的。

图 8-8 显示了烟囱进口空气流速随风力透平压降因子在不同烟囱进口空气温差（$\Delta T = 5K$，$10K$，$15K$，$20K$，$25K$）、烟囱高度（$H=1000m$，$1500m$，$2000m$，$2500m$，$3000m$）、烟囱进气相对湿度（RH=0.70，0.75，0.80，0.85，0.90）条件下的变化情况。从图中可以看出，随着风力透平压降因子的增加，烟囱进口空气流速降低，较高的压降降低了热气流的驱动力和速度。正如式(8-14)所示，烟囱系统的驱动力会随着压降因子的增加而减小。通常，进入烟囱的气流将驱动安装在烟囱底部的风力透平叶片，并且相应的轴功率将最终被转换成电力。在该过程中，将会有一部分压力损失。当驱动力减小时，速度减小也是必然的。同时，图中还显示出进口空气温差对进口空气流速的影响最显著，而相对湿度对它的影响较小。应当指出的是，在图 8-8 (c)中，进口空气流速随着相对湿度的增加而增加。原因是当进口空气相对湿度较高时，烟囱中将发生更多的冷凝。那么空气的平均密度将会因为析出水分而减小，同时，更多冷凝的产生伴随着更多凝结潜热的释放，这部分热量将会继续加热烟囱内部的空气。因此，这将会使得烟囱内部和外部的空气密度差变大，驱动力将增加。

不同的烟囱高度对进口空气流速也有明显的影响，也可以归结于驱动力的变化。但是当烟囱足够高时，这种影响将会减弱。总体来说，当进口空气和环境空气之间的温差变大时，将会引起更强的对流运动，使得进口空气流速显著增加。在这种情况下，驱动力也显著增加，可以将更多的能量转换成电能。因此，增加进口空气温差是获得更高的烟囱进口空气流速的有效方式。

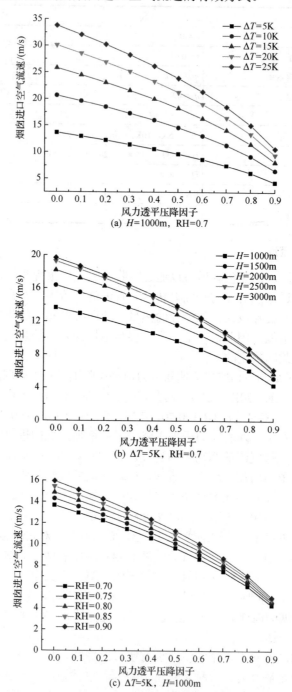

(a) $H=1000\mathrm{m}$, RH=0.7

(b) $\Delta T=5\mathrm{K}$, RH=0.7

(c) $\Delta T=5\mathrm{K}$, $H=1000\mathrm{m}$

图8-8　烟囱进口空气温差、烟囱高度和相对湿度在压降因子变化时对烟囱进口空气流速的影响

8.4.2　凝结高度

凝结高度表示当湿空气在烟囱中上升时相对湿度刚刚达到100%的高度。对于给定的烟囱系统，如果湿空气以相对湿度100%进入烟囱，那么很有可能将会在烟囱的底部位置发生冷凝。但是，如果进入烟囱的湿空气相对湿度较低，湿空气在离开烟囱时甚至都不会达到饱和状态。因此，烟囱高度和空气相对湿度将主要决定着烟囱内部湿空气的凝结高度。

图 8-9 表示凝结高度随空气相对湿度、烟囱高度和烟囱进口空气温差变化的情况。凝结高度随风力透平的压降因子几乎保持不变，因为压降因子不是凝结高度的影响因素。但是，烟囱进口空气温差、烟囱高度和空气相对湿度对凝结高度具有不同的影响。随着烟囱进口温差从 5K 增至 25K，凝结高度不断增加，分别为 766.4m、801.6m、838m、875.4m 和 914.1m。较高的温差意味着湿空气需要较长的距离来沿程冷却并最后达到凝结高度。从图 8-9 中也可以看出，凝结高度随空气相对湿度的增加而降低。显然，空气相对湿度对于凝结高度是最重要的影响因素。而烟囱高度的变化对凝结高度影响并不显著，不会发生太大的变化。从上述分析可以得出结论：操作条件中，空气相对湿度和烟囱进口空气温差对凝结高

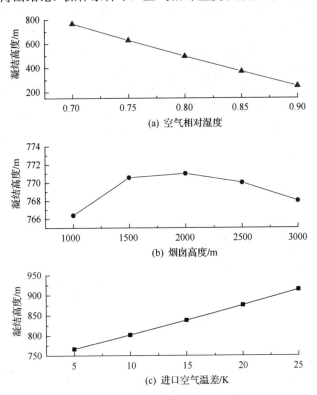

图 8-9　空气相对湿度、烟囱高度和烟囱进口空气温差对凝结高度的影响

度具有重要的影响，而几何参数，如烟囱高度的影响可以忽略。

8.4.3　凝结水的质量流量

图 8-10 表示烟囱进口空气温差、烟囱高度以及空气相对湿度对凝结水的质量流量的影响情况，凝结水的质量流量随压降因子的增加不断减少。如前所述，随着风力透平压降因子的增加，烟囱进口空气流速和入口空气质量流量均不断减小，这也表示当气流爬升至抬升凝结高度时，最终能够冷凝成水的量变少。当给定的透平压降因子增加时，热气流中的势能更多地被转换为电能。这也会导致空气的质量流量减少，以及凝结水的质量流量曲线的下降。因此，系统产水和发电性能之间存在着互相约束的关系，实际应用时需要进行综合考虑。

烟囱高度的增加提高了空气的质量流量，因此凝结水的质量流量也随之显著增加。而烟囱进口空气温差的增加对凝结水的质量流量的影响在图 8-10 三幅子图中是最小的。这样，对于系统的产水性能，烟囱高度因素是三者之中影响最大的。而当烟囱高度一定时，空气相对湿度越高，系统产水性能越好。空气相对湿度的增加有利于更多凝结水的产出，而增加烟囱进口的空气温差并不是有效的方式。这里值得注意的是图 8-10(a) 中，随着烟囱进口空气温差的升高，凝结水的质量流量也增加。当进口温差升至 15K 后，凝结水的质量流量会随着烟囱进口空气温差的增加而降低。可以注意到，这种现象只是在烟囱高度和空气相对湿度均相对较低时产生的，如这里的烟囱高度为 1000m，空气相对湿度为 0.70。较高的烟囱进口空气温差意味着空气需要较长的距离或时间才能够降低至冷凝发生的露点。而当烟囱不够高时，冷凝出来的水量也较少。进一步的计算表明，当烟囱和空气相对湿度足够高时，凝结水的质量流量会随着烟囱进口空气温差的上升而不断增加。总体来说，为了提高系统的产水性能，较高的烟囱高度和空气相对湿度是理想的条件。

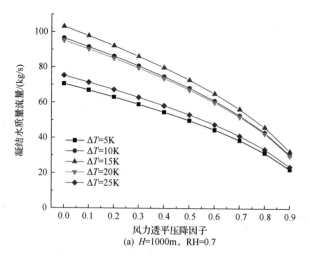

(a) H=1000m, RH=0.7

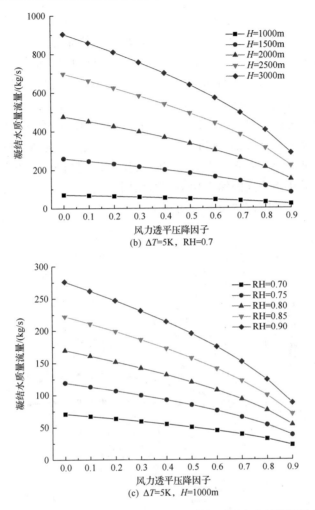

图 8-10　烟囱进口空气温差、烟囱高度和空气相对湿度在压降因子变化时
对凝结水的质量流量的影响

8.4.4　风力透平的输出功率

不同条件对风力透平的输出功率的影响情况如图 8-11 所示。从图中可以看出，输出功率首先随着透平压降因子的增加而增加，直到达到峰值功率，此时压降因子的值为 0.7。之后，压降因子的增加导致空气体积流量急剧减少，使得透平输出功率显著降低。这也表明，较高的透平压降不会一直增加输出功率。从式 (8-17) 可以看出，空气体积流量和压降因子之间存在互相制约的关系。因此，为了获得更高的输出功率，应当分析最佳的工况点。在本书中为了通过风力透平实现最高功率输出，压降因子应当被设置为 0.7。

　　图 8-11 中不同条件对输出功率的影响存在差异。可以看到，随着烟囱进口空气温差增加，曲线爬升得更快。这也表明，增加热气流进口温差可以有效地增加风力透平的输出功率。因此，烟囱进口空气温差对风力透平输出功率的影响较大，但也可以发现空气相对湿度对输出功率的影响较小。这类似于空气速度和风力透平输出功率之间的关系。同时，增加烟囱高度也是改善输出功率的有效方法。但是与增加烟囱的进口空气温差相比，它对输出功率的影响较小。例如，在图 8-11 中，可以看出即使烟囱高达 3000m，当烟囱进口空气温差为 ΔT=5K 时，相比高度仅为 1000m，进口空气温差为 15K、20K 以及 25K 的烟囱，输出功率也少很多。总体来说，为了获得更高的输出功率，增加烟囱进口空气温差是最佳的方法，而风力透平的压降因子应该被设置为 0.7。

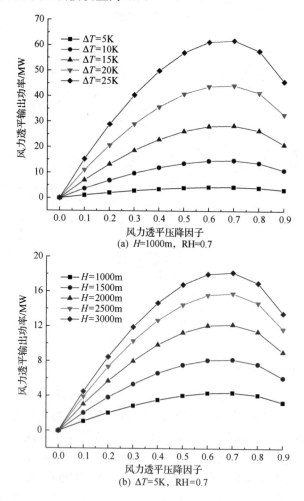

(a) H=1000m, RH=0.7

(b) ΔT=5K, RH=0.7

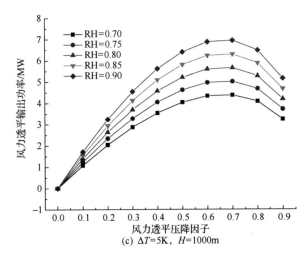

图 8-11　烟囱进口空气温差、烟囱高度和空气相对湿度在压降因子变化时对
风力透平输出功率的影响

8.4.5　水力透平的输出功率

　　如前所述，该新型太阳能热气流系统在冷凝水通道的出口处设有水力透平，如图 8-12 所示。值得注意的是，空气冷凝产水的水量越多，水力透平可以输出的功率越大。图 8-12 显示出了几种参数条件对水力透平输出功率的影响。可以看出，水力透平输出功率随压降因子的增加不断减小。同时，在凝结水的质量流量和水力透平之间存在正相关关系。随着压降因子的增加，输出功率曲线下降的原因可以归结于空气流量的减少。在压降因子的一定范围内，风力透平输出功率和水力透平输出功率之间相互制约。因此，在分析系统发电性能的同时，需要对风力透平输出功率和水力透平输出功率进行权衡，从而得到最佳的系统总输出功率。

　　从图 8-12(a)和图 8-12(c)中可以看出，水力透平输出功率值相对较小。前面曾提到，增加烟囱进口空气温差并不总是有利于凝结水的质量流量的提高，特别是当烟囱不够高时，水力透平的输出功率也并不高。在空气相对湿度较高的情况下，水力透平输出功率在一定程度上增加。因此，对于水力透平的输出功率，烟囱高度是最重要的影响因素。这是因为水力透平输出功率的直接影响参数是凝结水的势能，而烟囱高度决定着驱动力以及势能的大小。高度越高，势能越大，这样可以有越多的功率输出。因此，当烟囱不够高时，如 1000m、1500m，此时水力透平的输出功率远小于风力透平的输出功率。相反，当烟囱非常高时，水力透平的输出功率也相当大，应该尽可能想办法去利用这部分能量。

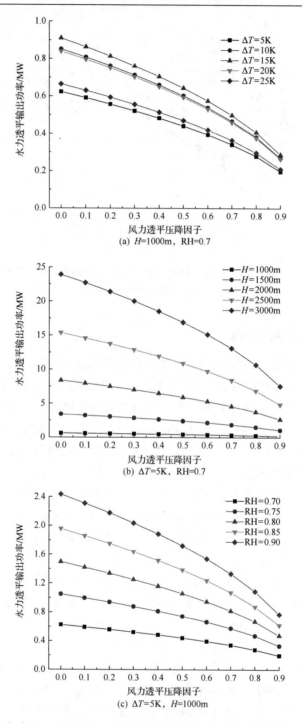

图 8-12　烟囱进口空气温差、烟囱高度和空气相对湿度在压降因子变化时对
水力透平输出功率的影响

8.4.6 系统总输出功率

图 8-13 表示烟囱进口空气温差、烟囱高度以及空气相对湿度对太阳能热气流系统总输出功率的影响情况。其中,风力透平的压降因子被设置为 0~0.9。从图中可以得出,如果压降因子是恒定的,那么系统总输出功率会随着烟囱进口空气温差、烟囱高度以及空气相对湿度呈现出不同程度的上升趋势,类似于这些参数对烟囱进口空气流速的影响,主要是因为进口空气的体积流量发生了变化。此外,可以看到,改变烟囱空气进口温差会使得总输出功率有显著的增加。因此,改变进口空气温差也是这三种方法中提高系统总输出功率的最佳方式。

风力透平压降因子对系统总输出功率的影响比较复杂,并且从结果上看,类似于压降因子对风力透平输出功率的影响。当风力透平压降因子较小时,系统总输出功率随着压降因子的增加而增加。主要原因是压降因子的增加引起进口空气体积流量的减小,这时风力透平的压降因子占据主导位置,使得系统总输出功率呈上升趋势。但是当风力透平压降因子较大时,烟囱进口空气体积流量的降低更加显著,直到影响力替代压降因子的主导地位,使系统总输出功率开始降低。一方面,当考虑设置水力透平后,系统总输出功率的峰值与风力透平的输出功率峰值存在一些差异。可以看出,这些峰值,即系统的最佳风力透平压降因子开始向左移动,这主要是由水力透平的输出功率随风力透平压降因子的增加而减小导致的。另一方面,这也表明水力透平的输出功率对系统总输出功率的影响不容忽略,特别是当烟囱足够高时,如图 8-13(b)所示。

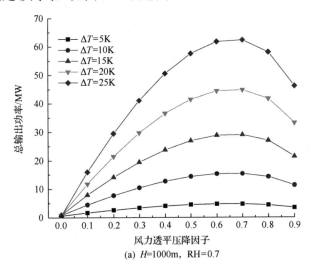

(a) H=1000m, RH=0.7

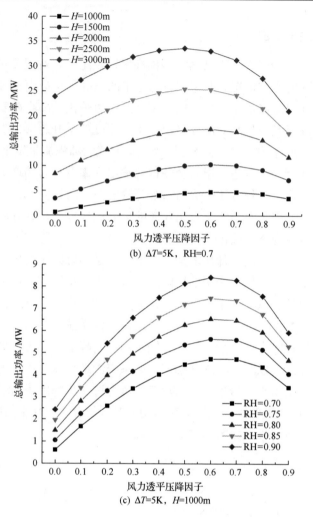

(b) ΔT=5K，RH=0.7

(c) ΔT=5K，H=1000m

图 8-13　烟囱进口空气温差、烟囱高度和空气相对湿度在压降因子变化时对
系统总输出功率的影响

8.4.7　系统发电效率

图 8-14 描述了烟囱进口空气温差、烟囱高度以及空气相对湿度对风力透平发电效率的影响。结果表明，随着风力透平压降因子的增加，不同条件对效率的影响存在差异。风力透平的效率随着压降因子的增加而增加，能量转换效率也不断提高。如图 8-14(a)所示，当透平压降因子一定时，烟囱进口空气温差越高，效率也越高。但是，当烟囱进口温差较大时，系统效率增加的幅度有所减小。这表明改善烟囱进口空气温差并不总是提高效率的最有效方法。

从图 8-14(b) 可以看出,增加烟囱高度是提高风力透平发电效率非常有效的方式,甚至可以使得效率达到 4.6%。在 Schlaich 等[21]的设计中,烟囱效率从根本上取决于烟囱的高度,但是他们忽略了湿空气相变过程导致的参数变化。此外,当烟囱足够高时,水力透平的输出功率不容忽视。尽管如此,仍然可以得到初步结论,烟囱高度是影响太阳能热气流系统发电效率的决定性因素。空气相对湿度对风力透平发电效率的影响如图 8-14(c) 所示,可以看出效率会随着风力透平压降因子的增加而增加。同时,当压降因子一定时,效率与空气相对湿度也呈现出正相关的关系。因此,空气的相对湿度对发电效率也起着重要的作用。

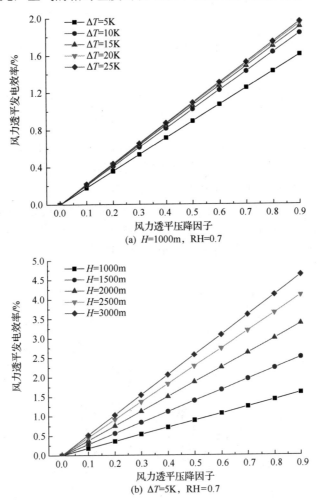

(a) H=1000m,RH=0.7

(b) ΔT=5K,RH=0.7

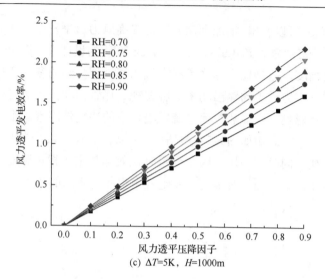

图 8-14　烟囱进口空气温差、烟囱高度和空气相对湿度在压降因子变化时对
风力透平发电效率的影响

如前所述，烟囱高度对系统输出功率，包括风力透平输出功率和水力透平输出功率都起着重要的作用。为了分析不同空气相对湿度对新太阳能热气流系统发电性能的影响，现假设烟囱高为 3000m、半径为 50m，烟囱进口空气温差设为 25K。如图 8-15 所示，系统发电效率在不同空气相对湿度下随压降因子的增加而变化。在空气相对湿度较高的情况下，系统发电效率甚至可以上升至 7%左右，而且在空气相对湿度仅为 0.7 时，系统发电效率至少也接近于 6.2%。

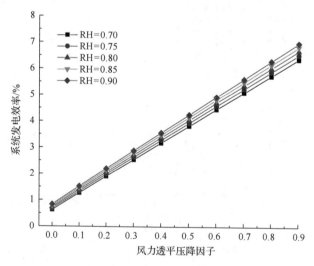

图 8-15　不同空气相对湿度情况下系统发电效率(ΔT=25K，H=3000m)

8.5　本　章　小　结

本章建立了空气的水分在烟囱中沿程冷却并析出凝结水和发电的一维可压缩流动与传热数学模型，对这种结合发电与产水功能的新型太阳能热气流系统的输出性能进行空气取水特性分析以及系统参数敏感性分析，具体如下。

(1) 将计算结果与中国九个城市站点的自然降雨量比较，验证了系统产水的可行性与有效性；自然降雨量稀缺的干旱地区或干旱季节，不一定不适合设置该新型太阳能热气流系统。相反，该系统的效率与当地自然降雨量成反比。

(2) 烟囱高度对于凝结出来的水量影响较大，烟囱进口空气温差的影响比较小，在一定条件下提高烟囱高度可以获得更多的水；凝结水的质量流量随着风力透平压降因子的增加而不断减少，因此系统的产水量与发电量存在相互制约的关系，实际应用时需要综合考虑。

(3) 进口空气温差对系统总输出功率的影响比较大，而烟囱高度的变化对系统总输出功率的影响较小，空气相对湿度变化的影响最小，因此可以采用提高烟囱进口空气温差的方法提高系统总输出功率。系统总输出功率中大部分来自风力透平输出功率，其变化趋势与风力透平输出功率相同，随压降因子的变化先增大后减小，在临界点取得最大值。但是当烟囱高度以及空气相对湿度变化较大时，水力透平输出功率不容忽视，临界点会向左移动，在本章提出的理想条件下，系统发电效率甚至可以达到 7%。

参 考 文 献

[1] Starr V P, Anati D A, Salstein D A. Effectiveness of controlled convection in producing precipitation. Journal of Geophysical Research, 1974, 79(27): 4047-4052.

[2] Carte A E. Mine shafts as a cloud physics facility. Proceedings of the International Conference of Cloud Physics, Toranto, 1968: 384-388.

[3] Lambrechts J D V. The value of water drainage in upcast mine shafts and fan drifts. Journal of the Sourthen African Insitute of Mining Metallurgy, 1956, 56: 307-387.

[4] Mourtada A, Arkahdan A N, Karout Y M. Solar chimney electricity from the sun. 2012 International Conference on Renewable Energies for Developing Countries, Beirut, 2012.

[5] Kratzig W B. Solar updraft power technology: State and advances of low-concentrated thermal solar power generation. VGB PowerTech, 2012, 92(11): 34-39.

[6] Bonnelle D. Solar chimney, water spraying energy tower, and linked renewable energy conversion devices: Presentation, criticism and proposals. Villeurbanne: University Claude Bernard, 2004.

[7] Omer E, Guetta R, Ioslovich I, et al. "Energy Tower" combined with pumped storage and desalination: Optimal design and analysis. Renewable Energy, 2008, 33(4): 597-607.

[8] Omer E, Guetta R, Ioslovich I, et al. Optimal design of an "energy tower" power plant. IEEE Transactions on Energy Conversion, 2008, 23 (1): 215-225.

[9] Papageorgiou C D, Psalidas M, Katopodis P. Solar chimney technology without solar collectors. [2019-01-25]. http://wwwfloatingsolarchimneygr/Downloads/Documentationl SC _techn _ Without_Solar _ Collectors pdf.

[10] Starr V P, Anati D A. The earth's gaseous hydrosphere as a natural resource. Aydrology Research, 1971, 2 (2): 65-78.

[11] Starr V P, Anati D A. Experimental engineering procedure for the recovery of liquid water from the atmospheric vapor content. Pure and Applied Geophysics, 1971, 86 (1): 205-208.

[12] Hagg F. Hurricane killer. [2019-01-25]. http://www.greenidealive.org/110599/479/hurricane-killer.html 2009.

[13] Wikipedia List of costliest Atlantic hurricanes. [2019-01-25]. http://en.wikipedia.org/wiki/List_of_costliest_Atlantic_ hurricanes 2015.

[14] Pasumarthi N, Sherif S A. Experimental and theoretical performance of a demonstration solar chimney model-Part I : Mathematical model development. International Journal of Energy Research, 1998, 22 (3): 277-288.

[15] Krätzig W B. Physics, computer simulation and optimization of thermo-fluidmechanical processes of solar updraft power plants. Solar Energy, 2013, 98 (4): 2-11.

[16] Bernardes M A D, Voss A, Weinrebe G. Thermal and technical analyses of solar chimneys. Solar Energy, 2003, 75 (6): 511-524.

[17] Schlaich J, Robinson M, Schubert F W. The Solar Chimney: Electricity from the Sun. Geislingen: Axel Menges, 1995.

[18] Zhou X, Xiao B, Liu W, et al. Comparison of classical solar chimney power system and combined solar chimney system for power generation and seawater desalination. Desalination, 2010, 250 (1): 249-56.

[19] Haaf W. Solar chimneys: Part II : Preliminary test results from the Manzanares pilot plant. International Journal of Sustainable Energy, 1984, 2 (2): 141-161.

[20] von Backström T W, Gannon A J. Compressible flow through solar power plant chimneys. Journal of Solar Energy Engineering, 2000, 122 (3): 138-145.

[21] Schlaich J, Bergermann R, Schiel W, et al. Design of commercial solar updraft tower systems-utilization of solar induced convective flows for power generation. Journal of Solar Energy Engineering, 2005, 127 (1): 117-124.

第9章 基于太阳能热气流系统的温室气体大规模移除

9.1 概　　述

　　研究发现，大规模移除甲烷、一氧化二氮及臭氧层中的卤代烃等温室气体相比于大规模移除二氧化碳，能够更加快速地减缓全球变暖的趋势。甲烷通过光催化反应生成二氧化碳，这能够有效地减少至少90%的全球变暖潜能。同时通过光催化反应，一氧化二氮能够分解为氮气和氧气，而卤代烃能够矿化为酸性卤化物与二氧化碳，因此避免了对这些温室气体进行捕获与封存的需要。本章首先对一种非常规的混合装置的性能进行评价，在该装置中，不间歇生产无碳电能的太阳能热气流系统与光催化反应器将联合发挥作用。其次，总结非二氧化碳温室气体光催化转化的实验依据。基于此，本章提出将 TiO_2 光催化反应以及太阳能热气流发电系统相结合以处理非二氧化碳温室气体的设想[1]。假设在世界范围内安装50000台太阳能热气流发电系统，每台装机容量为200MW，在考虑建造时间的条件下，截止到2050年，这些设备将产生总计 $34PW \cdot h$ 的可再生能源。每隔14~16年，这些装配有光催化反应器的太阳能热气流发电系统就能够处理一个大气体积的大气，因此可有效地减少甚至阻止非二氧化碳温室气体的增加，并逐步减小它们在大气中的含量。相对其他温室气体，移除甲烷能够明显地减小辐射压力，因为这个过程能够释放更多的羟基，羟基增加加速了对流层的净化。非二氧化碳温室气体整体浓度水平的降低能够限制全球温度的提升。通过将温室气体的移除过程与可再生发电装置进行物理连接，可有效避免其他气候工程存在的一些道德风险。

9.2　基于太阳能热气流系统的温室气体大规模移除性能

　　为了对该设想的可行性进行初步的评估，首先需要估计这个混合装置的性能。所有的温室气体移除方法都需要相当规模的设备，因此通过一次近似而获得装置尺寸的概念变得尤为重要。

　　由于混合设备的系统配置存在多种选择，其对性能的估计将依赖于系统的配置。例如，光催化反应器(photo catalytic reactor, PCR)能够安装于太阳能热气流发电系统的地面上(对于一个200MW的太阳能热气流发电系统，相应的温室面积为 $38km^2$)，也能够覆盖在集热棚顶部的玻璃(或塑料)上。每天能够有 $17km^3$ 的空气流经这个 200MW 的太阳能热气流发电系统。当然，如果光催化反应只能够在强烈光照条件下维持 8h，那么相应能够处理的空气仅为流经空气总量的 1/3。在每天有 17km³ 的空气流经该装置的条件下，由于空气中甲烷的含量为 1.83×10^{-6}mg/kg，那么它能够处理每天 31000m³ 而每年将近 0.011km³ 的甲烷。依据当前的大气中温室气体浓度，每年流经该装置的空气中将包含 7900t 甲烷、3900t 水蒸气以及将近 42t 卤代化合物，相当于每年 150 万 t 的二氧化碳当量[2]。

在该设想的太阳能热气流发电系统中，在集热棚内侧，纳米尺度的光催化涂料是半透明的，这种涂料在可见光下保持活性而当阳光穿过集热棚而到达温室时被激活。阳光将继续照射至地面上，因此在地面上可以设置其他种类的光催化反应器，这些光催化反应能够通过可见光而被激活[3]。如图 9-1 所示，当没有遮挡时，集热棚能够获得最好的太阳直接辐照度。而温室下的隔断墙阻止了外部高速的侧风对温室下方缓慢流动的热气流的扰动，使得热气流能够向烟囱中心方向移动[4]。当环境侧风通过前隔间进入下方温室后，由于隔断墙的导流作用，热气流流向位于烟囱底部入口的风力透平处。

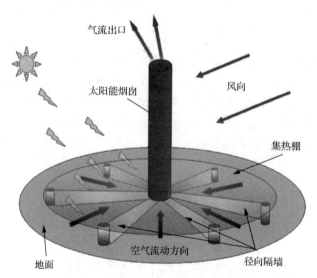

图 9-1　有玻璃集热棚的太阳能热气流发电系统，阳光穿过半透明的光催化涂料[4]

压降是评价太阳能热气流发电系统内空气流动的重要参数，多名学者对此也进行了相应的评价与研究。Gannon 课题组[5,6]通过一维可压缩流的方法同时结合一个直径为 0.63m 小型太阳能热气流发电系统模型的风洞实验对不同压降的太阳能热气流发电系统进行了研究与分析。结果显示，压降与烟囱内的垂直加速度有关，同时烟囱内支撑轮与辐条的存在造成了压降的损失，但这个压降远大于壁面摩擦造成的压降，因此平滑的烟囱壁面只能够产生很小的效果。

为了最大化空气中气体分子间(甲烷、一氧化二氮、氟氯烃及氢氟烃)的接触时间，需要在太阳能热气流发电系统入口处设置多层半透明光催化剂涂层，如图 9-2 所示。压降将取决于涂料层间距的大小，由式(9-1)决定：

$$\Delta p = f_{D} \frac{\rho v^{2}}{2} \frac{L}{D} \tag{9-1}$$

式中，L 为层间通道的长度；D 为水力直径；f_{D} 为达西摩擦系数；ρ 为空气密度；v 为流动速度。

因此，对局部压降的研究应该从优化的角度去权衡所需催化剂对应的表面积和体积的比值与相应压降大小的关系。尽管如此，在这一阶段，入口处的速度远小于烟囱中心处的速度，如图 9-2 所示，当增加集热棚的高度时，入口的速度甚至更低。

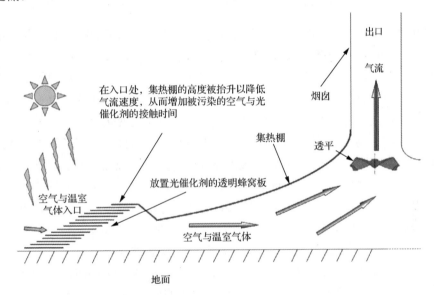

图 9-2　在太阳能热气流发电系统下温室四周入口处安装多层光催化剂涂层以实现温室气体矿化的目的[7]

作为参考，通过固体-空气交换器利用光催化反应直接从大气中除去二氧化碳需要 20～40Pa 的压降,而通过液体-空气交换器(碱溶液)需要 100～150Pa 的压降[8,9]。还有一种方法是由 Carbon Engineering 公司提出的空气接触器[10,11],如图 9-3 所示,这种装置需要数百个电动风扇并消耗大量的能量。

本书认为图 9-1 所示的配置比图 9-2 更好,因为它的透光效率更高;而在图 9-2 中,因为需要经过多层半透明光催化剂涂层,所以会产生较大程度的透光损失。而温室气体从空气向光催化反应器交换的质量是相似的,因为对于同样面积的光催化反应，在图 9-1 的配置下，通过延长气流经过光催化反应区域的时间，同样能够产生相似的有效传质。

图 9-3　Carbon Engineering 公司提出的从空气中直接捕获 CO_2 的空气接触器[10]

假设所有的电能需求（相当于 8.8TW 的电容或者以每年 30PW·h 的年产能速度积累到 2030 年的电能[12]）通过 200MW 的太阳能热气流发电系统来满足，则需要 50000 座太阳能热气流发电系统，同时每 15 年将近一个大气层体积的空气将通过这些太阳能热气流发电系统的集热棚。在这样的情况下，不仅能够保证 100% 满足用电的需求，而且不再有二氧化碳排放，甚至海洋的酸化现象也将缓解。50000 台太阳能热气流发电系统-光催化反应器（SUPPS-PCR）的存在，相当于每年减排了 80Gt 的二氧化碳当量。作为对比，根据 Williamson[13] 的观点，为了实现稳定全球变暖的温度上升在 2℃ 之内的目标，需要移除 600Gt 的二氧化碳当量。因此，根据假设，本章提出的 SUPPS-PCR 能够以必要的速度与规模真正实现对全球变暖趋势的缓解以及对温室气体的移除，仅仅需要 5000～10000 台这样负排放的 SUPPS-PCR 就能确保实现全球温度上升 2℃ 的总碳预算目标。

10000 座 SUPPS-PCR 每年能够产生 2TW 的电能并减少 16Gt 的二氧化碳当量，总覆盖面积为 38 万 km^2，这相当于 23 个北京市的面积，将近 4% 撒哈拉沙漠的面积，16% 阿拉伯沙漠的面积，或者 28% 澳大利亚沙漠的面积。

然而 SUPPS-PCR 并不需要成为唯一的能源组成，相反，在未来的能源结构中，其合理的份额应该占到 10%～20%，并且更多的可再生能源可以进行多元化使用。太阳能热气流发电系统需要较少的维护，同时提供坚固而耐用的发电设施，在偿还建造成本之后几乎零成本运行[14]。根据 Harte 等[15] 的研究，太阳能热气流发电系统的设计使用寿命是 100 年甚至更长，几乎两倍于传统火力发电站与核电站的寿命，3～4 倍于风力发电站、光伏发电站、聚光太阳能发电站的寿命。SUPPS-PCR 提供了一个突破性的技术成就：非二氧化碳的释放源通过免费的阳光产生可再生能源，同时伴随着非二氧化碳温室气体的光催化降解反应过程而产生许多协同效应。

9.3　大尺度大气温室气体光催化转化

对于温室气体的光催化研究大多数基于实验室尺度，但也有一些学者对大规模温室气体光催化转化进行了探索，如一些文章中提到的大规模甲烷的光消除[16,17]。这些工作所体现的规模恰与本章研究聚焦的规模相似，为本章的研究提供了借鉴与参考。

为了减少肉猪养殖时的气体排放，Espagnol 等[16]用光催化薄膜覆盖着 54 头猪产生的粪便泥浆。这些泥浆被分成两份储存在两个实验缸内，每个缸的体积为 $13m^3$，放置于室外。其中在一个缸上覆盖着实验性的光催化薄膜，连续两个月用示踪法测量缸内气体的排放。实验结果表明，光催化覆盖薄膜产生有效的氧化反应，其中氨气的氧化率为 59%，甲烷为 71%。

即使 Guarino 等[17]使用了不同的实验条件，他们也证实了 Espagnol 等[16]对于甲烷大规模光催化转化的研究结果。为了减少在畜牧过程中氨气与温室气体的排放，Costa 和 Guarino[17]将价格低廉的二氧化钛光催化剂涂抹于养殖场的外墙上。两个完全相同的机械通风分娩室被用于本次实验。同时在两个月内连续监测气体浓度和通风速率。当使用 36W 的紫外线灯照射外墙时，甲烷的平均浓度减少 15%~27%。这些结果与 Liu 等[18]的实验数据进行比较，Liu 等[18]在实验中设计了一个 1.4L 的能够连续流动的反应器，当使用 15W 的紫外线灯照射时，能够使以 8L/min 速度流动的甲烷的转化率达到 50%。

之前的文献已经证明了通过光催化反应能够成功氧化或者移除气态的甲烷、一氧化二氮及碳氢化合物。几乎所有实验对于碳氢化合物以及甲烷的研究都在标准大气压下的空气中进行。因此，直接氧化移除碳氢化合物或者甲烷是存在理论依据的。对于一氧化二氮的研究通常在大气压力减小的实验条件下进行，同时空气中应包含少量稀有气体，如氦气[19]。最近的实验是在过量氧气条件下进行的，此时光还原率略有增强。一氧化氮光分解为氮气与氧气，但也会产生一定数量的一氧化二氮。

当挑选出最好的光催化剂后，可以将这种光催化剂放置于太阳能热气流发电系统集热棚内的不同位置，能够实现对相应的几种非二氧化碳温室气体以及臭氧层消耗气体的转化。每个光催化反应器的位置对应着相应最优化的运行条件，如在太阳能热气流系统入口处的温度较低，沿着径向方向温度逐渐升高。

一方面，如果在集热棚入口处使用多层光催化剂分布，那么局部面积与体积的比值以及质量交换将被提高。但是随着覆膜玻璃以及聚合薄膜层数的增加，可见光的强度逐渐降低。另一方面，如图 9-1 所示，更大的光催化面积将产生更长的接触时间以及光催化照明时间，但随着边界层厚度的增加，质量交换的能力相应变弱。因此，如图 9-4 所示，SUPPS-PCR 将可能解决以上两种模型的缺陷，因为在不同入流状态及入口温度条件下，它能够将四种不同光催化反应层安装在不同位置，这些光催化反应层的排布将提高能量的存储[20]。

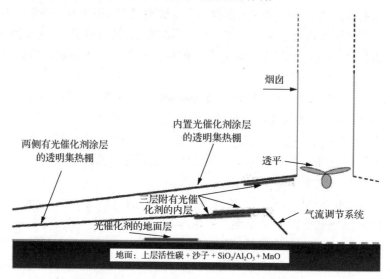

图 9-4　由 Pretorius[20]提出的太阳能热气流发电系统，具有双层集热顶棚用于储能，提供两倍的可用表面作为光催化剂涂层

二氧化钛低廉的成本、高度的稳定性、强烈的氧化能、无毒的性质(通过多年药品以及化妆品的使用而证明)，使得它被广泛地研究以及应用，特别是在环境应用领域以及以实现消除某种污染物质为目的的应用中。纳米颗粒的出现使得其表面积以及透光率增加，如以硅石、氧化铝以及沸石等作为支撑的混合纳米光催化剂，这种催化剂是由半导体氧化物以及高表面积的吸附剂组成的[21]。

9.4　太阳能热气流系统内质量交换

尽管对于太阳能热气流发电系统的研究已经存在有价值的能源转化的经验，多个模型已经对此进行了探索，然而并无相似的将太阳能热气流系统作为光催化反应器的案例。因此需要借鉴其他光催化反应器对于质量交换以及光催化性能的研究。

传质过程能够决定光催化反应的质量交换。在建筑环境下利用光催化反应清洁空气的研究中，Zhong 和 Haghighat[22]定义了多达 7 个循序渐进的基本传质过程，如图 9-5 所示，其中 R 代表反应物，R_{ads} 指吸附在催化剂表面上的反应物，P_{ads} 指吸附在催化剂表面上的反应产物，P 代表反应产物。

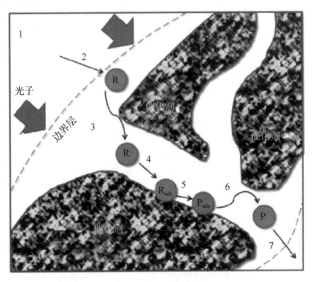

图 9-5　光催化反应的基本传质过程[22]

(1) 空气中反应物（甲烷）的对流流动。

(2) 通过边界层外界流体与催化剂外表面进行质量交换。

(3) 通过催化剂空隙结构进行分子或 Knudsen 扩散。

(4) 在内部的孔隙表面进行吸附。

(5) 内表面上光化学反应产生动力。

(6) 反应产物的脱附。

(7) 通过对流与扩散使反应产物再次回到主流体。

由于这些传质过程是循序渐进的，任意一个过程都会限制总的反应速率。根据光催化反应的效率，光催化剂对于光的获取以及渗透代表着更深层次的限制。Zhong 等[23]通过室内紫外线光催化空气净化器的综合模型，对涉及光渗透的内表面的边界层传质和反应动力学的多个过程进行研究，验证这些基本传质过程。他们的反应器长仅为 0.76m，然而作为比较，处于室外的光催化反应器拥有更大的规模（通常为数十米），表明边界层上对流以及大尺度的质量交换可能会产生相应的限制[24]。这些过程能够由无量纲参数 Sherwood 数（Sh）的相关性表示。Sh 典型形式为 $Sh = cRe^{m}Sc^{n}$，其中 c 为定值常数，Re 与 Sc 分别代表雷诺数以及湍流施密特数，m 和 n 都为小于 1 的常数。表 9-1 为 Sh 与 Nu 的相关性。Sherwood 数定义为 $Sh = KL/D$，其中 K 由传质因子决定，L 为特征长度，D 为反应物扩散至空气中的扩散系数。表 9-1 有助于说明适用关系的一般形式，也有助于对传质性能的初步预测。

表 9-1　文献中 Sh 与 Nu 的相关性

实验	相关性	参考文献	评论
蜂窝或纤维过滤器	$Sh = 0.705(Re \cdot D / L_f)^{0.43} Sc^{0.56}$	[22,25]	L_f 为二氧化钛薄膜的厚度，D 为玻璃纤维的特征长度
混凝土板	$Sh = 0.664 Re_{tr}^{1/2} Sc^{1/3} + 0.036 Re_L^{0.8} Sc^{0.43}\left[1 - \left(\dfrac{Re_{tr}}{Re_L}\right)^{0.8}\right]$	[24]	Re_L 基于道路的宽度，而 Re_{tr} 基于过渡区域
湍流边界层	$Nu = 0.032 Re^{0.8} Pr^{0.43}$	[26]	适用于 $2 \times 10^5 < Re < 2 \times 10^6$
湍流管内流	$Nu = 0.0243 Re^{0.8} Pr^{0.4}$	[27]	Dittus-Boelter 相关
湍流管内流	$Nu = 0.023 Re^{0.8} Pr^{0.33}$	[27]	Colburn 相关，$2 \times 10^4 < Re < 3 \times 10^5$

9.5　讨　　论

　　本章是以解决当前处理全球变暖问题的局限性为目的而提出的。尽管 50kW 的西班牙实验电站原型对于后续的设计与研究具有里程碑意义[28]，但当太阳能热气流发电系统的规模扩大 4000 倍而达到 200MW 时，对于研究以及设计者来说仍然存在挑战。200MW 甚至 400MW 规模的太阳能热气流发电系统才能够对于大规模的温室气体处理作出重要贡献，每天的空气流量达到 170 亿 m³[18]。相反，对于在实验室条件下，最大尺度的光催化甲烷移除方法，每天能够处理的空气流量仅为 11.5m³。那么本章提出的方法是否能够以足够的规模解决全球变暖的问题呢？尽管决定性地回答这个问题还为时过早，但可以进行一些有趣的初步观察。由 Manzanares 试验可推断光催化反应器有 67% 的传质效果；换句话说，当三个甲烷分子进入反应器时，其中两个分子能够转变为二氧化碳，相对于甲烷而言，二氧化碳的全球变暖潜力更小。

　　可以设想，未来 10000GW 的全球能源需求可以通过 50000 座拥有 200MW 输出功率的太阳能热气流发电系统来提供，同时每隔 15 年接近一个大气体积的空气将经过这些太阳能热气流发电系统的集热棚，因此这些太阳能热气流发电系统能够无限期地对多种非二氧化碳温室气体进行清洁。假设当甲烷、卤代烃以及一氧化二氮随着空气流动经过光催化反应器时，反应器内传质的有效性使这些非二氧化碳温室气体能够消除 67% 的份额[29-31]。因此每个光催化的太阳能热气流发电系统每年能够清除 100 万 t 二氧化碳当量的同时，避免了每年 60 万 t 二氧化碳的释放（假设 1000kW·h 电能的产生伴随着 0.88t 二氧化碳的碳强度），当基于澳大利亚的碳排放强度时，甚至能够避免了每年 90 万 t 二氧化碳的释放[32]，因此有助于限制全球温度的不断升高。

其中一个重要的问题是关于 SUPPS-PCR 的安全性以及可靠性。光催化反应是一氧化二氮的来源已经成为事实(由 NO_x 演变)[33],同时需要关心不完全氧化的挥发性有机物能够产生对环境有害的副产物,如室内家用的光催化净化器[34]。因此,在选择光化学催化剂时不仅仅要考虑其化学活性,也需要考虑伴随的副反应以及相应副产物。本章提出的 SUPPS-PCR 将建设与运行于人迹罕至的沙漠之中,而在沙漠中几乎不存在 NO_x 或者挥发性有机物。不仅如此,通常像醛或醇这样的中间副产物在大气中反应迅速,因此能够快速清除母体污染物。即使对于甲烷、氟氯化碳及氢氟碳化合物,中间产物也能够通过羟基自然氧化或者光解而迅速反应,因此几乎没有任何环境风险。几乎所有的产物都需要经过太阳能热气流系统的出口而排出,因此对于环境以及周边生物的影响相对于其高效清洁地处理温室气体的技术优势来说并不明显。

另一个重要的问题是,相比于其他文献中已经报道的方法,太阳能热气流发电系统是否能够提供高效的手段保证大气与光催化反应物的接触?当与 Stolaroff 等[35]的方法相比时,这变得更加有趣,Stolaroff 等[35]提出了几种地球工程策略,如将具有催化作用的气溶胶扩散至大气中。本书认为,这些气溶胶的分散也将带来相应的治理问题,有可能造成不可预料的副作用,这些缺陷与用于太阳辐射管理(solar radiation management,SRM)的大气投射技术相似。他们认为,现有的工业技术每年并不能处理 1/10 大气体积的空气,与本章提出的观点相左。

尽管存在一些问题[36,37],一些研究者[38,39]提出将二氧化钛或氧化铝颗粒注入平流层中,通过这些颗粒将太阳辐射重新返回至外太空之中,因此可作为一种可能的气候工程方案。然而全球变暖是由长波辐射引起的,因此通过这种方法减少短波的辐射并不能解决根本问题,也不能解决海洋酸化的问题。本章提出了解决气候变化的根本手段。通过减少大气中温室气体的含量可使得更多热能逃离地球的束缚,这种方法是由 Ming 等[40]提出的,称为地球辐射管理。然而这种方法并不是太阳辐射管理[41],用于太阳辐射管理平流层硫酸盐气溶胶可能会增加臭氧空洞,或者延缓臭氧层的自我修复。但是通过 SUPPS-PCR 处理的甲烷等非二氧化碳气体可能不仅仅能够减小臭氧层的空洞,甚至可以产生相应的环保和经济效益[42]。

基于 Folli 等[43]的重要城市光催化实验,并结合一些其他的分析[44],能够提出一些关键点,具体如下。

(1)对于 NO_x 的降解,这些实验采用的光催化剂只有在紫外线照射时保持活性,同时甲烷的完全氧化以及其他非二氧化碳温室气体的移除需要在紫外线以及可见光情况下都保持活性。

(2)对于 NO_x 的降解需要 $3W/m^2$ 的光照强度[43],在另外一些文献中光照强度需要为 $0.6W/m^2$[45]或者 $1.6W/m^2$[46]。然后对于太阳能热气流系统,它能够提

供高达 $600\sim800W/m^2$ 的光照强度，比所需要的光照强度大两个数量级，同时紫外线的强度也在 $30W/m^2$ 左右。这表明 SUPPS-PCR 不会因为辐射强度不足而不起作用。

(3)城市中的 NO_x 的光致氧化实验会受到建筑阴影的影响，甚至可能受到街道中穿行车辆的影响，因此光催化的照射过程很难持续进行。然而对于太阳能热气流发电系统的集热棚，除了受到烟囱及云层阴影的影响，它的光照时间几乎是固定的。

(4)车辆尾气中的 NO_x 浓度很高，随着距离的增加稀释率也迅速增加，因此对 NO_x 浓度来说存在一个较大的梯度，这可能会影响到光催化反应的性能；然而大气中温室气体充分混合而浓度保持相对稳定，使得 SUPPS-PCR 的性能更加优良。

(5)在城市环境中，空气流速受到侧风风向以及不同运动速度车辆附近湍流的影响，在局部产生较大的变化；然而对于 SUPPS-PCR，当空气流经光催化涂层时，速度几乎保持一致。

(6)在街道峡谷中，光催化剂涂层只能够放置于近地面人行道上方，而在隧道里，光催化剂只能涂抹于墙壁及天花板上；对于 SUPPS-PCR，光催化剂能够同时作用于地面及集热棚上。

(7)Folli 等[43]的实验中紫外线活性的光催化剂涂层面积约为 $400m^2$，并不能满足本章需要处理的污染物规模；然而对于 SUPPS-PCR，其面积超过 $20km^2$，几乎是 Folli 等[43]实验的 50000 倍。

在 SUPPS-PCR 中，几吨重的光催化材料能够在高强度的阳光直射下用于分解十亿分之一级别的甲烷及一氧化二氮与兆分之一级别的卤代烃。

事实上，SUPPS-PCR 相比城市光催化策略具有独特的技术优势，也可以说它遵循以下这些实验的建议。一个国际小组对一个布鲁塞尔隧道[46]及一个典型的街道峡谷[45]开展了实地调查，提出正确使用光催化材料的建议，建议如下。

(1)对于常规基底的光催化涂层进行优化，以期获得更低的表面粗糙度而减少灰尘的吸附。

(2)紫外线光照强度需要达到 $10W/m^2$ 而避免表面的钝化。

(3)光照系统的合理设计(可见光加上紫外线)使之达到合理的投资收益比。

(4)低的空气平均相对湿度($<60\%$)。

(5)高光催化活性的去污染材料，其中在隧道条件下，一氧化氮的光催化沉积速率至少为 0.1cm/s。

(6)低的隧道风速，增加污染物的反应时间。

(7)双向隧道，增加反应时间及湍流混合。

(8)高活性表面体积比(更小型的隧道管道)；从绝对意义上说，隧道的长度应足以产生明显的除污染效果。

值得指出的是：①太阳能热气流发电系统集热棚的覆膜需要平滑处理而平板顶部需要更低的粗糙度，阻止灰尘在重力作用下在烟囱内发生沉降；②太阳能热气流发电系统内可见光光照强度比所需要的紫外线的光照强度大两个数量级；③根据对炎热干燥的国家的定义，其湿度水平相应较低，安装于沙漠中的太阳能热气流发电系统很难受到影响，因此城市有机污染物对沙漠中光催化剂表面的钝化程度比城市中的钝化程度低几个数量级，同时甲烷的光致氧化及一氧化二氮光致还原并不会产生副产品，而酸性的卤代化合物光催化氧化还原的副产品能够很容易地被中和，且产生的数量有限；④提出的光催化涂料能够在紫外线及可见光下保持活性；⑤通过改变太阳能热气流发电系统入口的高度优化调整温室下的气流速度，在保证温室气体反应物能够充分混合的同时，气体流动保证为湍流流动且能够被优化；⑥200MW 太阳能热气流发电系统能够提供半径为 3.5km 的温室范围而光催化覆膜的半径能够达到 2km，相应地，能够提供更长的污染物反应时间以及高活性表面体积比。

然而 SUPPS-PCR 相比于城市光催化也存在一定的弱点，后者能够很好地利用现有的建筑结构，因此能够以更低的成本、更少的视觉改变及更低的环境影响实现光催化的目的。所以对太阳能热气流发电系统的生命周期评价将作为进一步工作的重要课题。在真正实施之前，需要进行实地研究以了解太阳能热气流发电系统的光催化涂料在实际条件下的性能。

当将非二氧化碳温室气体从大气中移除时，还可能在未来获得更多进一步的收益。

(1)逐步淘汰《蒙特利尔议定书》中规定的剩余氟氯化碳，同时去除能够消耗臭氧层的物质，因此光催化反应移除非二氧化碳温室气体不仅仅局限于处理全球变暖的问题。加拿大环境部门在 1997 年指出[42]，到 2060 年底，《蒙特利尔议定书》涉及的经济利益总计将达到 4590 亿美元，而需要花费 2350 亿美元的代价来实现氟氯化碳的逐步淘汰。从大气污染清理的角度看，SUPPS-PCR 的使用能够展现出明显的优势。

(2)降低甲烷寿命的正反馈。随着大气中甲烷浓度变低，甲烷的生命周期也将减少，因此羟基的数量增加(政府间气候变化专门委员会第五次评估报告[47]：当甲烷的浓度增加 1%时，羟基的浓度减少 0.32%)。羟基的增加使得降解对流层中其他温室气体成为可能，如氢氟烃。最近，Howarth[48]提到由于大气环境温度对于甲烷的还原反应相比于二氧化碳更加敏感，通过减少甲烷的排量，整个社会将得到几十年的低温回馈。在文中他提及，整个社会需要尽可能快地从对化石燃料的依赖中挣脱出来，我们应该更加信赖 21 世纪的技术，把我们的能源系统改造成依赖风能、太阳能和水力的能源系统。SUPPS-PCR 的提出能够帮助实现这个目标。

9.6　本 章 小 结

　　本章提出了将二氧化钛光催化反应以及太阳能热气流发电系统和光催化反应器相结合以处理非二氧化碳温室气体的设想。SUPPS-PCR 在每年不间断地生产 680GW·h 可再生电能的同时，还能够阻止 60 万～90 万 t 二氧化碳的排放，而这样的负排放能源都归功于光催化反应器的存在。光催化技术的发展及其在工业应用方面的进展展现出了光催化手段在降低大气中温室气体浓度方面的应用潜力，因而其能够对气候的变化产生积极影响。

参 考 文 献

[1] de Richter R K, Ming T Z, Davies P, et al. Removal of non-CO₂ greenhouse gases by large-scale atmospheric solar photocatalysis. Progress in Energy and Combustion Science, 2017, 60: 68-96.

[2] de Richter R K, Caillol S. Can airflow and radiation under the collector glass contribute to SCPPs' profitability. The Second International Conference on Solar Chimney Power Technology S, Bochum, 2013.

[3] Pelaez M, Nolan N T, Pillai S C, et al. A review on the visible light active titanium dioxide photocatalysts for environmental applications. Applied Catalysis B: Environmental, 2012, 125: 331-349.

[4] Ming T Z, Wu Y, Liu W, et al. Solar updraft power plant system: A brief review and a case study on a new system with radial partition walls in its collector. Renewable and Sustainable Energy Reviews, 2017, 69: 472-487.

[5] von Backström T W, Gannon A J. Compressible flow through solar power plant chimneys. Solar Energy Engineering, 2000, 122(3): 138-145.

[6] von Backström T W, Bernhardt A, Gannon A J. Pressure drop in solar power plant chimneys. Solar Energy Engineering, 2003, 125(2): 165-169.

[7] Ming T Z, Caillol S, Liu W. Fighting global warming by GHG removal: Destroying CFCs and HCFCs in solar-wind power plant hybrids producing renewable energy with no-intermittency. International Journal of Greenhouse Gas Control, 2016, 49: 449-472.

[8] de Richter R K, Ming T Z, Caillol S. Fighting global warming by photocatalytic reduction of CO₂ using giant photocatalytic reactors. Renewable and Sustainable Energy Reviews, 2013, 19: 82-106.

[9] Lackner K S, Brennan S, Matter J M, et al. The urgency of the development of CO₂ capture from ambient air. Proceedings of the National Academy of Sciences, 2012, 109(33): 13156-13162.

[10] Holmes G, Nold K, Walsh T, et al. Outdoor prototype results for direct atmospheric capture of carbon dioxide. Energy Procedia, 2013, 37: 6079-6095.

[11] Tian Y L, Shao Y L, Lu P, et al. Effect of SiO₂/B₂O₃ ratio on the property of borosilicate glass applied in parabolic trough solar power plant. Journal of Wuhan University of Technology-Materials Science Edition, 2015, 30(1): 51-55.

[12] IEA O. Energy and climate change, world energy outlook special report. OECD, IEA, 2015.

[13] Williamson P. Emissions reduction: Scrutinize CO₂ removal methods. Nature, 2016, 530(7589): 153.

[14] Schlaich J, Bergermann R, Schiel W, et al. Design of commercial solar tower systems-utilization of solar induced convective flows for power generation. Solar Energy, 2005, 10: 1.

[15] Harte R, Höffer R, Krätzig W B, et al. Solar updraft power plants: Engineering structures for sustainable energy generation. Engineering Structures, 2013, 56: 1698-1706.

[16] Espagnol S, Hassouna M, Robin P, et al. Incidence d'une couverture photocatalytique au stockage de lisier porcin sur lesemissions gazeuses (NH₃, N₂O, CH₄, CO₂). Journées Recherche Porcine, 2006, 38: 27-34.

[17] Guarino M, Costa A, Porro M. Photocatalytic TiO₂ treatment effects on ammonia, green-housegases, dust concentration and emission in a weaning room. Bioresource Technology, 2008, 99 (7): 2650-2658.

[18] Liu D, Zhang P Y, Wang J. Photocatalytic degradation of methane under irradiation of vacuum ultraviolet light. China Environmental Science, 2006, 26 (6): 653-656.

[19] Kočí K, Krejčíková S, Šolcová O, et al. Photocatalytic decomposition of N₂O on Ag-TiO₂. Catalysis Today, 2012, 191 (1): 134-137.

[20] Pretorius J P. Optimization and control of a large-scale solar chimney power plant. Stellenbosch: University of Stellenbosch, 2007.

[21] Paz Y. Composite titanium dioxide photocatalysts and the "adsorb&shuttle" approach: A review. Solid State Phenomena. 2010, 162: 135-62.

[22] Zhong L, Haghighat F. Photocatalytic air cleaners and materials technologies-abilities and limitations. Building and Environment, 2015, 91: 191-203.

[23] Zhong L, Haghighat F, Lee C S. Ultraviolet photocatalytic oxidation for indoor environment applications: Experimental validation of the model. Building and Environment, 2013, 62: 155-166.

[24] Sikkema J K. Photocatalytic degradation of NO_x by concrete pavement containing TiO₂. Ames, Iowa: Iowa State University, 2013.

[25] Votruba J, Mikuš O, Nguen K, et al. Heat and mass transfer in honeycomb catalysts-Ⅱ. Chemical Engineering Science, 1975, 30 (2): 201-206.

[26] Zukauskas A, Slanciauskas A. Heat Transfer in Turbulent Fluid Flows. Boca Raton: CRC Press, 1999.

[27] Lienhard J. A Heat Transfer Textbook. Cambridge: Courier Corporation, Massachusetts Institute of Technology, 2013.

[28] Schindelin H. Entwurf eines 1500m hohen turms eines solar-aufwindkraft-werkes parameteruntersuchung zur geometrie optimierung (Design of a 1500m high tower of a solar updraft chimney: Parameter study of the geometry optimization). Wuppertal: University of Wuppertal, 2002.

[29] Graetzel M, Thampi K, Kiwi J. Methane oxidation at room temperature and atmospheric pressure activated by light via polytungstate dispersed on titania. Journal of Physical Chemistry, 1989, 93 (10): 4128-4132.

[30] Thampi K R, Kiwi J, Grätzel M. Room temperature photo-activation of methane on TiO₂ supported molybdena. Catalysis letters, 1988, 1 (5): 109-116.

[31] Krishna V, Kamble V S, Selvam P, et al. Sunlight-assisted photocatalytic oxidation of methane over uranyl-anchored MCM-41. Catalysis Letters, 2004, 98 (2): 113-116.

[32] Wu S Y, Xiao L, Cao Y D, et al. A parabolic dish/AMTEC solar thermal power system and its performance evaluation. Applied Energy, 2010, 87 (2): 452-462.

[33] Lasek J, Yu Y H, Wu J C. Removal of NO_x by photocatalytic processes. Journal of Photochemistry and Photobiology C: Photochemistry Reviews, 2013, 14: 29-52.

[34] Costarramone N, Cantau C, Desauziers V, et al. Photocatalytic air purifiers for indoor air: European standard and pilot room experiments. Environmental Science and Pollution Research, 2017, 24 (14): 12538-12546.

[35] Stolaroff J K, Bhattacharyya S, Smith C A, et al. Review of methane mitigation technologies with application to rapid release of methane from the Arctic. Environmental Science & Technology, 2012, 46(12): 6455-6469.

[36] Ferraro A J, Charlton-Perez A J, Highwood E J. Stratospheric dynamics and midlatitude jets under geoengineering with space mirrors and sulfate and titania aerosols. Journal of Geophysical Research: Atmospheres, 2015, 120(2): 414-429.

[37] Tang M, Telford P, Pope F, et al. Heterogeneous reaction of N_2O_5 with airborne TiO_2 particles and its implication for stratospheric particle injection. Atmospheric Chemistry and Physics, 2014, 14(12): 6035-6048.

[38] Pope F, Braesicke P, Grainger R, et al. Stratospheric aerosol particles and solar-radiation management. Nature Climate Change, 2012, 2(10): 713.

[39] Weisenstein D K, Keith D W, Dykema J. Solar geoengineering using solid aerosol in the stratosphere. Atmospheric Chemistry and Physics, 2015, 15(20): 11835-11859.

[40] Ming T Z, Liu W, Caillol S. Fighting global warming by climate engineering: Is the Earth radiation management and the solar radiation management any option for fighting climate change. Renewable and Sustainable Energy Reviews, 2014, 31: 792-834.

[41] Lomax G, Workman M, Lenton T, et al. Reframing the policy approach to greenhouse gas removal technologies. Energy Policy, 2015, 78: 125-136.

[42] Smith D, Vodden K, Rucker L, et al. Global benefits and costs of the Montreal Protocol on substances that deplete the ozone layer. Environment Canada, Ottawa, 1997.

[43] Folli A, Strøm M, Madsen T P, et al. Field study of air purifying paving elements containing TiO_2. Atmospheric Environment, 2015, 107: 44-51.

[44] Kleffmann J. Discussion on "field study of air purification paving elements containing TiO_2" by Folli et al.(2015). Atmospheric Environment, 2016, 129: 95-97.

[45] Gallus M, Akylas V, Barmpas F, et al. Photocatalytic de-pollution in the Leopold II tunnel in Brussels: NO_x abatement results. Building and Environment, 2015, 84: 125-133.

[46] Boonen E, Akylas V, Barmpas F, et al. Construction of a photocatalytic de-polluting field site in the Leopold II tunnel in Brussels. Journal of Environmental Management, 2015, 155: 136-144.

[47] Flato G, Marotzke J, Abiodun B, et al. Evaluation of Climate Models. Climate Change 2013: The Physical Science Basis. Intergovernmental Panel on Climate Change, Working Group I Contribution to the IPCC Fifth Assessment Report (AR5). New York: Cambridge University Press, 2013.

[48] Howarth R W. A bridge to nowhere: Methane emissions and the greenhouse gas footprint of natural gas. Energy Science & Engineering, 2014, 2(2): 47-60.

第10章 太阳能热气流发电系统的经济性分析

10.1 概　　述

太阳能热气流发电系统具有烟囱超高、集热棚超大的特点，除了超高烟囱的结构可靠度[1-5]以及超大温室的储能能力[6-13]引起关注，整个系统的建设成本及运行成本也是人们关注的焦点[14-22]。10MW 的太阳能热气流发电系统是大规模太阳能热气流发电系统的中试电站，是未来最有可能首先建成的规模等级。基于此，本章主要针对 10MW 太阳能热气流发电系统，基于流动与传热原理，计算各种10MW 系统几何结构参数组合，然后根据系统各关键部件的造价，对影响系统造价和运行成本的主要因素进行分析，寻找系统总造价最低、运行成本最低的 10MW系统几何结构。

10.2　成本预测模型

10.2.1　系统结构预测模型

太阳能热气流发电系统主要包括集热棚、蓄热层、烟囱、风力透平，不同规模太阳能热气流发电系统的具体几何尺寸需要根据系统流动与传热数学模型计算。假设太阳能热气流发电系统采用土壤等自然蓄热材料，计算系统造价时可不考虑蓄热成本，因此在计算时，主要考虑集热棚、烟囱、风力透平。预测系统结构的流动与传热数学模型可参见前述章节相应的描述。

10.2.2　系统造价模型

根据太阳能热气流发电系统内的流动与传热数学模型得到给定规模下太阳能热气流发电系统各部件的几何尺寸，系统造价可表示为

$$C_{tot} = C_{coll} + C_{chim} + C_{turb} \qquad (10-1)$$

式中，C_{tot} 为系统总造价；C_{coll} 为集热棚造价；C_{chim} 为烟囱造价；C_{turb} 为风力透平造价。

集热棚的建设过程中所需主要材料包括玻璃、波形瓦、钢支撑结构、钢筋混凝土等，此外还包括材料运输费以及建造费，因此其造价可表示为

$$C_{coll} = C_{coll,materi} + C_{coll,trans} + C_{coll,constr} \tag{10-2}$$

式中，$C_{coll,materi}$ 为集热棚材料费；$C_{coll,trans}$ 为集热棚材料运输费；$C_{coll,constr}$ 为集热棚建造费。

烟囱及地基主要包括地下基础部分及筒体部分，地下基础部分包括基础开挖施工、垫层混凝土和基础钢筋混凝土等材料费，此外，烟囱造价还包括烟囱材料运输费和建造费用。烟囱的总造价可表示为

$$C_{chim} = C_{chim,materi} + C_{chim,trans} + C_{chim,constr} \tag{10-3}$$

式中，$C_{chim,materi}$ 为烟囱材料费；$C_{chim,trans}$ 烟囱材料运输费；$C_{chim,constr}$ 为烟囱建造费。

风力透平造价可表示为

$$C_{turb} = c_{turb}P \tag{10-4}$$

式中，c_{turb} 为系统单位功率所需要的造价常数；P 为系统输出功率，kW。

10.2.3 系统发电成本模型

系统发电成本分析的几点假设条件：①日发电时间为 12h，年发电时间为 300 天；②太阳能热气流发电系统折旧为 25 年；③贷款年利率为 6%，还款方式为等额还款。则每年还款为

$$S = \frac{C_{tot}R(1+R)^n}{(1+R)^n - 1} \tag{10-5}$$

式中，S 为每年还款数额；R 为年利率；n 为折旧年限。

系统的发电成本为

$$C_g = \frac{S}{W_{anual}} \tag{10-6}$$

式中，C_g 为发电成本；W_{anual} 为年发电量，kW·h。

10.3　计算结果与分析

10.3.1　10MW 系统计算结果

1）10MW 系统几何结构

根据文献[1]，烟囱高度在 1000m 以内是比较可靠的。因此，在设计计算时，使烟囱的高度不超过 1000m，根据文献[12]的流动与传热特性数学模型，计算得到 10MW 太阳能热气流发电系统的 9 种结构组合形式，如表 10-1 所示。

表 10-1　10MW 太阳能热气流发电系统几何结构　　（单位：m）

结构形式	集热棚半径	烟囱高度	烟囱直径
1	1400	500	56
2	1350	540	60
3	1300	580	64
4	1250	630	70
5	1200	680	76
6	1150	740	82
7	1100	810	90
8	1050	890	100
9	1000	980	110

由表 10-1 可知，对于 10MW 太阳能热气流发电系统的几何结构，其集热棚半径与烟囱高度和直径之间有一定的关系。一方面，集热棚半径越大，其烟囱高度越低；反之，集热棚半径越小，其烟囱高度越高。另一方面，从结构力学的观点来看，烟囱高度和烟囱直径的比要在一定的范围内，烟囱高径比越大，烟囱越苗条，则对烟囱的结构要求越高；反之，烟囱高径比越小，则烟囱越粗壮，烟囱越稳定。

2）集热棚造价

集热棚的造价计算结果如图 10-1 所示，在计算过程中，材料的运输费用为 180 元/t，运输距离平均为 300km，集热棚的建造费用为材料费用的 15%。同时为便于分析影响集热棚造价的材料因素，假设集热棚建筑材料比例图如图 10-2 所示。

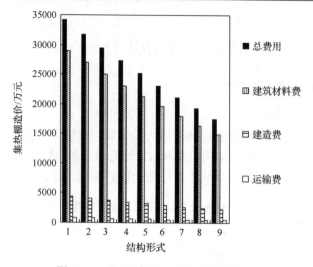

图 10-1　不同结构形式集热棚造价对比

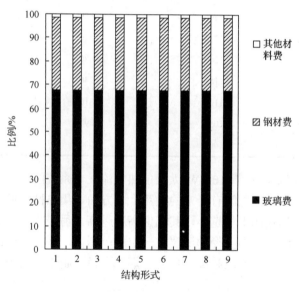

图 10-2　集热棚的建筑材料比例图

由图 10-1 可知，不同结构形式的太阳能热气流发电系统具有不同的集热棚造价，集热棚造价随着集热棚规模的减小，即集热棚半径的减小而大幅度降低；在集热棚造价组成部分中，建筑材料费用成为影响集热棚造价的主要因素，对集热棚造价的高低起决定性作用。从图 10-2 可以看出，在集热棚建造所需材料中，玻璃费占集热棚材料费用的近 70%，是影响集热棚建筑材料费用的关键因素，进而成为影响集热棚造价的主要因素。因此，集热棚规模减小，铺设集热棚顶所需玻璃量大幅度减小，使得建筑材料费用降低，是集热棚造价随规模减小而大幅度降低的主要原因。所以在考虑降低集热棚造价的问题时，可以适当采用塑料等透射率高、清洁性较好、保温性能良好、价格低廉的材料代替玻璃。

3) 烟囱造价

烟囱的造价计算结果如图 10-3 所示，在计算过程中，认为烟囱建造费为建筑材料费的 15%。由图可以看出，太阳能热气流发电系统烟囱造价随烟囱高度的增加而增加。当烟囱高度低于 680m 时，烟囱造价增加得较为缓慢；但是当烟囱高度大于 680m 时，烟囱造价随烟囱高度的增加而剧烈增加。这是由于当烟囱较高时，一方面需要增加因规模扩大引起的建筑材料的投入；另一方面则是出于对高耸建筑安全性的考虑需要进一步加大建筑材料的投入，使得烟囱造价迅速增加。因此，对于 10MW 太阳能热气流发电系统，应根据集热棚的价格变化，考虑烟囱的高度、直径和价格的变化幅度。

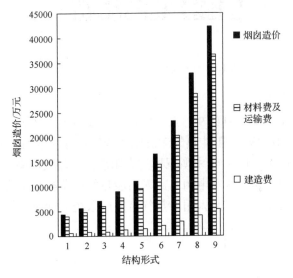

图 10-3　不同模型烟囱造价对比

4) 系统总造价

图 10-4 为本书计算得到的 9 种太阳能热气流发电系统的总造价计算结果对比图。由图可见：不同结构形式的太阳能热气流发电系统具有不同的系统造价，并且系统造价呈现出一定的变化趋势。集热棚造价和烟囱造价是影响系统总造价的主要因素，集热棚造价与烟囱造价在相应的结构形式中具有相反的变化趋势。当系统集热棚半径大于 1200m，烟囱高度低于 680m 时，系统总造价随集热棚半径的减小、烟囱高度的增加呈现下降的趋势；当集热棚半径大于 1200m，烟囱高度高于 680m 时，系统总造价随集热棚半径的减小、烟囱高度的增加迅速增加。因此，当系统结构形式为结构形式 5，即集热棚半径为 1200m、烟囱高度为 680m，

烟囱直径为 76m 时，系统总造价达到最低。

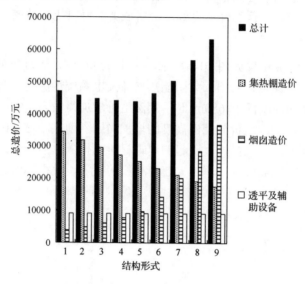

图 10-4　不同结构形式的总造价对比

5) 系统运行成本

图 10-5 为本书计算得到的 9 种太阳能热气流发电系统的运行成本计算结果对比图。由图可见，10MW 太阳能热气流发电系统的运行成本大约为 1 元/(kW·h)，最小约为 0.9 元/(kW·h)，对于中型规模的太阳能热气流发电系统，这一运行成本是完全可以接受的；和光伏发电相比，太阳能热气流发电系统的发电成本也是完全可以接受的。此外，10MW 太阳能热气流发电系统运行成本与系统总造价具有

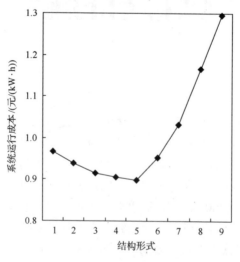

图 10-5　不同结构形式的系统运行成本对比

相似的变化趋势，在环境条件及经济因素一定的情况下，降低系统总造价是降低太阳能热气流发电系统运行成本的主要手段，因此，需要选取较为经济的系统结构形式，使系统能够在较为合理的运行成本下运行，进而提高太阳能热气流发电系统的商业竞争力。

10.3.2　50MW 系统计算结果

本节分析 50MW 太阳能热气流发电系统的造价及其发电成本。计算时取透平造价为 1.51 亿元，劳务费为 0.1 亿元，发电成本时按每天 8h、80%负荷率运行计算。计算结果如表 10-2、表 10-3、图 10-6 所示。

表 10-2　50MW 太阳能热气流发电系统几何结构和造价

结构形式	集热棚半径/m	集热棚造价/亿元	烟囱高/m	烟囱直径/m	烟囱造价/亿元	总造价/亿元	制造成本/(元/kW)
1	2525	9.41	700	120	1.93	13	25904
2	3338	16.5	800	90	2.48	20.5	41082
3	2525	9.41	800	100	2.75	13.8	27541
4	2185	7.05	800	110	3.03	11.7	23377
5	2035	6.1	800	120	3.3	11	22058
6	2525	9.41	900	90	4.33	15.4	30721
7	2185	7.05	900	100	4.82	13.5	26955
8	1955	5.64	900	120	5.78	13	26069

表 10-3　50MW 模型的发电成本

结构形式	利率/%	折旧/年	总投资/亿元	年投资额/元	每月还款/元	年发电量/(亿 kW·h)	发电成本/(元/(kW·h))
1	6	25	12.95234249	95586721	73315148	1.46	0.65
2	6	25	20.54089241	151589302	116269205	1.46	1.04
3	6	25	13.77049794	101624610	77946217	1.46	0.70
4	6	25	11.68861220	86260545	66161958	1.46	0.59
5	6	25	11.02916068	81393872	62429213	1.46	0.56
6	6	25	15.36037325	113357697	86945511	1.46	0.78
7	6	25	13.47743505	99461841	76287370	1.46	0.68
8	6	25	13.03467813	96194348	73781199	1.46	0.66

由上述计算结果可知，对于 50MW 太阳能热气流发电系统，一般可以用较大的集热棚配备较低的烟囱，或者使用较小的集热棚配备较高的烟囱，但是这种配备方案均不一定获得较低的制造成本。当集热棚半径为 2035m，烟囱高度为 800m、直径为 120m 时，系统总造价达到最小值，为 11 亿元，制造成本也为最小值，为 22058 元/kW。假设利率为 6%，折旧年限为 25 年，系统年发电量为 1.46 亿 kW·h，

则系统的发电成本也达到最低值，为 0.56 元/(kW·h)。

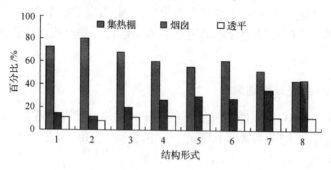

图 10-6　50MW 系统不同部件的造价对比

10.4　系统的技术经济可行性

10.4.1　不同类型电站技术经济性对比

各种新能源发电站的总投资和单位造价如表 10-4 所示，显然，和其他几种类型电站相比，太阳能热气流发电系统没有污染排放，没有废料处理，包括了低廉的储能系统费用，而且其单位造价随系统容量的增加而下降，是环境友好、可大规模发展的太阳能低温储能热发电站。

表 10-4　各种类型电站造价比较

电站类型		规模/MW	总投资/亿元	单位造价/(万元/kW)	备注
第 1 座快堆电站		20	24	12	未含核废料后处理费
第 1 座高温气冷堆电站		100	>100	>10	未含核废料后处理费
压水堆电站(大亚湾)		600	—	1.5	未含核废料后处理费
光伏发电		5	—	5	未含污染前处理费
太阳能高温热发电	塔式	50	—	2.3	未含储能系统费
	槽式	50	—	2	未含储能系统费
	碟式	0.025	—	6.4	未含储能系统费
燃煤电站		600	—	0.4	未含脱硫脱硝和二氧化碳处理费
太阳能热气流发电系统		5~8	2.8	3.5	已含储能系统费
		100~150	30	2	已含储能系统费
		200~300	50	1.7	已含储能系统费

10.4.2　不同类型太阳能热发电系统技术对比

目前，国际上有三种太阳能高温热发电系统，即塔式太阳能高温热发电系统、槽式太阳能高温热发电系统、碟式太阳能高温热发电系统。若按太阳能收集方式分类，这三种为聚光式。将上述三种太阳能高温热发电系统与太阳能热气流发电系统的性能和技术特点进行比较，如表 10-5 所示。可以看出，太阳能热气流发电能量收集代价低、技术简单，适用于大规模发电，并且具有储能的性能，可以对风电场的波动进行补偿。

表 10-5　各种太阳能热发电系统性能和技术特点比较

类型	是否聚光	工作温度/℃	商用电站容量/MW	投资/(万元/kW)	发电/(元/(kW·h))	技术特点	地理条件要求	应用范围
塔式	聚光	560	30～200	≈4	0.8～1.2	1.跟踪复杂； 2.能量收集昂贵； 3.工质是水； 4.进入中试	直射阳光好，水源条件好	大规模并网发电
槽式	聚光	400	30～80	2.2～4	1.1～1.4	1.跟踪较简单； 2.能量收集便宜； 3.工质是水； 4.商用发电	直射阳光好，水源条件好	中等容量并网发电
碟式	聚光	650	7～25	4.5～6	2.3～3.0	1.跟踪复杂； 2.能量收集昂贵； 3.处于试验阶段	直射阳光好	小容量分散发电
热气流	非聚光	50	10～200	1.5～3	0.5～1.0	1.无须跟踪； 2.能量收集便宜； 3.工质是空气； 4.低成本储能	太阳辐射三类地区及以上均可	大规模并网发电

(1)水资源要求。建立大规模太阳能高温热发电系统，需要好的太阳能资源、大片土地以及充足的水源。塔式、槽式两种太阳能高温热发电系统的传热工质是水，碟式太阳能高温热发电系统采用氢气或氦气作为传热工质。在我国西北地区，水源比较丰富的地区为浑善达克沙地、科尔沁沙地、呼伦贝尔沙地、准格尔盆地沙漠，这些地区位于北纬 43°～49°，年累计直射辐射量均不是最好的地区。而太阳能热气流发电系统以空气作为传热工质，不仅可以利用太阳直射光，还可以利用散射光等，对太阳辐射直射要求并不高。这些都是其他类型太阳能发电系统无可比拟的。

(2)储能能力。塔式、槽式和碟式三种太阳能高温热发电系统要想实现储能，必须另外配备储能系统，目前一般采用各类熔融盐和水作为储能介质，价格昂贵，蓄能不方便。而太阳能热气流发电系统则可以以砂石、土壤、卤水等十分廉价的材料为蓄能介质，通过调节风门控制发电量，储能能力强，储能控制方便，储能成本很低。

（3）与风力发电互补。太阳能热气流发电系统由于具有发电连续、稳定、储能可控等特点，能够与大规模风力发电很好地进行互补，解决风力发电的并网和削峰填谷问题。而塔式、槽式和碟式三种太阳能高温热发电系统由于是间歇性发电，不具有运行连续、稳定等特点，与大规模风力发电互补非常困难。

10.4.3　不同容量系统的技术经济性对比

建设风能-太阳能热气流综合集成发电系统时，系统建设成本需考虑风电部分和太阳能热气流发电部分以及联合并网部分，发电成本不是单独考虑各自的发电成本，而是考虑集成系统的发电成本。本方案拟将太阳能热气流发电系统建在可匹配的已有风电场附近，在计算系统的建设投资时，可不考虑风电场的建设成本，而在计算系统的发电成本时，单独考虑太阳能热气流发电系统的总造价、总发电量、折旧年限、利率等。这样计算出的系统建设成本可能稍微偏低，而其发电成本则明显高于集成系统的发电成本。计算结果如表 10-6 所示。

表 10-6　不同容量太阳能热气流发电系统模型造价

容量/MW	集热棚半径/m	烟囱高/m	烟囱直径/m	总价/亿元	单价/(万元/kW)	发电成本/(元/(kW·h))
5～8	700	500	60	2.8	3.5	1.29
50～80	2000	700	110	20	2.5	0.71
100～150	2500	1000	130	30	2.0	0.60
200～250	3500	1000	170	50	1.7	0.48

注：折旧年限为 25 年，利率为 6%，负荷率为 50%，每年运行 320 天，平均每天运行 16～24h。

显然，在系统造价方面，随着太阳能热气流发电系统容量的增加，每千瓦造价在逐步下降，对于 5～8MW 的太阳能热气流发电系统每千瓦造价为 3.5 万元，相对太阳能光伏发电的 5 万元/kW 的造价，其建设成本是可以接受的。当电站规模达到 100MW 以上时，其造价则为 2 万元/kW 以下。其发电成本则降至 0.6 元/(kW·h) 以下，考虑到大规模风能-太阳能热气流综合集成发电系统的发电量和发电品质将明显好于任意独立系统，其发电成本则可能进一步降低，同时考虑到环境友好性和后处理排放的问题，风能-太阳能综合集成发电系统具有与火电竞争的优势。

10.5　本 章 小 结

目前真正商用的太阳能热气流发电系统尚未建成，一个主要原因是其系统初投资比较高，建设不同规模的太阳能热气流发电系统需要投入大量的资金。针对这种疑虑，本章建立太阳能热气流发电系统的经济性模型，分析不同规模的太阳能热气流发电系统的制造成本和运行成本，比较不同类型的电站的技术经济性。通过分析可以发现，采用合适的集热棚/烟囱配比，可以使给定规模的太阳能热气流发电系统的初投资达到极小值，与其他类型的电站相比，太阳能热气流发电系统也具有一定的成本优势。

参 考 文 献

[1] 卫军, 谈颐, 周锡武, 等. 超高太阳能烟囱结构可靠度计算分析. 广州城市职业学院学报, 2007(3): 80-86.

[2] 吴本英, 周锡武. 超高耸太阳能导流烟囱结构的边缘效应研究. 山西建筑, 2007(2): 71-72.

[3] 袁行飞, 钱若军, 董石麟, 等. 太阳能热气流发电技术中的结构问题初探. 庆祝刘锡良教授八十华诞暨第八届全国现代结构工程学术会, 天津, 2008.

[4] 张幸锵. 超高耸太阳能烟囱结构研究. 杭州: 浙江大学, 2010.

[5] 郭璇. 基于太阳能发电的超高连体烟囱结构设计研究. 武汉: 华中科技大学, 2011.

[6] 刘峰. 立式太阳能热气流电站蓄热层的结构设计及蓄放热性能研究. 青岛: 青岛科技大学, 2015.

[7] 朱丽, 王一平, 胡彤宇, 等. 不同蓄热方式下太阳能烟囱的温升性能. 太阳能学报, 2008(3):290-294.

[8] 刘晓惠. 相变蓄热对立式集热板太阳能热气流系统运行性能的影响研究. 青岛: 青岛科技大学, 2011.

[9] 左潞, 郑源, 沙玉俊, 等. 太阳能烟囱发电系统蓄热层的试验研究. 河海大学学报(自然科学版), 2011(2): 181-185.

[10] 汪明君. 100MW 太阳能烟囱发电系统数值模拟和蓄热层优化研究. 武汉: 华中科技大学, 2013.

[11] Zheng Y, Ming T Z, Zhou Z, et al. Unsteady numerical simulation of solar chimney power plant system with energy storage layer. Journal of the Energy Institute, 2010, 83(2): 86-92.

[12] Ming T Z, Liu W, Pan Y, et al. Numerical analysis of flow and heat transfer characteristics in solar chimney power plants with energy storage layer. Energy Conversion and Management, 2008, 49(10): 2872-2879.

[13] Ming T Z, Liu W, Pan Y. Numerical analysis of the solar chimney power plant with energy storage layer. Proceedings of Ises Solar World Congress 2007: Solar Energy and Human Settlement, Beijing, 2007:1800-1805.

[14] Li W B, Wei P, Zhou X P. A cost-benefit analysis of power generation from commercial reinforced concrete solar chimney power plant. Energy Conversion and Management, 2014, 79: 104-113.

[15] Fluri T P, Pretorius J P, van Dyk C, et al. Cost analysis of solar chimney power plants. Solar Energy, 2009, 83(2): 246-256.

[16] Trieb F, Langniss O, Klaiss H. Solar electricity generation-a comparative view of technologies, costs and environmental impact. Solar Energy, 1997, 59(1-3): 89-99.

[17] Gholamalizadeh E, Kim M H. Thermo-economic triple-objective optimization of a solar chimney power plant using genetic algorithms. Energy, 2014, 70:204-211.

[18] Cao F, Li H S, Zhao L, et al. Economic analysis of solar chimney power plants in Northwest China. Journal of Renewable and Sustainable Energy, 2013, 5(2): 021406.

[19] Harte R, Hoffer R, Kratzig W B, et al. Solar updraft power plants: A structural engineering contribution for sustainable and economic power generation. Bautechnik, 2012, 89(3): 173-181.

[20] Zhou X, Yang H K, Wang F, et al. Economic analysis of power generation from floating solar chimney power plant. Renewable & Sustainable Energy Reviews, 2009, 13(4): 736-749.

[21] Pretorius J P, Kroger D G. Thermoeconomic optimization of a solar chimney power plant. Journal of Solar Energy Engineering-Transactions of the ASME, 2008, 130(2): 210151-210159.

[22] Pasumarthi N, Sherif S A. Experimental and theoretical performance of a demonstration solar chimney model-Part Ⅱ: Experimental and theoretical results and economic analysis. International Journal of Energy Research, 1998, 22(5): 443-461.

第11章 太阳能热气流发电系统的未来发展展望

11.1 概　　述

关于太阳能热气流发电技术方面的研究内容相当多,不少理论与技术问题尚未彻底解决,与此相关的关键科学技术问题如图 11-1 所示[1],本书作者及团队近十五年来所做的工作只是其中很小的一部分,只能起到抛砖引玉的作用。

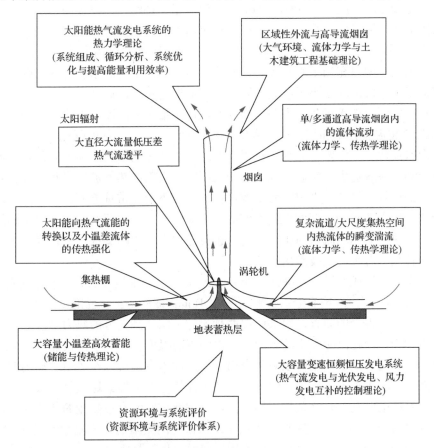

图 11-1　大规模太阳能热气流发电系统的基础理论问题[1]

需要指出,由于太阳能热气流发电系统主要利用温室效应、烟囱效应、大规模低成本储热原理和基于压力的风力透平等技术手段综合而成,单纯从发电的角度来看，系统建设与运行成本及系统效率决定了其上限。因此，其与现有传统的发电技术相比，通过技术改进很难获得压倒性的优势，从而限制了太阳能热气流发电系统的商业应用，必须寻求与其他系统、技术、应用等的结合，综合集成，才可显示出新的生命力。

11.2　海水淡化

太阳能热气流发电系统主要利用空气密度随温度的升高而下降的特性，由浮力驱动热气流上升，从而推动风力透平发电，它属于非聚焦形式的太阳能热发电系统。它的优势在于其单位电力价格最低，但如果单纯用于电力生产，则能量转换效率比较低，一般小于 1%。Zhou 等[2]研究了一种结合了发电与海水淡化功能的太阳能热气流发电系统。他们运用一维可压缩流动模型比较了经典的太阳能热气流发电系统和结合了发电与海水淡化功能的太阳能热气流发电系统的性能差异，发现大量的热充当了水蒸发时的潜热，这样的发电与海水淡化的联合太阳能热气流发电系统的功率小于经典太阳能热气流发电系统。此外，他们在进行经济性分析时发现，淡水量和电力的价格高低取决于烟囱的高度。天津大学的王一平课题组[3,4]将温室技术和烟囱技术应用于太阳能海水蒸发过程的强化，对太阳能热气流海水淡化和水力发电的综合利用系统进行了初步的研究，为太阳能热气流海水综合利用系统提供了实验和理论基础，同时为太阳能热气流技术利用寻找到一条有效的途径。另外，太阳能海水淡化技术因其不消耗常规能源、污染少、运行费用低、所得淡水程度高而受到人们的广泛关注。现在主要的技术手段是利用太阳能产生热能来驱动海水的相变过程，也就是通常所说的蒸馏，但在经济上依然不能与传统的海水淡化技术相比。

为了将建造成本尽可能降低，Bonnelle[5]提出了无集热棚的太阳能热气流发电系统，如能量塔[6,7]、下降气流冷凝潜热塔。Bonnelle 的博士学位论文[5]中设计了一种空气和暖水混合的装置，用来确保两种流体之间达到充分的热力学接触，可以将它设想为漂浮在温暖海水的表面。海水的表面温度一年四季都很热（>25℃），并且如果装备有风帆，则可以被风牵引。而烟囱本身是可以在风中漂浮的薄的柔管，并且在其顶部设有透平，通过内部超压保持它的刚性。这些热带太阳能热气流发电系统的驱动力是水蒸气凝结的潜热，因此这些没有集热棚的装置也可以称为上升气流冷凝潜热塔。图 11-2 为用于海水淡化的太阳能热气流发电系统。该系统使用黑色的管道来代替集热棚的作用。海水可以在暴露于光照下的黑色管道中被加热。如果空气和水处于相近的温度，那么空气的加湿过程将冷却海水。通过对比，安装的黑色长塑料管比建造集热棚便宜，并且如果水泵（从海水到淋浴）不会因为非常长的管道摩擦而导致压降过多，那么用于温室的集热棚就可以省略。

这些黑色管道不仅充当了集热棚加热的作用，而且有储热的作用。在白天，这些装满水的管道暴露在阳光下，吸收太阳辐射加热管道中的水。到晚上，当空气开始降温时，管道中的水将会释放白天储存的热量，此外，由于水的比定压热容较高，它储存热量的效率也更高。

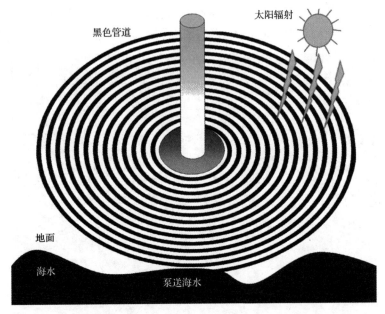

图 11-2　太阳能热气流发电系统海水淡化示意图[8]

11.3　城市污染治理

20 世纪，伦敦因空气污染造成的光化学烟雾事件举世震惊。Asimov 和 Pohl[9]提到，该空气污染物在遇到施工时建造的烟囱时，浓度有所减少，原因是烟囱将这些空气污染物排放到了高空百千米之外。后来，在伦敦出现的空气质量问题，在 Scandinavia 转变为酸雨和硫黄沉积的问题，从一个污染问题转变为另一个环境问题，城市空气污染的问题一直没有得到良好的解决。但也如 Lomborg[10]所指出的那样，事实上空气污染问题在当时并没有引起人们的重视。大城市或密集的城市地区因高度污染的空气每年均会造成数千人死亡，甚至引发更多的疾病，从而缩短人类的寿命。稀释或排走污染的空气一直都不是最好的解决办法。因此，在试图建立更有效的空气污染问题处理办法时，可以将地球的自我恢复和修复能力考虑进来。基于此，一些工程师如 Moreno[11]提出将太阳能热气流发电系统作为巨大的真空吸尘器，用于治理高污染城市的城市大气(图 11-3)。当然，该装置的主要功能不一定是提高其功率输出或发电能力。例如，可以在一座高大的城市塔楼中装满颗粒和碳素空气滤清器，以便清理通过烟囱的空气，从而有效地改善城市空气质量。太阳能热气流发电系统的恒定拔风效应也将有助于抵抗热岛效应。特别地，在炎热的气候中，可以安装带有半透明膜的遮蔽层，增加反射率，遮挡部分阳光，同时降低城市内温度梯度。Sorensen[12]提出的轻型加压上升管道比较容易安装在高层摩天大楼之间（并且在冬季容易移除），并且也不会太贵，主要是因为"吸尘器"功能不需要涡轮机，该结构比常规太阳能热气流发电系统轻得多。

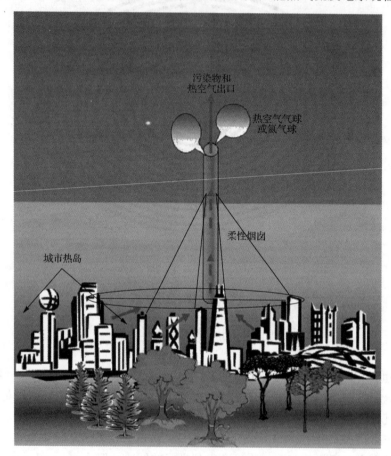

图 11-3　使用太阳能热气流发电系统减少大城市的城市热岛效应和空气污染

一直以来，颗粒物、黑碳和煤烟是影响人类健康的严重问题，同时，其与对流层臭氧成为城市空气质量下降以及全球变暖的主要影响因素[13]。据 Shindell 等[14]统计，如果用现有的环境工程技术来控制城市空气质量以及温室效应，那么每年因为空气污染死亡的人数可以减少 70 万～470 万人。Shindell 等[14]确定了控制甲烷和黑碳（black carbon，BC）排放量的 14 项措施，并推测通过这些措施，到 2050 年全球平均温室效应将降低 0.5℃，并且可以减少室外空气污染导致的每年过早死亡人数达 470 万人。到 2030 年，他们预测这些污染减排方法将因为 2030 年及以后的臭氧减少带来约 106 万亿美元的收益，并将会减少空气污染死亡人数，减缓使全球变暖的温室效应，并且年度作物产量也将增加 30 亿～1.35 亿 t。另外，烟尘也会导致降水模式转移，因此对空气污染的治理也将缓解欧洲西部和非洲部分地区的干旱问题，并有助于缓解亚洲季风问题。

如上所述，高烟囱可以用作密集大城市的巨型吸尘器。如图 11-4 所示，Gong 等[15]提出了一种具有倒 U 形结构太阳能热气流与冷却塔系统。烟囱的结构尺寸与西班牙实验电站一致。该系统的特别之处在于：①采用倒 U 形冷却塔来代替传统的烟囱；②在倒 U 形塔的转折点安装喷雾冷却系统，从而增强了系统内的空气流动；③过滤屏障放置在集热棚的入口附近，有助于过滤空气中大部分的颗粒物。总体来说，该系统主要利用喷雾冷却法，这对于降低 $PM_{2.5}$ 的污染效果是非常有效的。此外，它还具有速度快、可行性高、成本低以及清洁等优点。进入太阳能热气流发电系统的空气被过滤后，当它在烟囱中上升时，由于喷雾水分的蒸发而在烟囱的顶部被冷却下来，从而可以下降流动。清洁后的空气可以立即改善人类活动范围内的空气质量。据数值计算，该装置能够以 $810m^3/s$ 的体积流量处理大气，相当于一天内可以清洗的空气量为 6998.4 万 m^3。而如果以 EnviroMission 的 200MW 级太阳能热气流发电系统项目为模型（烟囱高度为 1000m），空气速度估计为 11.3m/s，直径为 130m，则可以计算出单个太阳能热气流发电系统泵送的空气量每年将达到 $4600km^3$。

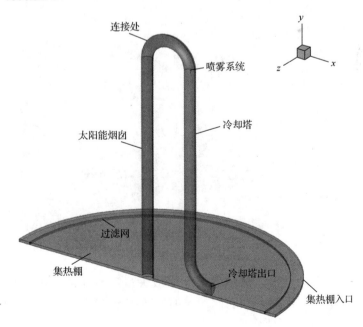

图 11-4 具有倒 U 形结构的太阳能热气流与冷却塔系统[15]

11.4　干旱地区的下沉气流能源塔

水力-航空电站，也称为下沉气流能源塔(downdraft energy tower，DET)[16]，最初由洛克希德·马丁公司的 Carlson[17]提出，之后 Zaslavsky 等[18]和 Altmann 等[19]对其进行了进一步的研究。再后来，这一概念得到了科研人员的广泛关注，并成为许多博士学位论文的主题[20,21]，甚至开始应用于抽水蓄能电站及海水淡化厂[6]。近年来，很少有文献报道这种能源塔的概念。它被认为是与太阳能热气流发电系统相反的概念装置，不需要温室集热棚，因此在成本上会便宜得多。同时因为它的产能过程是基于水的蒸发的，所以可以安装在空气湿度水平较低的许多国家。

DET 主要是利用炎热沙漠中聚集的太阳能或者海水来产生电能，它包括高耸的下沉蒸发塔、蓄水池、管道以及泵与透平[22]。如图 11-5 所示[23]，DET 一般需要建于内陆，最好是比较干旱的地区，因为空气的水分过多会减少其输出产量；但 DET 也不应离海太远，因为还需要通过泵与管道来供给海水。当海水被泵送至塔顶时，在塔顶附近布置有多个喷雾装置。水滴落下而蒸发，从而形成密度大于环境空气的下沉冷空气。为了获得湿度饱和的状态，将塔设计为大而高的结构(通常直径为 400m，高度为 1.4km)。在塔底部，可以使用较重的风力透平驱动装置，而仅需要其所产生电能的 1/3 就足以将海水泵送至塔的顶部。

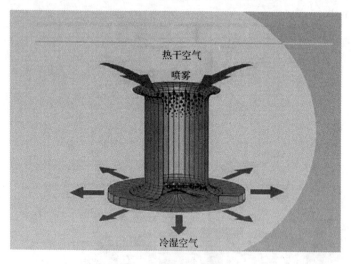

图 11-5　DET 示意图

在炎热而干燥的沙漠，塔的底部会释放大量湿润而凉爽的空气，如果在寒冷的夜晚发生外部冷凝，则它同时会有助于对沙漠的绿化。如果 DET 建于山区，它可能会形成逆温层。沙尘可以作为良好的凝结核(图 11-6)，因此可以

在较低的高度形成近地云，从而增加了地面的反射率。这项技术也可能成为
Latham[24]和 Latham 等[25]提出的海云美化的太阳辐射管理地球工程。如果咸水
能够返回大海，则地质工程师想象使用这种咸水来美化沙漠中没有地下水存在
的限制地区[26]。根据 Zyga[27]所说，DET 可以通过降低沙漠中的空气温度，使地球
表面降温，并且抵抗全球变暖的趋势。因此，DET 可以扩大全球自然冷却过程的效果，
即哈得来环流圈，可以冷却地球自身，但这主要是发生在赤道附近。

图 11-6　近地云对当地反射率的影响

Weinrebe 和 Schiel[28]通过比较传统 DET 与太阳能热气流发电系统的优缺点
发现：太阳能热气流发电系统产生的利润可能更大，但是他们没有充分评估横
风的潜在作用。如果投资成本较低，则即使空气中的湿度较高，结合风电和
DET 的联合电站也可以选择建立在靠近海岸的地方。外界空气越潮湿，水分
蒸发越少，产生的冷空气越少，因此电厂蒸发部分的减少也使得输出功率变小。
但这样也会节约抽水泵功(估计消耗了将近 1/3 的总产能)，并且由于联合电站
对陆风和海风的利用，在一定程度上可以对其进行补偿。因此，盐水可以直接
送往大海，这样也节省了对管道和电聚结装置(除盐作用)的初期投资。随着对
海洋方向定向输出冷空气，这些 DET 还能够在海上产生美化云。太阳能热气
流发电系统和 DET 相对于目前的风力涡轮机具有许多优点：它们处于地面高
度，相对于风力透平较易维护；使用无间歇性，可以 24h/7 天不间断产生人造
热风或冷风；可以利用当地的材料以及增加更多相同尺寸的涡轮机建造更大的
设备，而无须改变道路等基础设施。事实上，目前如果只有一台 5~6MW 大
型风力透平，要想达到这样的规模，从生产现场到其最终的安装地的运输会存
在较大困难。

目前，Solar Wind Energy Tower 公司提出了太阳能风力发电塔这项专利技术（图 11-7），这成为市场上首例混合太阳能风能可再生能源的技术[29]。该专利技术中包括一个高空的圆柱体、顶部附近的注水喷雾系统以及底部包含涡轮机的风洞。在太阳能风力发电塔运行时，首先会通过一系列的泵将水输送到顶部的注水喷雾系统，在整个开口位置处喷放细雾。之后，由注射系统引入的水在被阳光加热的干燥空气中进行蒸发，从而增加了空气的水分，并提高了空气相对湿度。其结果是，塔内的空气变得比外部空气更冷更重，并同时会以高达 80km/h 的速度下沉。当下降气流经过塔底的风洞时，可以通过风洞内围绕设置的涡轮机进行发电。另外，在大气条件有利的地理区域内，塔的外部还可以由垂直的"风叶"构成，从而可以捕获盛行风并对其进行有利的引导以产生电力。因此，太阳能风力发电塔这种结合双重可再生能源的技术，可以大大提高其清洁能源生产能力。例如，首先，它在时间上没有任何的操作限制，能够全天候运行，每天 24h，每星期 7 天。其次，当太阳能集热棚单独使用时，其局限性仅在阳光照射下才起作用，而一般情况下，风力发电机也只有在空气流动时起作用，因此这个太阳能风力发电塔可以有效结合两种技术的优点，并平衡两者的缺点。另外，它的产能具有无燃料消耗或污染物产生的特点，不会排放出温室气体，还可以产生清洁、成本效益高和效率较高的电力，且不会对环境有所损害。

图 11-7　太阳能风力发电塔[29]

参 考 文 献

[1] 明廷臻. 太阳能热气流发电系统的热动力学问题研究. 武汉: 华中科技大学, 2007.

[2] Zhou X, Xiao B, Liu W, et al. Comparison of classical solar chimney power system and combined solar chimney system for power generation and seawater desalination. Desalination, 2010, 250(1): 249-256.

[3] 王一平, 王俊红, 朱丽, 等. 太阳能烟囱发电和海水淡化综合系统的初步研究. 太阳能学报, 2006, 27(7): 731-736.

[4] 朱丽, 王俊红, 王一平, 等. 结合水力发电利用太阳能烟囱技术强化海水淡化初探. 天津大学学报, 2006, 39(5): 575-580.

[5] Bonnelle D. Solar Chimney, water spraying energy tower, and linked renewable energy conversion devices: Presentation, criticism and proposals. Lyon: University Claude Bernard-Lyon, 2004.

[6] Omer E, Guetta R, Ioslovich I, et al. "Energy Tower" combined with pumped storage and desalination: Optimal design and analysis. Renewable Energy, 2008, 33(4): 597-607.

[7] Omer E, Guetta R, Ioslovich I, et al. Optimal design of an "energy tower" power plant. IEEE Transactions on Eenergy Conversion, 2008, 23(1): 215-225.

[8] Ming T Z, Gong T, de Richter R K, et al. A moist air condensing device for sustainable energy production and water generation. Energy Conversions and Management, 2017, 138: 638-650.

[9] Asimov I, Pohl F. Our Angry Earth. New York: Tom Doherty Associates, 1991.

[10] Lomborg B. The skeptical environmentalist: Measuring the real state of the world. Chemistry International-Newsmagazine for IUPAC, 2003, 25(2): 26.

[11] Moreno M R. Air filtering chimney to clean pollution from a city and generate electric power: U.S. Patent 7026723. 2006-04-11.

[12] Sorensen J O. Atmospheric thermal energy conversion utilizing inflatable pressurized rising conduit. Google Patents, 1983.

[13] Richter R K d, Ming T, Davies P, et al. Removal of non-CO_2 greenhouse gases by large-scale atmospheric solar photocatalysis. Progress in Energy and Combustion Science, 2017, 60: 68-96.

[14] Shindell D, Kuylenstierna J C, Vignati E, et al. Simultaneously mitigating near-term climate change and improving human health and food security. Science, 2012, 335(6065): 183-189.

[15] Gong T, Ming T Z, Huang X, et al. Numerical analysis on a solar chimney with an inverted U-type cooling tower to mitigate urban air pollution. Solar Energy, 2017, 147: 68-82.

[16] Vant-Hull L L. Concentrating solar thermal power (CSP). Proceedings of Ises Solar World Congress 2007: Solar Energy and Human Settlement, Beijing, 2007: 68-74.

[17] Carlson P R. Power generation through controlled convection (aeroelectric power generation): U.S. Patent 3894393. 1975-07-15.

[18] Zaslavsky D, Guetta R, Hitron R, et al. Renewable resource hydro/aero-power generation plant and method of generating hydro/aero-power: U.S. Patent 6647717. 2003-11-18.

[19] Altmann T, Carmel Y, Guetta R, et al. Assessment of an "Energy Tower" potential in Australia using a mathematical model and GIS. Solar Energy, 2005, 78(6): 799-808.

[20] Per-Olof G, Eran H, Rami G, et al. Control of the aero-electric power station?An exciting QFT application for the 21st century. International Journal of Robust & Nonlinear Control, 2003, 13(7): 619-636.

[21] Tzivion S, Levin Z, Reisen T G. Numerical simulation of axisymetric turbulent flow in super power energy towers. Journal of Computational Fluid Dynamics, 2001, 9(1): 560-575.

[22] Omer E, Guetta R, Ioslovich I, et al. Optimal design of an "Energy Tower" power plant. IEEE Transactions on Energy Conversion, 2008, 23(1): 215-225.

[23] Altman T, Guetta R, Dan Z, et al. Evaluation of the potential of electricity by using technology of "Energy Towers" for the Middle East and India-Pakistan. Statutes & Decisions, 2007, 34(2): 20-27.

[24] Latham J. Amelioration of global warming by controlled enhancement of the albedo and longevity of low-level maritime clouds. Atmospheric Science Letters, 2002, 3(2-4): 52-58.

[25] Latham J, Rasch P, Chen C C, et al. Global temperature stabilization via controlled albedo enhancement of low-level maritime clouds. Philosophical Transactions of the Royal Society of London A: Mathematical, Physical and Engineering Sciences, 2008, 366(1882): 3969-3987.

[26] Edmonds I, Smith G. Surface reflectance and conversion efficiency dependence of technologies for mitigating global warming. Renewable Energy, 2011, 36(5): 1343-1351.

[27] Zyga L. Energy tower: Power for 15earths?. [2018-12-15]. http://inventorspot.com/articles/energy_tower_power_15_earths_9102.

[28] Weinrebe G, Schiel W. Up-draught solar chimney and down-draught energy tower-a comparison. ISES Solar World Congress, 2001: 1-14.

[29] Bakos G C, Parsa D. Technoeconomic assessment of an integrated solar combined cycle power plant in Greece using line-focus parabolic trough collectors. Renewable Energy, 2013, 60: 598-603.

附录 2003～2018年发表的与本著作相关的代表性专著与论文

1. 专著

[1] **Tingzhen Ming.** Solar Chimney Power Plant Generating Technology. *Elsevier Academic Press and Zhejiang University Press.* Mar. 2016. ISBN: 978-0-12-805370-6. http://www.sciencedirect.com/science/book/9780128053706

[2] Renaud K. de. Richter, **Tingzhen Ming**. Compendium of Energy Science and Technology: Solar Updraft Power Plants（Chapter: Solar-Wind Hybrids Producing Renewable Energy with No-Intermittency）. 2015.

2. 期刊论文

[1] Renaud K. de Richter, **Tingzhen Ming**, Sylvain Caillol, Wei Liu, Philip Davies. Fighting global warming by non-CO_2 greenhouse gas removal: large scale atmospheric methane removal. *Progress in Energy and Combustion Science,* 2017, 60 : 68-96. http://dx.doi.org/10.1016/j.pecs.2017.01.001

[2] **Tingzhen Ming**, Yongjia Wu, Renaud K. de. Richterd, Wei Liu, S A Sherif. Solar updraft power plant system: A brief review and a case study on a new system with radial partition walls in its collector. *Renewable and Sustainable Energy Reviews*, 2017, 69: 472-487.

[3] **Tingzhen Ming**, Tingrui Gong, Renaud K. de. Richter, C Cai, S A Sherif. Numerical analysis of seawater desalination based on a solar chimney power plant. *Applied Energy*, 2017, 208 : 1258-1273.

[4] **Tingzhen Ming**, Tingrui Gong, Renaud K. de. Richter, Yongjia Wu, Wei Liu. A moist air condensing device for sustainable energy production and water generation. *Energy Conversion and Management,* 2017, 138 : 638-650.

[5] Franz Dietrich Oeste, Renaud K. de. Richter, **Tingzhen Ming**, Sylvain Caillol. Climate engineering by mimicking natural dust climate control: the iron salt aerosol method. *Earth System Dynamics*, 2017, 8: 1-54.

[6] Tingrui Gong, **Tingzhen Ming**, Xiaoming Huang, Renaud K. de. Richter, Yongjia Wu, Wei Liu. Numerical analysis on a solar chimney withan inverted U-type cooling towerto mitigate urban air pollution. *Solar Energy*, 2017, 147: 68-82.

[7] **Tingzhen Ming**, Tingrui Gong, Renaud K. de. Richter, Wei Liu, Atit Koonsrisuk. Effectiveness of an engineering structure for water generation. *Energy Conversion and Management,* 2016, 113: 189-200.

[8] **Tingzhen Ming**, Renaud K. de. Richter, Sheng Shen, Sylvain Caillol. Fighting global warming by greenhouse gas removal: Destroying atmospheric nitrous oxide thanks to synergies between two breakthrough technologies. *Environmental Science and Pollution Research*, 2016, 23(7), 6119-6138.

[9] Renaud K. de. Richter, **Tingzhen Ming**, Sylvain Caillol, Wei Liu. Fighting global warming by GHG removal: Destroying CFCs and HCFCs in Solar-Wind Power Plant Hybrids Producing Renewable Energy with No-Intermittency. *International Journal of Greenhouse Gas Control*, 2016, 49: 449-472.

[10] **Tingzhen Ming**, Renaud K. de. Richter. Fighting global warming by climate engineering: Is the Earth radiation management and the solar radiation management any option for fighting climate change. *Renewable & Sustainable Energy Reviews*, 2014, 31: 792-834.

[11] **Tingzhen Ming**, Jinle Gui, Renaud K. de. Richter, Yuan Pan, Guoliang Xu. Numerical analysis on the solar updraft power plant system with a blockage. *Solar Energy*, 2013, 98: 58-69.

[12] Renaud K. de. Richter, **Tingzhen Ming**, Sylvain Caillol. Fighting global warming by photocatalytic reduction of CO_2 using giant photocatalytic reactors. *Renewable and Sustainable Energy Reviews*, 2013, 19: 82-106.

[13] **Tingzhen Ming**, Fanlong Meng, Wei Liu, Yuan Pan, Renaud K. de. Richter. Analysis of Output Power Smoothing Method of the Solar Chimney Power Generating System. *International Journal of Energy Research,* 2013, 37(13): 1657-1668.

[14] **Tingzhen Ming**, Renaud K. de. Richter, Fanlong Meng, Yuan Pan, Wei Liu. Chimney shape numerical study for solar chimney power generating systems. *International Journal of Energy Research,* 2013, 37(4): 310-322.

[15] **Tingzhen Ming**, Xinjiang Wang, Renaud K. de. Richter, Wei Liu, Wei Liu, Tianhua Wu, Yuan Pan. Numerical analysis on the influence of ambient crosswind on the performance of solar updraft power plant system. *Renewable & Sustainable Energy Reviews*, 2012, 16(3): 5567-5583.

[16] Guoliang Xu, **Tingzhen Ming**, Yuan Pan, Fanlong Meng, Cheng Zhou. Numerical analysis on the performance of solar chimney power plant system.

Energy Conversion and Management, 2011, 52（2）: 876-883.

[17] **<u>Tingzhen Ming</u>**, Yong Zheng, Chao Liu, Wei Liu, Yuan Pan. Simple analysis on the thermal performance of solar chimney power generation systems. *Journal of Energy Institute*, 2010, 83（1）: 1-8.

[18] Yong Zheng, **<u>Tingzhen Ming</u>**, Zhou Zhou, Xiangfei Yu, Haoyu Wang, Yuan Pan, Wei Liu. Unsteady numerical simulation of a solar chimney power plant system with energy storage layer. *Journal of Energy Institute*, 2010, 83（2）: 86-92.

[19] **<u>Tingzhen Ming</u>**, Wei Liu, Yuan Pan, Guoliang Xu. Numerical analysis of flow and heat transfer characteristics in solar chimney power plants with energy storage layer.*Energy Conversion and Management*, 2008, 49（10）: 2872-2879.

[20] **<u>Tingzhen Ming</u>**, Wei Liu, Guoling Xu, Yanbin Xiong, Xuhu Guan, Yuan Pan. Numerical simulation of the solar chimney power plant systems coupled with turbine. *Renewable Energy*, 2008, 33（5）: 897-905.

[21] **<u>Tingzhen Ming</u>**, Wei Liu, Yuan Pan. Analytical and Numerical investigation of the solar chimney power plant systems. *International Journal of Energy Research*, 2006, 30: 861-873.